李菲 郝慧成 介新蕾 李新华

张金云 陈丽娟 曹海 蔡敏 梁瑗 曹辉 陈沛其

李娟 安蕾 陈月琴 陈美凤 韩杨 [illegible]

[illegible] [illegible] 殷捧丽 楚婕 飞艳 戴凤霞 [illegible]

毕艳君 [illegible] 邓佶 丹宁

陈玉珍 高素丽 樊秀霞 崔蕾 方杏芳 [illegible]

丁娜 段丽晓 霍宇春 李木芬 [illegible] 陈[illegible]

陈颖 黄玉君 高正惠 [illegible] [illegible] [illegible] 贾冬梅

桂霞 李娜 张志敏

黄萍 黄旭 [illegible] 陈[illegible] [illegible]

姜霞 胡菊芳 [illegible] 李静 贾[illegible]梅

李[illegible] 李冬芳 梁妍 李婷 李[illegible]

李雅婧 李时芳 [illegible] 李益群

李玉[illegible] 刘[illegible] [illegible] 刘佳

高俊霞 刘[illegible]香 李玉玫 陈[illegible]

刘[illegible] 林[illegible] 刘丽凤 刘红梅 李[illegible]

李雪春 刘艳[illegible] 李[illegible] 刘英兰 [illegible] 黄惠 刘忠玲

刘婷 刘[illegible] 丁[illegible]波 鲍[illegible]红 卢岚 [illegible] 卢楠 冯秀

刘玲 陈凤娟 刘岩 江丹华 陈[illegible] 李[illegible] 王蓉

冯[illegible] 刘[illegible]丽 陈[illegible] 姜波 刘[illegible]华 龙[illegible] [illegible]

[illegible] 李玲娟 李秀英 林[illegible] [illegible] 刘[illegible] 王靖

240位国家心理咨询师联名力荐

The Truths

过好这一生的 10 个真相

李中莹 舒瀚霆 著

電子工業出版社
Publishing House of Electronics Industry
北京 • BEIJING

图书在版编目（CIP）数据

过好这一生的10个真相/李中莹，舒瀚霆著．—北京：电子工业出版社，2024.2
ISBN 978-7-121-47262-6

Ⅰ．①过…　Ⅱ．①李…　②舒…　Ⅲ．①心理学－通俗读物
Ⅳ．①B84-49

中国国家版本馆CIP数据核字（2024）第022336号

责任编辑：李楚妍（licy@phei.com.cn）
印　　刷：天津千鹤文化传播有限公司
装　　订：天津千鹤文化传播有限公司
出版发行：电子工业出版社
　　　　　北京市海淀区万寿路173信箱　　邮编：100036
开　　本：880×1230　1/32　印张：13　字数：450千字
版　　次：2024年2月第1版
印　　次：2024年2月第1次印刷
定　　价：88.00元

凡所购买电子工业出版社图书有缺损问题，请向购买书店调换。若书店售缺，请与本社发行部联系，联系及邮购电话：（010）88254888，88258888。

质量投诉请发邮件至zlts@phei.com.cn，盗版侵权举报请发邮件至dbqq@phei.com.cn。

本书咨询联系方式：（010）88254210，influence@phei.com.cn，微信号：yingxianglibook。

写在前面

“为什么懂得那么多道理，却依然过不好这一生。”情绪让你跌宕起伏，内卷让你焦躁不安，亲子关系让你焦头烂额，两性关系让你怀疑人生……关于人生，我们有太多的刻板印象，稀里糊涂地过了大半辈子，又懊悔不已，只觉岁月蹉跎。

本书将带你找到人生的10个真相，从此刻起，活出本真的你自己……

第1个真相告诉你，每一种情绪背后都藏着一个未被满足的需求；

第2个真相告诉你，找准自己的“信念核按钮”，改变并不难；

第3个真相告诉你，80%的压力都是自己制造的，改变认知即可；

第4个真相告诉你，命运藏在你的话语里，改变语言模式就能改变人生；

第5个真相告诉你，“听话教育”扼杀了独立性，育儿的终极目标正是培养独立性；

第6个真相告诉你，内心执着于理想化的爱人，永远处理不好两性关系；

第7个真相告诉你，“问题本身”并不是问题，如何看待问题才是真正的问题；

第8个真相告诉你，当你知道自己是谁，并认同这个身份，你的人生就不再迷茫；

第9个真相告诉你，人与人之间最大的差距是思维！思维一变，奇迹出现；

第10个真相告诉你，有生命能量的人千方百计，没生命能量的人千难万阻。

每个真相都是独立的话题，你可以挑选最感兴趣的话题阅读，也可以随意翻阅、重点阅读，当然，更推荐你从头到尾逐章阅读。当你细细品读过好这一生的10个真相，领略生活智慧，领悟生命真谛，你人生的方方面面都可以变得更美好幸福，更绚烂多彩！

最后，我想说，人的一生总会经历磕磕绊绊，我不否认有些弯路要自己走，才能更深刻地体会其中道理。你可以去痛、去爱，也可以趁早洞悉人生真相。当真相在你的生活中被验证为真理，便成了你的人生经验，你的余生将活得更通透。

难得来人世间一趟，何不真实热烈地活好你的一生！

人性、人心和人生

很高兴再次跟舒瀚霆博士合作，推出第二本书。舒瀚霆博士是一位商界奇才，有着非常高的悟性和应用能力。我俩合著的第一本书《心智力：商业奇迹的底层思维》便是最好的证明。此书刚一出版，便在各大平台成为畅销书，获得了“畅销书”和“优秀出版物”等多个奖项。我们也受到樊登先生的邀请，录制了《樊登读书－作者光临》节目，播放量突破千万。

我们合著的这本《过好这一生的10个真相》，是心理学在日常生活中更大范围的应用。相对于《心智力：商业奇迹的底层思维》聚焦在企业经营管理方面的应用，这本书的读者对象更加广泛，涵盖了所有想要过好自己人生的阅读人群。

早在1995年，刚进入培训界时，我给自己定的方向就是：研究适合中国人心理的有效学问。我一直相信，人生是可以有更轻松的、满足的、成功快乐的生活方式的。我要找出这方面的学问。于是，我去国外参加了很多课程，是国内第一位引进NLP应用心理学的导师。同时，我还在国内研发了一套又一套适合本土的应用心理学课程。

到2002年，我全身心投入“简快身心积极疗法”（一套在日常生活中进行心理辅导的技术）的系统研发工作。这套技术是我对社会的最大贡献。2008年，汶川发生特大地震，我第一时间赶到抗灾前线，用这套技术培养了一批又一批的心理志愿者，为灾区人民做心理辅导；同时，我也用这套技术为灾区群众做集体创伤后的疗愈辅导。经过我培训和辅导的心理援助志愿者和当地群众，都给予了大量积极正面的反馈。

汶川地震之后，为了进一步将这份助人的公益事业推进下去，帮助更多需要帮助的人，我在北京成立了简快公司，将“传播好学问，幸福中国人”作为公司的使命。经过10多年的努力，我们影响了超过220万人，有37万学员直接参加我们现场的系统培训，培养了500多位活跃在一线的应用心理学导师。同时，我在“简快身心积极疗法”的基础上发展出了“幸福关系学”和“专业技术班”等一系列课程。

自从智能手机普及后，人类生活已经不知不觉地过渡到全新的时代！社会上千千万万的事物，在数量及质量上急剧地增长和变化：生活的物质质量提升了，而人类的压力、焦虑和烦恼亦增加了。这些改变，为我们带来了全新的认知形态和解读方式。

社会的巨变让很多人离“轻松满足、成功快乐的生活”更加遥远了。2019年，北京大学一位教授在《柳叶刀·精神病学》上发表研究文章，透露了一个数据：到目前为止，中国有超过9500万的抑郁症患者。在实践的过程中，我也发现：当年用于灾区人民灾后重建的心理辅导，现在成为越来越多普通人的心理需求。

时至今日，假如只用一句话介绍我是做什么的。我会说：“我是研究人性、人心和人生的。”研究人性、人心是找到原理，探索规律和真相，目的就是帮助更多人过好这一生。

“过好这一生”，恰是这本书的目的所在。在工作实践和研究中，舒瀚霆博士发现，企业家、职场人、自由工作者们的内心状态及其家庭关系也亟待改善。结合我的学问，针对人生中最重要的10个方面，他做了大量深入的探索和研究。这10个方面涵盖面非常广，包括情绪、信念、压力、语言、亲子、两性、问题、身份、思维、能量等。可以说，总结了我们过好自己这一生最关键、最核心的学问。

这本书是舒瀚霆博士结合我的学问，进行探索和整理的结晶。当然，在这本书中，他还充实了许多实际应用方面的内容，做了很好的延伸和拓展。在与他合著这本书的过程中，我隐约感觉到舒瀚霆博士的“小野心”：他希望所有读过这本书的读者，在收获效果后，能反馈给家里的老一辈和下一代，让他们也能通过书中的方法得益。这是非常难得的！所以，我衷心地推荐这本书！

给读者朋友一句提醒：我的学问，向来都是“有用就有用，不用就没用”。意思是：我的学问，理论虽好，但更大的价值在于运用。看过了，学会了，试着运用起来，你就能收获效果；只看，却不运用，是不会因为“曾经看过”而产生任何效果的。

文字理论只是用来描述，能力是实践出来的。与诸位共勉！

2021年3月27日

本书的缘起

李中莹老师是我的恩师，也是我在心理学领域的领路人。作为一名从业20多年的企业经营管理顾问，我非常荣幸能将老师博大精深的学问应用在企业家成长及企业经营管理领域，辅导企业家及其团队做出卓越的业绩。我更荣幸能再次受到老师的邀请，与老师第二次合作著书。

记得在去樊登读书（现名“帆书”）录制现场的车上，我兴奋地向老师汇报：“老师，我们的《心智力：商业奇迹的底层思维》发行后，很多人问我是不是改行研究心理学了。”

老师秒回我：“是啊，你本来就是做心理学的啊！”

我瞬间蒙了，思索半晌，说：“老师，我还是做我的企业经营管理顾问吧，做顾问20多年了，我特别热爱这个行业，非常感恩您的学问给我带来了深度……”当天，在樊登读书录完节目后，老师就向我发出一个邀请：“瀚霆，我们再合作写一本书吧！”

我迅速答应了老师。跟老师学了这么多东西，如果不分享出去，简直就是暴殄天物。

同时，我也在思考，老师的学问浩如烟海、博大精深，和老师一起写什么主题呢?

与老师合著的第一部作品《心智力：商业奇迹的底层思维》受到了很多读者的喜爱，读者给予了我们很多真诚的反馈。这让我意识到，通过书籍将我们的理念及应用方法传递给大众，是一件非常有意义的事情！这让我坚定，要尽快着手筹备跟老师合著的第二部作品。

和老师筹备这部新书的过程中，恰逢疫情暴发，整个社会都处在紧张和焦虑之中。疫情期间，关于企业倒闭的新闻层出不穷，微信搜索指数上“倒闭”一词一度达到了搜索峰值。据说，疫情后第一个报复性上涨的指标不是经济指标，而是离婚率，多个大城市的婚姻登记处离婚预约天天爆满。

很有意思的是，在我服务的企业中，即使最艰难的欧美国际贸易业务，也有很多项目不降反增。不论是国内业务还是国际业务，不论是技工贸产业还是服务行业，好几家企业在市场低迷的前三个季度却呈现出2～3倍的强势增长。这些企业家及高管们不论是夫妻感情还是亲子关系也越来越好，对比社会层面的倒闭潮和离婚潮，给人冰火两重天之感！

如此大的反差，不仅没有让我觉得庆幸，反而促使我思考：近年来，心理学方面的课程看似场场爆满，心灵鸡汤式的新媒体文章常常阅读量高达10万+、100万+，还出现了大量在线社群和训练营。看起来，我们对心理学的内容懂得越来越多，有很多概念、理论和专业名词还变成了我们的社交货币，我们不仅觉得自己懂，还会跟朋友一起大聊特聊，可为什么还是印证了电影《后会无期》里的那句话："为什么懂得那么多道理，却仍然过不好这一生……"

突然有一天，我好像开悟了，大脑里清晰地浮现出老师的一番话："太多人专注于掌握知识和技术，而忽略了培养自己过好一生的能力。我的学问就是专注于培养人们过好一生的能力。"对，就是能力，只有拥有了过好一生的能力才能过好一生，而不是懂得多少道理。老师的这番话，和我所做的工作不谋而合。在我服务的企业里，我不是专注于帮助企业家及其团队懂得更多的专业知识，而是在服务的过程中帮助他们持续提升能力。

于是，我从能力这个维度，对我服务的一些企业家们进行了一轮又一轮访谈，并根据我长年服务的经验进行了详尽复盘，列出了长达3页纸的能力提升清单；接下来，我回顾了老师40多年来在这个领域的知识沉淀，并反复跟老师交流、核对，最后确认了"情绪、信念、压力、语言、亲子、两性、问题、身份、思维、能量"等过好人生的10个关键维度的能力。基于老师的应用心理学体系，我将这10个维度背后的学问归纳为"人生的10个真相"。

为什么是"10个真相"，而不是直接讲"10个能力"呢？因为把握真相，强调的是一个探索的过程，人生只有过程幸福才是真正的幸福，强调过程也是老师一以贯之的做学问的原则。老师强调：把握真相的过程包括洞悉人、事、物之间的关系，看清其中的逻辑与底层规律，并有效改善这些关系，达到更理想的人生效果！

就这样，我和老师把“过好这一生的10个真相”这个主题确定了下来。我太幸运了，从老师的学问到我自己受益，再到服务企业家及其团队成功实践的案例，我充分感受到老师学问里这“10个真相”形成的系统力量。于是，围绕这个主题，通过3年多的努力，我和老师合作的第二部作品——《过好这一生的10个真相》终于付梓，很感动也很开心。

在此，非常感谢汤淼淼女士、曾俊先生及陈泓伊女士为此书做了大量的专业论证与内容整理工作；非常感谢一如既往支持我出好看的书的著作IP专家潘炜博士，是他让这本书得以顺利出版；也非常感谢梁晓敏女士和聪聪对本书的校对和建议。同时，还要感谢我的“00后”宝贝女儿舒濛漫，她两度参与，协助我对本书进行精细化的打磨，书中那些加粗的精华和重点内容就是她的成果，因为她的参与照顾到了在新媒体刷屏下成长的千禧一代读者，令这本书有了更大的张力。

最后，再次感谢我的恩师李中莹老师的信任和邀请，一直被他“传播好学问，幸福中国人”的使命所感召，作为他学问的受益者和践行者，我非常幸运能有这个机会又一次与他合作，将老师的学问分享给更多人。希望此书能推动更多的人去探索过好这一生的能力，因此收获轻松、满足、成功、快乐的人生。

2023年8月1日

每个中国人都能过好这一生

古往今来，人类始终处在对幸福的不安追求之中。我们听过无数的道理，仍然有人过不好这一生。这究竟是“谁的问题”？

中国人亲子关系的三大嬗变

年轻的新中国历经农业社会、工业社会、信息社会等三个时代的嬗变，中国人的幸福观也出现了三次重大的变革：农业社会的幸福、工业社会的幸福、信息社会的幸福。

从新中国成立初期一直到20世纪90年代初，我们的祖辈父辈在那段时间里大多是“面朝黄土背朝天”，农业生产力水平相对低下，他们辛苦稼穑的收获仅仅能够支撑养儿育女的需要。夕阳西下，年老体衰的他们主要依靠儿女的“孝道”来生活。当时的祖父辈没有宽裕的时间，也没有丰富的能力来教育子女，他们更多地依赖于“大棒政策”来鞭策和警示子女。这一代凭借“武力”教育子女、通过“养儿防老”获得生理安全感的朴素幸福观是农业社会里基本的时代特征。

20世纪90年代一直到21世纪的头10年，风风火火的“工业革命”在神州大地上如火如荼地开展，生产力水平的显著提高让更多人从土地中解放。农民借助机械化提高劳动效能的同时，城市也因劳动分工的日益集约化和科技化提高了工作效率。个人腰包变得不再那么“羞涩”，家庭时间也变得相对宽松，千家万户愈发关注子女教育。无论在城市还是农村，邻里关系都是一种基于“熟人社会”的强关系：在城市，父辈们往往生活在“军队大院”“公务员小区”或“教师之家”……大家相互熟知；在农村，庭院围墙之隔只是物理空间上的布局，村子里、屯子里的人彼此之间鲜有隐私。在这样的环境下，父母津津乐道于“我的孩子考上名牌大学了”“我的孩子出国留学了”“我的孩子一年收入几十万”等精神资本，这是“熟人社会”里精神需要被认可和接纳的大众幸福观。大约以2010年为时间节点，接受了“现代教育”的“80后”“90后”逐渐成为新时代家长群体的“主力军”，无论是农业社会里

“养儿防老式”幸福观，还是工业社会里“精神需要被喂饱式”幸福观，都在信息时代被冲刷殆尽。这一代人，翘立于时代的鳌头，“养儿育女”被赋予了更为丰富和躁动的内容。但不可否认，他们善于学习、肯于钻研，与子女一起成长，与子女一起构筑了这个时代崭新的精神图腾。

作为新时代的父母，传统的“烙印”尚在，对待成长中的孩子，语言暴力和“行为艺术”还在时不时地上演。由教育问题引发了一系列崭新的家庭问题和社会问题，让人浮躁让人忧！

2016年3月5日，在北京由“简快总部”组织的“与李中莹先生谈人生”的一次活动上，一个孩子的父亲直言不讳地说起自己在童年时代遭受了来自父辈教育留下的伤痛。李先生毫不含糊地打断他的话，单刀直入地说：“你的父母给了你生命，就已经得了100分。你要做的是如何面对未来，下一刻的幸福和快乐完全握在你自己手中。”

每一辈人所经历的“怕”和“爱”，是时代造就的。“下一代要比老一辈更有资格、更有力量地把生命之火传承下去。”时移事易，与时俱进的含义是抖落过去的尘埃，合上当下和未来的节拍。在经济版图上，中国迅速成为全球巨大经济体，中国人开始行走在全球各个角落，在世界各地的消费能力让外国人瞠目结舌。那么我们的未来、我们生命的延续——我们的孩子究竟以怎样的“精气神”面向未来？未来30年，中国需要给世界带来什么呢？

“越给越有”的幸福哲学来啦

拨云见日，看见人生的真相后，我们方能拿到幸福的密钥。30年前，“越给越有”的幸福哲学——“简快NLP”被李先生研发出来，来访者开始走向轻松满足、成功快乐的幸福之路。

三十年如一日，李中莹先生坚持不懈地将自己研究的关于“人”的学问进行精心梳理，植根于人的灵魂，引领生命梳理好与自己、与他人、与自然、与社会的关系，让每一个生命真诚地面对自己，让每个生命都可以过好这一生，这就是本书两位作者所讲的精髓，这也成为他们一生都在为之努力的事业。

20世纪80年代，李中莹先生荣为企业高管，年薪七位数！“看上去很美”

的李先生，却感到不快乐、不幸福。也许是偶然中的必然，先生接触到NLP，进而发现NLP能够让自己的生活不断地充盈着幸福与快乐。

从那一刻起，李先生就希望通过NLP帮助“口袋”逐渐鼓起来的国人也能实现自己的真正幸福，过上真正想要的生活。这种坚定的信念和不竭的追求自1994年起成为李先生心田的星星之火，催醒着幸福种子的生根和发芽……他毅然踏上了去美国学习NLP及执行师课程的研修之旅！

幸福是什么？神秘的“她”往往说不清、道不明，若隐若现、犹抱琵琶。“说不出来拿不到，说不清楚做不好。”李中莹先生认为一门好的学问可以用一句话说得明明白白。他给NLP的一句话定义是：NLP让我们了解人类的大脑如何工作，以及如何将之运用得更好，从而创造一个成功快乐的人生。从学术上来讲，NLP是研究人类主观经验的学问，它可以突破人们一向在这方面认识上的束缚。

于是，李先生研发了“NLP简快身心疗法”，只要学习了这个学问，任何人都可以掌控和照顾自己的人生，并因此享受轻松满足、成功快乐的幸福生活。

李先生的高明之处就在于，他发明的NLP简快身心疗法与传统的精神分析法迥然不同，NLP简快身心疗法立足于现状、着眼于未来。这门学问几乎不需要当事人提供什么履历资料，更没有必要去摩挲来访者过去的伤疤。李先生善于把“工作重点”放在帮人建立良好的心理健康上，从根本着眼，从过程入手，从心里渗透。这就像防火，不是殚精竭虑地集中研究怎样去灭火，而是未雨绸缪、防微杜渐，重预防、轻治疗……所以，NLP简快身心疗法不是单纯地着眼于“治疗”，而更在于对人们心理健康的打造和提升。先生就是要将他的学问变成“下里巴人”的“衣食住行”，而不想使其成为一方“桃花源”中的“阳春白雪”。

在研究NLP简快身心疗法的第29个年头里，李先生每一天都能够清晰地知道他拥有自己的成功和快乐，清晰地知道他对身边的人产生了积极正面的影响。先生习惯别人称呼他为“信差”，一个把NLP这座“富矿山”送给尽量多的人的“信差”。由此，NLP这门神奇的学问，这样一门“越给越有”的幸福哲学，已经成为先生一生的寄托和事业。

中国人完全有资格“过好这一生”

大国崛起中的每个中国人，对整个世界都应该有一份责任。未来的世界如何发展？“后来人”将会活在怎样的一个世界里？中国人的心理素质、思想和行为模式，对这份责任会有很大的影响。李先生相信我们中国人能够把这份“工作”做得很好。先生正在倡导的事，就是要实现人人自我提升并产生幸福的“马太效应”；先生正在躬行的事，就是帮助一些先行者意识到“责任”，并提供些许“锦囊”来支持和促进每个灵魂的成长、进步与丰盈。

李先生一直持续做的事业就是让每个国人都能常常感知到幸福，并能过好这一生。他链接“家国天下”，勾勒出一个人从生存、生活到生命的精神地图。李先生知行合一，“急中国教育之所急”，创办了致力于培训边远及贫困地区教师的“和谐人生导师”、面向全国教师的“轻松教与学”培训课程、面向留守儿童的心灵成长“幸福家庭”等三个纯公益项目。

李先生又以“传播好学问，幸福中国人”为己任，发起了中国幸福人生大学“幸福人生”计划，让幸福的种子播撒到大学校园、企业及大众家庭。先生美好的夙愿是：只有每个中国人都过好了这一生，每个家庭都幸福了，中国才可谓真正地幸福“崛起”。

“我好，你好，世界好”，这是先生行事的“三赢”原则，更是先生常常倍感幸福的不二“法门”。今天，我们这一代中国人行走在先生构筑的幸福之路上，可以轻松愉悦地向着“幸福”进发了……行走在李中莹先生经年竭力勾画的幸福版图里，我们这一代人终可尽情地吐故纳新，拿出涵养宇宙的“精气神”，在世界舞台上恣肆绽放，并赢得世界的尊重。

感谢李中莹先生和舒瀚霆老师给予我这个机会写就这篇推荐序，这不仅让我重新定义了对本作品的多维度理解，更加深了对两位人生导师的无限敬重之意。在百年未有之大变局的新时代里，个人正处于调整转型期，他们不仅给了我旺盛的职业生命，还帮我开启了新的人生，找到了生命的意义。

潘炜

2023年7月7日

目录

真相1　情绪

真相2　信念系统

真相5　亲子

真相6　两性

真相8　身份

真相9　思维

真相10　生命能量

真相1　情绪

情绪，让你的人生如此多彩。

假如失去情绪，你的人生将会怎样?

别让坏情绪扼住人生的咽喉!

情绪，影响的不是你，而是你的人生!

每一种情绪的背后，都是一份心理需求。

第一章　你的人生为何总在情绪中跌宕起伏？

看完一部喜剧电影，你笑得乐不可支，这时屏幕上突然跳出“谢谢观看”，你的心里咯噔一下，觉得意犹未尽，心想要是电影再长一点就好了！

你做了一桌好菜，全家人围坐在饭桌前，一边夸你做的菜好吃，一边其乐融融地闲谈。这一刻你的心里充满爱意，觉得这一刻是多么幸福和满足啊，心想要是时间能永远定格在这一刻就好了！

周末，你和最好的朋友来到公园，一边散步，一边欣赏樱花，你的心里平和美好，心想要是每天都能这么轻松惬意，不用为上班的事情烦恼，那该多好啊！

生活中，我们都经历过这些快乐、幸福、轻松的时刻。回想一下，当感受到这些正面情绪时，你的内心深处是不是总有一点依恋和不舍呢？当然，我们的生活中除了会出现正面情绪，还会产生各种负面情绪。面对负面情绪，我们的内心又是怎样的呢？

当你哼着小曲，开着车，突然偶遇一起严重的交通事故的现场。看到一幕幕触目惊心的场景，你会瞬间感到害怕，担心自己也遭遇这种情况。这时候，你会下意识地转过脸，轻踩油门，巴不得马上离开现场，想要摆脱目睹车祸带来的恐惧感。

和你相处五年的女朋友突然向你提出分手，你会陷入失望和痛苦之中，然后端起酒杯，借酒消愁，希望借助酒精来对抗失恋的痛苦。

考试时，你把手伸进兜里，监考老师一把抓住你的手，然后揪着你站到讲台上，对着全班同学说你作弊，取消你的考试资格。你心里清楚，自己没有作弊，是老师错怪你了。这时候，看着同学们异样的目光，你满脸通红，心中感到难堪。可是，你并没有向老师解释，而是开始嘶吼和咆哮，随即愤怒地跑出教室……

如果说，我们感受到正面情绪时，下意识的反应是希望快乐能持续得更久，那么，当我们感受到负面情绪时，第一反应往往是逃避，希望这种糟糕的感觉可以快点走开，最好永远都不要再来。如果无法逃避，我们就会选择对抗。这就是我们对待情绪的“趋乐避苦”现象。

“趋乐避苦”是我们的本能，本无可厚非。早在2000多年前，古希腊哲学家伊壁鸠鲁就明确提出，人的一生都在寻求快乐，摆脱痛苦，“趋乐避苦”是人的本性，是人的最大利益所在。

不过，在情绪方面，过度寻求“趋乐避苦”往往会让我们掉进极端快乐情绪的陷阱，让我们去挑战那些极度快乐、兴奋、刺激的事情。比如：一些少年会从上网、玩游戏等事情中寻求快乐，很多成年人则让自己在酒精和尼古丁中陶醉，有些人为了追求“极致的快乐”甚至走上了吸毒的道路。有时，“趋乐避苦”也会让我们沉浸在与负面情绪的对抗中，很容易出现焦躁、抑郁等一系列情绪问题，更有甚者，还会付出生命的代价。

2021年5月，成都某中学生因为长期处于负面情绪之中，无人理解，在QQ上留下“一跃解千愁”的留言后，从学校教学楼跳下，结束了自己年轻的生命。无独有偶，河北一名学生因在超市买东西没给钱，被老师批评后跳楼，酿成悲剧。

诸如此类的例子还有很多。现代生活中，很多人一遇到问题，往往会做出许多极端的事情，比如伤害亲人、和别人大打出手，甚至跳楼轻生或报复社会。这一切，都与我们错误地对抗“负面情绪”脱不了干系。同样在2021年，南京一名男子在与妻子离婚之后，越想越气，开车撞伤妻子，并从妻子身上碾压过去，随后驱车逃跑，最终被群众围住。他的一肚子怒气彻底爆发，开始向人群发起疯狂攻击。在愤怒的情绪中，他一连撞伤多人，最终被警察逮捕。

生活中，负面情绪如果无法被及时妥善地处理，很可能给我们带来一系列“情绪事故”，破坏我们和谐的生活，给我们“添堵添乱”，甚至引发灾难性后果。面对这样的情绪，我们绝不能逃避，而是应该尊重它、了解它、重视它、引导它，并成为它的主人，利用这些负面情绪的正面价值，让我们的人生更加多姿多彩。

一、“情绪事故”的 4 种起因

1. 情绪转移——把自己的负面情绪转移给别人

丈夫工作不顺，憋着一肚子气回家，怒气冲冲地坐到了餐厅里。妻子一看丈夫生气，赶紧温柔地递上筷子，端上饭碗，又是夹菜又是盛饭，生怕怠慢了丈夫。结果，丈夫一肚子的气没地方撒，对妻子说：“我自己没长手啊？我工作做不好，是不是连饭也不会盛了？不是我说你，你做的这也叫菜？”

妻子莫名其妙地被丈夫骂了一顿，心里也不舒服，于是转头对拉着自己衣服，让自己给他夹菜的孩子吼道：“长这么大了，连夹菜都不会！你自己没长手啊？”

孩子一听自己被骂，哇地一声哭了起来，对着趴在地上的小猫就是一脚，小猫吓得连滚带爬地跑开了。据说那只猫冲到街上，正遇上迎面开来的一辆车，司机为了避让猫，轧死了路边的一个小孩。

这就是著名的“踢猫效应”，丈夫将自己的负面情绪发泄到妻子身上，妻子又把情绪宣泄到孩子身上，孩子最终只能拿小猫撒气……丈夫一个人的情绪问题，最终导致了整个家庭的不和谐，还引发蝴蝶效应，害了其他人。

当然，负面情绪的转移不仅出现在家庭里，还出现在我们的工作中。领导将情绪发泄给部门经理，部门经理又拿手底下的小职员出气；学校里，年级主任找班主任的茬，班主任就拿学生撒气，这些学生就拿更弱小的学生出气，这也是常有的事情。

情绪转移，是人们常用的一种心理防卫机制，指人的坏情绪如果没有得到适当的宣泄，就会转移到其他的人和事上。这是一种情绪的蔓延现象，它通常源自对某一对象的愤怒或喜爱，由于某种原因无法直接向该对象表达，于是将这种情绪转移到比自己弱小的对象身上，从而化解心理焦虑，缓解心理压力。

所以，我们的坏情绪就像流感一样，如果不加以控制，便会不断蔓延。

2. 情绪获益——我最可怜最无助，你要关心我！

网上有这样一个“梗”：一到晚上12点，有些年轻人就喜欢躺在床上，打开手机，看着“鸡汤”，默默流泪，嘴里骂着渣男，顾影自怜，然后发一条朋友圈：“我和这世界格格不入！这世界，爱过，厌了！”

处于这种自悲自怜的状态时，有些人会陷于消极、悲观的负面情绪中。一旦遭遇挫折和困难，他们会把问题看作无法掌控和改变的偶然因素，把一切归咎于外部，催生自怜心理，这就是我们常说的“受害者心态”。就像鲁迅笔下的祥林嫂，曹雪芹笔下的林黛玉一样，她们觉得自己弱小可怜又无助，希望得到别人的安慰与照顾，希望别人给自己加油打气。

这种状态，在我们的情绪问题里也十分常见。很多人会一直停留在这种状态里，希望获得源源不断的关注和关爱，这就是我们所说的“情绪获益”。

当然，每个人都有脆弱的一面，每个人也都需要别人的安慰与照顾，这再正常不过。然而，当我们长期沉浸在这种消极状态时，我们的情绪就会不自觉地受到影响，把自己认定为一个弱者，需要获得别人的同情才能凸显自己的重要性。

长此以往，你的价值就会依附在别人的认同之上，你的情绪也很容易受到别人的左右。如果长期被人忽视，你的内心就会产生强烈的情绪波动，希望通过各种方式重新获得别人的重视。为了得到这种重视，你就更加不愿意跳出负面情绪。

这就像一个缺乏关爱的孩子，总想在家里搞出一连串动静，希望引起父母的关注；也总是想在学校里搞出一些“大动作”，希望引起同学和老师的重视。当他用离经叛道的方式获得关爱后，这种行为就会变本加厉。

长期沉浸在这种状态里，还会形成错误的自我认知，觉得别人为自己做事是天经地义、理所当然的。要是有一天别人不再关爱自己了，那他就是自私自利、罪大恶极。一切都不是我的错，而是别人的错，是世界的错。这样的状况在亲子关系和两性关系里最为常见，有些人把自己的情绪依附在父母或爱人身上，如果父母不帮我，那就是他们不好；如果爱人不帮我，那就是他不爱我了。

解决这种问题，最好的办法就是从“受害者心态”里走出来，让自己在正面、积极的状态中成长，敢于为自己负责。

3. 情绪归因——我情绪这么糟，都是你造成的！

有人做过这样一个实验，找来一群被试，给他们描述这样一个画面：

现在你是一只骆驼，行走在非洲的荒漠上。突然，你的脚掌被地上的玻璃碎片划破了。你认为这点伤没有大碍，于是又继续往前走。但是没过多久，血迹引来了凶恶的秃鹫、饥饿的狼群和黑压压的食人蚁。它们把你团团围住，对你发起了猛烈的攻击。狼群不断地扑咬和袭击；秃鹫在你头顶盘旋，伺机偷袭你的眼睛；食人蚁爬到你的脚下，不停地撕咬你的脚掌。你浑身是伤，眼睛被秃鹫啄瞎，身体被狼群咬烂，脚也被食人蚁啃食，最终你无法抵挡，无奈地倒下，绝望地惨叫……

当实验者声情并茂地描述完这个画面时，所有被试都为骆驼的遭遇感到悲伤和愤慨。但是，当实验者询问他们原因时，很少有人认为是骆驼自己的问题，也很少有人把愤怒归咎于秃鹫、狼群和食人蚁。大多数被试认为，这都是那块玻璃的错，如果没有那块玻璃，骆驼的脚掌不会划破，也就不会招来那些“施暴者”。还有一部分被试认为，这一切都是人类的错，是人类把玻璃带到了沙漠，才酿成了这一切。然而故事里根本就没有人类，这只是被试的想象罢了。

这就是典型的“情绪归因”，每个人的情绪都源于自己的看法。让你情绪变得暴躁的，并不是某件事情本身，而是你对某件事情的看法。

“情绪归因”在现实生活中并不少见。

妈妈喜欢对孩子说："你别再惹我生气了！"这是把自己的情绪问题归咎在孩子身上。女生总是对男朋友说："要不是你惹我，我能这么愤怒吗？"这是把自己的情绪问题归咎在爱人身上。天空突然下起暴雨，你说："这该死的天气，真叫人心烦！"这是把自己的情绪问题归咎于天气。

就像上面的例子一样，人们在"情绪归因"时，往往会犯一个严重的错误：**把问题归咎在别人身上，认为自己没有错**。这源于人类共有的一种奇怪心态：看别人，总是从实际行动出发；看自己，却总是从动机出发。

这两者，有什么区别吗？

我们举个例子。漫威漫画里有一个大反派叫灭霸。从行为来看，这家伙一个响指，就能让一半的人消失，让无数家庭毁灭，可以说是个"种族灭绝分子"、十恶不赦的大坏蛋。可是当我们从动机来看时，他希望维护宇宙的秩序，维持生物发展的平衡，为了整个宇宙他独自一人承担了所有的罪责，是一个不折不扣的孤胆英雄、一个宇宙秩序维护者。

这就是行为和动机的区别。**当我们采取不同的视角看问题时，我们对同一件事情的看法就会发生变化。现实生活中，我们总是从动机视角看自己的情绪，从行为视角看别人的问题，导致我们很容易出现"甩锅心态"**：总把一些负面的情绪"甩"给身边的亲人和朋友，甚至"甩"给天气、花草和树木。我们认为整个世界都有错，就是自己没有问题。

现在，不妨转换一个视角，把自己当作一个朋友，在心中问问自己：有这么一个朋友，自己会喜欢吗？

有这么一个故事：一个人来到天堂，发现天堂里所有人都很好，只有一个人特立独行，故意显露出独特的样子，很惹人烦。于是，这个人很生气地问其他人："那家伙是谁，为什么那么惹人烦？"

旁边的人推来镜子，让他照一照，然后告诉他："喏，那家伙就是你自己！"

“情绪归因”告诉我们，有时候我们身处自己的情绪之中不自知，会把情绪问题归咎于外界的人、事、物，却忽略了自己的问题。其实，情绪产生的根源，并非外界的事物，而是我们对这些事物的看法，是我们自己的问题。

4. 情绪失控——要么忍受和逃避，要么爆发？

我们常常听说这样一句话：那些不发脾气的人，发起脾气来更可怕。一位温柔的妻子，生活中很少发脾气。可是有一天，孩子打翻了一个碗，她却勃然大怒，不仅狠狠骂了孩子一顿，还大打出手。这可把丈夫吓蒙了，急忙走过来劝道：“不就是摔了一个碗吗，用得着发这么大脾气？”

或许，妻子发脾气的真正原因并不是孩子摔坏了碗，而是她长期积压的情绪在这一刻突然爆发了。

其实，大多数人在生活中并不会处理自己的情绪。一遇到情绪问题，往往会选择逃避，用其他的事情来掩盖自己的情绪问题。逃无可逃，他们就会选择忍受，把情绪问题积压在心里。

这种现象，在我们儒家文化里尤为常见。由于长期受到儒家文化的影响，隐忍成为刻在我们民族骨子里的品质。在情绪问题上，我们也长期适应了这种隐忍文化，觉得能忍的就忍，不能忍的也继续强忍。

但是，忍耐意味着被迫地接受。长期的忍耐，往往会挑战一个人心理承受的底线，形成极度压抑的情绪。压抑的情绪多了，慢慢地就会超过我们心理的“阈值”，变得难以承受，最终会像溃堤的洪水，奔涌而出，导致情绪失控。

情绪失控的原因有很多，自身的性格、过往的经历、现实的情境，以及情绪的成熟度，都是造成我们情绪失控的原因。不过，情绪失控最重要的原因，与我们长期的情绪压抑有关。

感情障碍，会让我们莫名其妙地生气，老是发无名火；疲倦和厌烦，会让我们长期处于低落状态，失去活力；身体的不适和行为的异常，会在潜意识里形成痛苦、锚点，一旦触及，就像点了火药桶，让我们压抑的情绪瞬间爆炸！

解决情绪压抑，最好的方法不是逃避和忍受，更不是像火药桶一样爆发出来，而是疏导——用正确的方式引导情绪的流动，将情绪问题释放出来，从而调节自身的状态。关于自身情绪的疏导，我会在第三章和第四章做详细的讲解。

二、情绪产生的三大源头

1. 情绪问题，也是思维问题

我们常说："宁可做一只快乐的小猪，也不做一个烦恼多多的哲学家。"在人们的普遍认知里，小猪头脑简单，不会想太多，所以它往往也是快乐的、无忧无虑的；而哲学家的思维是复杂的，总会思考各种难以解决的问题，所以他们经常陷入烦恼中，是苦闷、焦虑的。

这句话有趣的地方在于，它告诉我们，**情绪产生的源头往往和我们的思维有关**。简单如小猪的思维，总是给我们带来快乐的体验，而复杂如哲学家的思维，却总是让我们陷入烦恼。

思维影响情绪的例子，在生活中很常见。**有的人拥有"担忧式"的思维模式**，他们最喜欢挂在嘴边的口头禅就是："万一怎么样，我该怎么办？"比如："万一这件事情搞砸了，我该怎么办？""万一面试失败，我该怎么办？""万一这次没考好，我该怎么办？"拥有这种思维方式的人，心中总是充满焦虑、恐慌和不安，时刻担惊受怕，面临精神崩溃的风险。

有一些"完美主义者"，在他们的思维模式里，凡事都要做到最好，挂在他们嘴边的口头禅是："我必须……""我一定……""我只能……""我非……不可！"拥有这种思维方式的人，经常会因为事情不够完美而陷入悲伤、低落、内疚和失望的情绪中。有时候，他们甚至会因为自己的细微疏忽而对自己大发雷霆，把自己气个半死！

还有一些人的思维很消极，总是认为自己不可能成功，挂在他们嘴边的口头禅是："这事儿我肯定办不到！""没有你帮忙，我肯定成功不了！""要是没有他，我就做不到！"拥有这种思维方式的人，长期处于消极的情绪中，内心会充满挫败、沮丧和愧疚。这种人很难坚持完成一件事情，时常找出一些消极的理由为自己辩护，把周围的人气得半死！

思维方式不同导致情绪上的差别的例子，其实还有很多。不同的思维方式，往往导向不同的情绪方向。正向思维导向正面情绪，负向思维导向负面情绪。

从前，有两个进京赶考的秀才。在路上，他们遇到一辆拉着棺材的马车。马车走到他们身边时，上面的棺材突然滑落，“噔”的一声掉在地上。一个秀才看见棺材落地，心里咯噔一下，觉得这是不好的兆头，预示着自己的考试也像这棺材一样要落榜。于是，他心里老是想着这件事情，始终放不下，结果到了考试的时候发挥失常，最终果然落了榜。另一个秀才看见棺材落地，心想：棺材棺材，升官发财。棺材落到自己脚下，那预示着自己将金榜题名，升官发财。于是，他更加有信心，觉得自己一定可以考好，结果考试的时候发挥得很好，一举高中，金榜题名。

通过上面的例子，也许你已经明白了，一个人的情绪是正面的还是负面的，是积极的还是消极的，往往可以通过我们的思维方式去影响。当我们朝着好的方向去想，我们的情绪也会随之好转；当我们朝着坏的方面去想，我们的情绪也会越来越糟。

2. 情绪问题，也是信念问题

平时，如果一个人对你微笑，你会觉得他是善良的、友好的。

但是，当你刚看完宫斗剧，里面的一个个笑容会让你不寒而栗。这时候，看到一个人对你微笑，你会想：这个人为什么对我笑，他是不是有什么阴谋？当你看完恐怖片，再看到同样的笑容，也许你会被吓一跳，觉得这笑容怎么看都有点阴森恐怖。当你看完喜剧片，你就会觉得，这笑容挺灿烂，没什么好防范和担心的。

这就叫“情绪投射”。

1974年，一位名叫希芬鲍尔的心理学家做了一个实验：他邀请了一批大学生作为被试，将他们分为两组。给其中一组被试放映喜剧片，让他们心情愉悦；给另一组放映恐怖片，让他们恐惧害怕。当两组被试看完电影走出来时，希芬鲍尔给他们看了一组相同的照片，让他们判断照片上人物的面部表情。

结果，同样的照片，在看过喜剧片的人眼中，照片上人物的面部表情是开心和愉快的；而在看过恐怖片的人眼中，却是紧张和害怕的。

心理学家研究发现，大多数时候，我们的情绪并不是直接由外部事物决定的，恰恰相反，是由我们内在的信念系统决定的。反之，当我们内心有一种主导情绪时，也很容易把这种情绪投射到外部世界，从而改变对外部世界的看法。

信念系统决定着我们的情绪。拥有不同信念的人，对同一件事情，会产生截然不同的情绪反应。这并非事件本身引起的，而是由每个人不同的信念系统决定的。人的信念系统分为信念、价值和规条三个部分。根据信念系统对情绪的影响，心理学家提出了著名的“情绪ABC理论”：

- A是指外界的诱发性事件；
- B是指个体在遇到诱发性事件后呈现的信念，即个体对这一事件的看法、解释和评价；
- C是指特定情景下，个体的情绪及行为的后果。

比如，有两个人一起去餐厅吃饭，迎面走来他们的领导，领导没有跟他们打招呼，径直走过去了。其中一个人的想法是：“领导可能正在想别的事情，没有注意到我们。即使看到我们而没理睬，也可能有什么特殊的原因。”这个人的信念“B”，带来的是平和的情绪“C”。

而另一个人想的却是：“是不是领导对我有什么意见，他故意不理我，下一步可能就要故意找我的茬了。”这个人的信念“B”，带来的是焦虑的情绪“C”。

“情绪ABC理论”认为，事件只是激发了我们的信念，让它发挥作用。由于人对不同事件的看法和评价不同，也就是信念的差别，最终导致各种情绪和行为的差异。

世上没有两片相同的叶子，也没有两个信念系统完全相同的人。正因如此，对同一件事情，不同人的情绪反应往往会有所不同。我们常说的“一千个读者，就有一千个哈姆雷特”“一万个读者，就有一万个林黛玉”正是这个道理。

由于信念系统对情绪起决定作用，我们可以通过改变一个人的信念来改变他的情绪。信念是可以通过自身来建立、修正和提升的，所以我们的情绪也是可以管理和调整的。日常生活中，哪些情绪是需要我们通过信念来管理和调整的呢？

- 认为负面情绪是与生俱来的——“我天生就多愁善感。”
- 认为有些情绪是无可奈何、无法控制的，既无从预防，又无法驱走——“不知何时才能消除惆怅！”
- 认为情绪产生的原因是外界的人、事、物——“一看见他，我就生气！”
- 认为情绪有好坏之分：愉快、满足、平静就是好的；愤怒、悲哀、焦虑就是修养不够的——“不准在客人面前这个样子！真丢脸！”
- 认为情绪控制人生——“最近没有心情，什么都不想做，还是等心情好的时候再说吧！”
- 认为有了不良的情绪就该逃避——“搞不定你，惹不起，难道我还躲不起啊！”
- 认为负面情绪是不好的——“我时时刻刻要保持阳光正面的状态。”
- 认为情绪外露是软弱的表现——“我要做一个有修养的人，不能在那种场合流泪。”
- 认为所有情绪都是人之常情——“只有发泄完情绪，才能让我有自由的感觉。”
- 认为情绪来自原生家庭——“我如此消极都怪爸妈。”

3. 理性脑跑不赢情感脑

情绪的产生，有一个最直接的生理性源头，那就是我们的理性脑跑不赢情感脑。

从生理层面来讲，我们的大脑分为三个部分：理性脑、情感脑和本能脑。如下图所示。

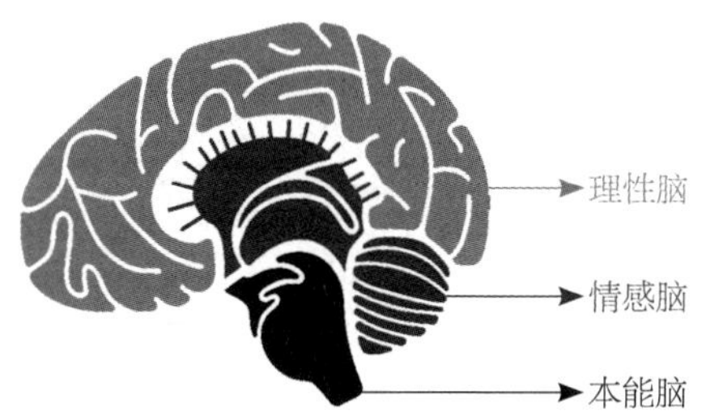

最外面的那一层是大脑皮层，被称为“理性脑”或者“逻辑脑”。它是掌管智力、逻辑、语言等理性思维的区域。这一层，是大脑进化到最高等级的产物，也就是我们是高等动物的原因。它的诞生让人类理解了这个世界到底是什么样子的，事物是怎么构成的，万事万物是怎么运行的。可以说，理性脑决定了我们现代文明的发达程度，是大脑中十分厉害的部分！

这么厉害的大脑，就像一台超级计算机，能够运算大量复杂的东西，但是耗电量也大，十分消耗我们的体能。它的重量不足我们身体的2%，但消耗的能量却超过我们身体总耗能的20%，是我们身体的“奢侈品”。所以，通常情况下，我们的大脑是不会随意启用这个部分的。这也就造成了一旦我们想要启动理性脑的时候，就会出现反应慢的情况。在一些紧急情况下，我们就显得有点反应迟钝、笨手笨脚了。

大脑的中间层是哺乳动物脑，也叫“情感脑”。爱恨情仇、喜怒哀乐等情绪，都在这里进行加工和处理，这里也是我们大脑的情感和情绪调控中心。人类这一层大脑，主要负责感知情感、意义和信念。

有趣的是，其他哺乳动物的大脑有90%与人类相似。大多数哺乳动物都有养育下一代的习惯，很大程度上就是因为这些动物也有情感情绪因素的存在。正因为几乎所有的哺乳动物都有“情感脑”，所以人类在看见猫猫狗狗的时候才会有一种亲切感。相处久了，人类甚至还会对猫猫狗狗产生特殊的感情。

最里面的那层是爬行动物脑，也叫“本能脑”，这一层大脑的进化已经超过几百万年了，实现了完全自动化。它掌管着我们的原始冲动，负责逃跑、战斗，以及本能生存动作，比如呼吸、心跳、性爱等。

情感脑和本能脑的功能，和我们通常说的潜意识的功能大致是一样的。它们的存在是人类能生存并繁衍至今的重要基础。

和理性脑比起来，情感脑和本能脑最大的特点就是“跑得快”。它们就像两名短跑运动员，哨声一响，“噌”的一下就飞了出去，等理性脑反应过来的时候，情感脑和本能脑已经到终点了。

100 多年前，著名生物学家达尔文在自己的著作《人和动物的情感表达》中记录了一个有趣的实验：在动物园南非大毒蛇馆，他把头紧紧贴在厚玻璃墙外，并在心中不断提醒自己：“有玻璃墙的保护，毒蛇不可能伤到自己，等毒蛇扑过来的时候，我绝不能退缩半步。”

虽然已经在心里打了“预防针”，但是当毒蛇扑咬过来的瞬间，达尔文的理性失去了作用，事前的自我提醒变成了一纸空话，恐惧的情绪和逃跑的本能迅速被激活，他以意想不到的速度，急忙往后退开两米，躲避了毒蛇的扑咬。

达尔文的这段经历告诉我们，即便再理性的头脑，都抵不过我们与生俱来的情绪和本能反应。

同时，情感脑和本能脑还有一个优点，就是流通速率高。三者在流通速率上的差距到底有多明显呢？我们举一个例子：如果说理性脑的流通速率是拿着一根吸管喝可乐的话，那么情感脑和本能脑的流通速率差不多就相当于一条奔涌的黄河。

这种悬殊的差距，就如著名哲学家大卫·休谟的那句名言所描述的：理性永远是感性的奴仆。感性负责决策，理性负责找理由。

你没有看错！这就是事实。

我们的理性脑聪明且强大，但反应速度和力量却有限。在这一方面，情感脑和本能脑占据主动。这就是为什么我们总是在第一时间生气，而在第二时间后悔。情感脑跑到了终点，理性脑才慢腾腾地启动。情感脑已经让我们生完了气，理性脑才告诉我们不要为这事儿生气。

既然情绪的力量天然大于理性的力量，那我们是不是就心甘情愿地做情绪的奴仆呢?

当然不是。

情绪和本能是较为原始的，它们解决问题的方式往往也是简单的、粗暴的，有时甚至是无效的、负面的。在现代社会中，这样的处理方式往往会给我们带来很大的麻烦。所以，我们不能任由情绪，尤其是负面情绪摆布，而是要努力去了解情绪、研究情绪，学会与情绪共存，正确地接纳情绪和善待情绪，运用情绪的积极能量，过好我们这一生。

第二章　情绪背后的八大真相

情绪存在于每个人的潜意识中，通过对心理的调节和平衡，帮助我们趋利避害。这正是人类会进化出情绪的原因所在。在人类漫长的进化历程中，情绪扮演着重要的角色，帮助我们一次次解决危机，走出困境。

对于我们每个人来说，情绪的存在都不是无意义的。它的背后隐藏着许多不为人知的真相。如果可以深入地了解情绪的真相，我们就能更加清楚地意识到它的真正价值，这对于我们控制情绪、调节心理，甚至改变人生状态，都具有非凡的意义。

情绪有八大真相，你或许并不清楚。

一、情绪与生命不可分割

每个人都有情绪，没有情绪的人是不正常、不完整的。

情绪是人类大脑千万年进化的结果，是全人类共同的“语言”。对于喜悦、悲伤、愤怒、恐惧、轻蔑等情绪的表达、传递和感受，全人类几乎有一样的认知。正是因为有了情绪的存在，我们对别人的感情才更加丰富和饱满，也才能体会到别人的快乐与悲伤。

比如，看到亲人难受，我们也会跟着难受；看到伙伴害怕，我们也会跟着担心；看到别人笑容满面，我们也会打心底里想笑……缺少情绪的人，不仅不能体会自己完整的人生，同时也无法通过情绪去体会别人的感受，生命的感知力将会大打折扣，人生的乐趣也少了很多。

我们常说：“这个人怎么这么冷血，这么麻木，这么无情？”其实就是在指责这个人缺乏对别人情绪的感知力。

麻木不仁的人，是典型的情绪缺失者。这种人不仅对别人的悲喜漠不关心，甚至对自己的情绪也不闻不问。这种人的生命状态往往是形如枯槁的，内心犹如死灰，毫无生命力可言。

二、情绪更加诚实可靠

在电梯门口，你突然遇到了很讨厌的上司。情绪告诉你，你一点儿也不喜欢他，一秒钟也不愿意和他待在一起，和他共乘一部电梯简直就像被放在火架上烤一样难受。

可是，理性却会提醒你：他是领导，要是对他表现出厌烦，你就完蛋了。你必须在他面前好好表现，哪怕只是表面上装出来的也行！

于是，情绪想让你躲着他。然而，理性却让你冲着他微笑，点了头，哈了腰。

类似的场景，我想你也遇到过。我们的理性总是在对外界做出判断，衡量我们的利益得失。有时为了获取外界的利益，我们的理性甚至会选择欺骗我们，或者掩盖我们最真实的内心感受。但是，情绪不会。

这就是情绪和理性的区别。理性总是让你追求客观世界的最大利益，却往往忽视你自身的真实想法。但是情绪不同，**情绪是最能表达和传递我们的真实感受的。它绝对地忠实于我们的内心感受，不会有任何的虚假。**

你不可能对一个讨厌的人露出真诚的微笑，也不可能对卑劣的事情产生由衷的崇敬，更不可能对恐惧的事情表达出彻底的释然……虽说情绪是我们最真诚的朋友，绝不会出卖我们，但有时候，我们也会有这样的感受：我本来不想对爱人生气，可是情绪控制不住，我还是对她吼了出来。其实，这并不是情绪的错，也不是它出卖了我们，而是情绪投射或者情绪转移出现了问题，导致我们的情绪和言行举止出现了偏差。**情绪是人类大脑千万年进化的结果，是我们的本能反应，是信念系统的真实呈现，也是我们内心感受的最直接表达。**相较于理性来说，它更忠实于我们的内心，是更可靠的心理反应。

三、情绪从来都不是问题

如果你身体不舒服，去看医生，医生摸了摸你的额头，说你的额头很烫，需要做手术把额头切除，你会有什么反应？

不用说，你一定会急得跳起来，气呼呼地对医生说：“你这医生，脑子不会有病吧？”

人人都知道，额头发烫只是身体有病的症状，可能是肠胃引发的疾病，也可能是感冒引起的问题，但绝不是额头本身的问题。

情绪也是一样，它只是一种症状而已，并不是问题本身。可是，绝大部分人却没有意识到这一点，他们把情绪看作问题本身。

比如，父母总喜欢蛮横地指责孩子出现的情绪问题：“你不许哭了！”“你又在这里发什么臭脾气？”“考这么差是你自己的原因，你难过有用吗？”这些指责，只能短暂地抑制孩子的情绪，却无法解决孩子的问题，更无法解开孩子的心结。长此以往，孩子的心理问题会越积越多，最终可能会让孩子闷闷不乐，甚至产生摆脱父母管束的想法。

大多数情况下，情绪并不是问题，问题总是隐藏在情绪背后。可是，我们却一味地被情绪牵着鼻子走，找不到问题所在。

我们需要清楚，情绪只是一个信号。它只是在提醒我们遇到了问题，我们需要及时有效地解决，而不是让我们沉浸在与情绪的对抗中，深陷负面情绪不能自拔。

四、情绪只是一个信号

情绪只是一个信号，它在向我们汇报问题。如果我们能够妥善地处理和运用这个信号，我们的人生将会变得更加轻松、快乐和幸福。反之，如果我们想要和自己的情绪对抗，想要来个鱼死网破，那么输掉的只能是我们。

1965年，叱咤风云的台球名将路易斯一如往常地参加台球比赛。在一场比赛中，不知从何处飞来一只苍蝇，在他身边嗡嗡乱叫，路易斯挥手赶开。可是没过几秒钟，这只苍蝇又飞了回来，落在台球上。路易斯觉得苍蝇严重干扰了自己的比赛，于是三番五次想要赶走苍蝇。但是每次刚赶走，苍蝇就又飞回来，落在他要击打的台球上。这让路易斯怒火中烧，失去冷静。他抓起球杆，猛地向苍蝇打去。结果，苍蝇毫发无伤地飞走了，台球却被路易斯碰到了。根据台球比赛规则，路易斯已经算是击过球了，他只好返回自己的座位。

路易斯的对手约翰·迪瑞把握住这次机会，逆风翻盘，赢下比赛，获得了冠军。原本胜券在握的路易斯在输掉比赛后，陷入彻底的愤怒和绝望，比赛结束后跳河自尽。第二天早上，人们在附近的河里发现了他的尸体……

瞧瞧，仅仅是一只微不足道的苍蝇，却让路易斯困在坏情绪里不能自拔。当这只苍蝇出现在不该出现的地方时，路易斯的情绪就开始受到它的影响，并且逐渐失控。最终，路易斯被负面情绪左右，不仅输掉了比赛，还葬送了人生。

其实，路易斯完全可以扭转这种局面，但他没有意识到情绪只是一个信号，他把情绪当作问题的全部，开始和自己的情绪对抗。这无异于和自己的影子玩搏击，输掉的永远只会是自己。

人的一生，最容易败给自己，尤其是输给自己的情绪。生活中，我们总是可以看到一些性情恬淡、清心寡欲的人，这些人并非没有情绪问题，只是他们更懂得如何成为自己情绪的主人。

人本就应该是自己情绪的主宰。可惜的是，在不知不觉中，大多数人总是沦为情绪的奴隶。特别是在当今这种物欲横流的社会里，很多人被外界干扰，无法通过情绪来控制自己的心智和行为，成为情绪的奴隶，而不是情绪的主人。

五、情绪教会我们学习

过去，人们面对自然的危险和挑战，缺少行之有效的防御手段。所以，人们学会了如何在惊讶和恐惧中逃生。当原始人心生恐惧时，身体机能会迅速把血液往双腿汇聚，让双腿保持紧张状态，随时准备奔跑。而当人们感受到羞辱和愤怒时，血液会往上半身汇聚，尤其是双臂，从而使自己充满力量，准备战斗和反击。

这就是情绪引导着我们去学习和适应。直到今天，情绪主导的学习模式仍然在我们身上发挥作用。当你的学习成绩不好，被同学嘲笑时，你会感到不甘、羞愧和耻辱。这种情绪会引导你发愤图强，努力提升学习成绩。失去爱情的痛苦，会让你明白另一半的重要性，从而让你更加珍惜下一段爱情经历。对于车祸的恐惧，让我们学会在驾驶时保持谨慎……

这样的例子不胜枚举。学会关注情绪、管理情绪，可以帮助我们利用情绪带来的正面价值学会更多的东西，同时也可以更加了解自己。

六、情绪是记忆的强化剂

你是不是也有过这样的感受?

大扫除的时候，突然翻到小学的课本，一打开，里面的知识已经很陌生，几乎不记得讲的是什么。可是，突然发现书上有和同桌一起画的涂鸦，你的记忆一下子就回来了，由衷地高兴和感叹：时间过得真快啊!

对小学教室外的走廊，你可能已经很陌生了。可是如果有一次，你因为帮一个摊贩捡掉落的水果而迟到，被老师惩罚，在走廊上又委屈又难过地站了一天。那么，长大以后你对那片走廊的记忆，也一定很清晰。

类似的例子还有很多。**对我们投入感情和情绪的事情，我们的记忆总是格外深刻。**这是为什么呢?

其实很简单。我们的大脑无时无刻不在从外界摄入信息，储存成记忆。这个过程，就像计算机的“编码”过程。我们的大脑不断摄入资料，储存资料，和过往的信息做比对，整合出每条信息的模糊意义。这些模糊意义经由我们的信念系统过滤和筛选，提炼出对我们真正有价值的部分。而这些被信念系统认为“有价值”的信息，往往和我们的情绪有着密不可分的关系。每一份有意义的信息，都和我们的情绪并存。

没有情绪的记忆，就像没有编号的书籍，在浩如烟海的“大脑图书馆”里，我们无法精准找到它。有情绪的记忆，就像有编号的图书，我们可以顺着编号去寻找，迅速在我们的大脑中捕获相关的记忆。

生活中，我们还会发现，那些我们记忆深刻的事情，身边的人却总是想不起来；而我们早已忘记的事情，其他人却津津乐道。

这是因为我们每个人在同一件事情中所投入的“感觉”是有差别的，所以在我们的记忆中，“感觉陪伴”的分量也会不同。一件事情，“感觉陪伴”的分量越足，我们的记忆就会越深刻；反之，“感觉陪伴”越少，我们也就越容易忘记。对那些没有感觉的事情，我们可能转头就忘记了；而那些感觉很强烈的事情，即便在很多患上阿尔茨海默病的患者脑海中，也有着极为深刻的记忆。

研究表明，**我们的大脑对于那些确定的、意义清晰的事情，**有着更深刻的记忆。而情绪正好可以强化这种确定性和意义价值，帮助我们的大脑进行记忆。

在很多语言学专业的学生口中，我们总能听说这样一个有趣的笑话：一个人最先学会的外语，一定是那个国家的脏话。

比如，相同情况下，一个外国人学汉语，学会“他妈的”往往比学会“糟糕”更快，原因很简单：前者带有更加强烈的情绪，让这个词的意义更清晰和可记忆，从而强化我们大脑的记忆效果。

更有研究表明，人们对负面情绪的感觉记忆尤为强烈。你不妨在心里想想，回忆印象最深刻的十件事情中，有几件是欢喜快乐的，有几件是悲伤难过、愤怒恐惧的？

对于大多数人而言，恐惧的、愤怒的、悲伤的、难过的、厌恶的，甚至感到自卑和羞耻的事情，往往比快乐的、开心的、兴奋的事情更能刺痛我们的神经，更能激活我们的记忆系统，强化我们的记忆能力。

这是因为，人类在进化的过程中，对负面事件有着天然的警惕和防范心理。负面情绪之所以让我们如此记忆深刻、挥之不去，是因为它所牵连的负面事件，总是能刺激我们最原始的本能记忆，让我们对未来可能产生的威胁保持必要的警惕及高度的防范。尤其是在原始社会，由于缺乏有效的自保手段，原始人经常遭遇各种威胁生命的危险。因此，我们需要对各种事情有足够的提防，情绪就是这道预警系统。所以，在遭遇不好的事情时，情绪会被迅速激活并强化。

比如，恐惧是一种极为强烈的情绪。原始人记住了躲在树后的老虎突然发动袭击，险些吃掉自己的恐怖瞬间。侥幸逃生的原始人，会在记忆中放大这种恐惧，以让他们保持强烈的警惕性。在很长的时间里，我们对老虎都敬而远之。

绝大多数人对蛇保持天生的恐惧心理，或许正是因为我们的祖先曾遭遇过蛇的袭击，侥幸逃生后，便对这种爬行动物有了恐惧的记忆。

时至今日，我们对于老虎和蛇已经没有那么恐惧，不过对于负面情绪的记忆，却丝毫没有改变。比如，高考失败的伤心、生意惨败的绝望、第一次上台演讲被台下观众哄笑的羞辱、去银行取钱却意外遭遇劫匪的恐惧，都会在我们的记忆中埋下种子，并随时会被我们的记忆唤醒。有些负面情绪带来的记忆，甚至会给我们的内心带来永久的创伤，需要我们用一生去抚慰。

面对负面情绪带给我们的不愉快回忆，我们不能听之任之。我们需要清楚，这些或许根本不是我们真正的记忆，更不是事情的真相，而是被情绪“绑架的人质”。比如，当你经历了一次失败的演讲，刚从舞台走下来，这时候，你的朋友过来安慰你，可是在愤怒和羞耻的情绪之下，你很可能误解朋友的好意，认为他不过是在看你的笑话，想要趁机嘲笑你。这样的记忆会持续下去，而你却毫无察觉，最终导致你和朋友渐行渐远。

面对负面情绪带来的记忆，我们要努力看到积极的作用和效果。人类进化出如此种类繁多的所谓“负面情绪”，不是让我们消极沉沦、自生自灭的，而是让我们深刻地记住“危险”的感觉，让我们在下一次的挑战和较量中避免处于险境，取得优势。

七、情绪就是我们的能力

面对挫折，我们坚强、自信、勇敢，这是能力；面对压力，我们冷静、轻松、悠然，这是能力；面对突如其来的事情，我们机智、灵活、随机应变，这是能力；面对生活的无聊，我们时常“幽它一默”，这也是我们的能力；面对重复的工作，我们时不时地能赋予其创造性，这更是我们的能力。

这一生中，我们每个人都拥有许多能力。不过，这些能力很多时候都是在无意间发挥作用，往往不易被我们察觉。

情绪就是这样一种能力。

也许你会惊讶：我只听说情绪是一种状态、一种体验，它怎么会是一种能力呢?

其实，它不仅是你我都拥有的能力，而且是最基础的能力。试想一下，当你在某一刻突然变得勇敢和斗志十足时，你的内心深处是否会有一种强烈的感觉在波动、在起伏、在翻涌。这份感觉帮助你调动勇气和力量，让你去面对问题。

对于一个毫无情绪、内心麻木的人来说，他是无法调动体内的力量，激发自己的勇气去面对问题的。他的内心波澜不惊、毫无起伏，因为他没有情绪，没有这份感觉，所以他发挥不出其他的能力。对这样的人来说，自信、勇气、幽默感、创造力等能力全都是奢谈。

就算具备了其他能力，他也无法调配这些能力，因为他缺少了一份感觉——使用一切资源的内在原动力。这种人更像一辆精致的跑车，每个部件都很精致，但是却不知道如何踩油门。如此一来，再精美的车，也只是摆设，无法成为帮助你前进的工具。所以，没有情绪带来的这份感觉，就算具备了大量的知识技巧，掌握了冠冕堂皇的道理，也很难积极地投入其中，更无法做到最好。

八、情绪的背后是情商

在绝大多数场合，高情商的人都是更受欢迎的群体，因为他们总是能把话说到你的心坎里，让你情不自禁地扬起嘴角，泛起笑容，变得开心和愉悦。几乎没有任何一个人可以抗拒这种被人理解所带来的开心和满足。

这就是为什么现代人那么喜欢提“情商”。它在潜意识中高度契合了我们人性的需求。高情商的人，最大的特点就是对自我和他人情绪的协调能力强。

情商专家戈尔曼认为，情商主要包括5个方面：认识自己的情绪，管理自己的情绪，用情绪有效推动自己，认识别人的情绪，搞好人际关系。

说得简单点，高情商的人总能积极地调动自己的情绪，去帮助自己；同时还能用轻松、自然的方式，将积极、正面的情绪传递给别人。

高情商的人，最难能可贵的品质不是时刻保持积极和乐观，而是总有办法从消极负面的情绪阴影中走出来，并将其转化成“正能量”，传递给更多人。

在一个村子里，小孙子经常看到爷爷绕着屋子跑圈。有一次，小孙子终于忍不住，好奇地问："爷爷，你为什么绕着屋子跑啊？"

爷爷笑了笑，说："因为爷爷生奶奶的气啦，差点儿和奶奶吵架。可是，奶奶是我的亲人，我不想把脾气发泄到她身上。所以，我就出来绕着屋子跑。我一边跑就一边想，她是我的亲人啊，为什么要和她生气呢？这样子，我慢慢地就不生气了。"

孙子又问："你为什么经常绕着屋子跑呢？难道天天都和奶奶吵架吗？"

爷爷又说："年轻的时候，一想到自己穷，我就会懊恼生气，跑的时候我就想，我没有别人有钱是自己没本事，有什么好生气的呢？乖孙子啊，这是爷爷调控情绪的小秘方呢！"

如果说调节好自己的情绪是本事，那么，管理好自己的情绪就是高情商了。不得不说，这个老爷爷的情商真是高，他通过简单的情绪管理，不但缓解了伴侣之间的紧张冲突，还让自己的情绪得到了很好的疏导。可以猜想，这两位老人之所以能几十年如一日和睦恩爱，一定和这位老爷爷管理情绪的"高情商"有着密不可分的关系。

第三章　如何把情绪变成自己的力量

人类发展至今，已经攻破了许多难关。自然科学帮助我们了解外部世界，改造客观世界，让我们上天入海，无所不能；社会科学帮助我们了解历史，总结人类社会规律，让我们从容地生活在这个社会，成为社会中的一员，积极拥抱人类社会大家庭。

可是，你有没有注意到，我们越是积极投身于对外部世界和人类社会的认知和改造中，对自身的关怀和了解就变得越匮乏、越稀缺、越微不足道。

时至今日，人类自身的问题，对于我们来说仍然是个谜，令许多科学家头痛不已，这其中就包括我们的情绪。如果能够更加深入地了解情绪的种类、情绪产生的路径及背后蕴含的真实价值，我们将会从中获得更多的启发、更大的力量，帮助我们成长和发展。

一、情绪走向极端，就会变成伤害

自古以来，中国都是一个讲究“士文化”的国家。在“士文化”中，修养是一个十分重要的内容。中国人的修养里，既有道家文化的“无为”，也有释家文化的“禅悟”，更有儒家文化的“中庸”……在这些文化的熏陶下，我们逐渐形成了特有的“喜怒不形于色，好恶不言于表，悲欢不溢于面”的“情绪观”。

事实上，这是一种与情绪和谐共处的高情商状态，但却被很多人误解，认为我们不应该把“情绪”直接显露出来。这就造成了中国人对待情绪的态度往往是压抑和逃避，而不是面对和解决。

那些勇于把情绪表达出来的人，往往会受到其他人的非议，尤其是让别人知道自己的“负面情绪”，会被认为是软弱无能的表现。这就导致很多人不仅不愿意面对自己的情绪，而且还希望把自己的愤怒、焦虑、悲伤和羞耻等情绪剔除。

逃避和不敢面对，不仅让我们解决自己的情绪问题成为奢望，更会加重“负面情绪”带给我们的消极意义，给我们的身心带来持续的不良影响，最终影响我们的幸福。

更重要的是，一些“负面情绪”会使身体长期处于“低效低能”的状态。这种状态会让大脑的某些能力持续减弱，例如学习、思考、记忆、策划、解决问题等，导致我们在急需这些能力时，根本无法发挥出来。

如此一来，恶性循环便会产生：“负面情绪”降低我们的能力，让我们处于“低能”状态；“低能”状态又会让我们更消极，强化我们的“负面情绪”，持续降低我们的能力。几乎每时每刻，我们都在做三件事：感觉、思考和行动。

如果我们把人比作机器的话，那么，这三件事情就相当于机器工作的三个环节：信息的输入（感觉）、加工（思考）和输出（行动）。

输入、加工和输出这三个环节，往往对应着四类不同的情绪。在输入阶段，我们的大脑需要捕捉更多有用的信号，所以对周围的事情很敏感，很容易产生一些“敏感情绪”；在加工阶段，大脑需要调动更多的资源来解决问题，这时候，大脑的工作很繁重，压力很大，很容易产生“焦虑情绪”；而在输出阶段，大脑往往需要提供事情的应对策略，或者形成自我保护和防御的机制，这时候我们会变得极端，产生“愤怒情绪”。一旦防御机制不奏效，我们就会陷入更为消极的情绪中，变得抑郁和闷闷不乐。

这四类情绪，看上去很负面，但实际上都是有益的。这些情绪的表达都是我们的本能，是我们的大脑在呼唤，是我们的内心在平衡。这种情绪智慧，是千万年来人类进化的结晶。

但是，在当今这个复杂多变、难以把控的社会变化中，这些情绪变得不适宜，不被我们自己认可，也不被社会倡导。慢慢地，就被大家贴上了“负面情绪”的标签。

我们一旦出现这些情绪，就会感到内疚。内疚是一种很强烈的道德情绪，是经过社会化的人才会有的表现。比起前面的四种“负面情绪”，内疚更容易带给我们伤害。

内疚的人，会自责，会“变本加厉”地责怪自己：为什么自己那么敏感，老是错怪别人？为什么自己总是焦虑难安，让别人感到厌烦？为什么控制不住自己的情绪，给别人带来伤害？为什么自己会患上抑郁症，不能从抑郁中走出来？

长此以往，我们就会被强烈的“内疚感”所裹挟，掉进一个极端的情绪陷阱里，最终伤害我们自己，还有身边的亲人和朋友。

面对极端情绪，我们要有一颗宽容的心，善于接纳自己的情绪，时刻告诫自己：接纳它，就是接纳自己。不要让我们的情绪走向极端，因为任何一种情绪走向极端，都将变成对自己和身边人的伤害。

二、用感恩之心化解负面情绪

两个人同时来到一座长满玫瑰的花园散步。一个园丁热情地迎接了他们，并摘下两朵玫瑰，分别送给两人。

第一个人接到玫瑰，嗅了嗅，沁人的香气扑鼻而来，让他心旷神怡。他对园丁微笑，感恩地说："谢谢你送我这么香的玫瑰。"

第二个人接到玫瑰，握在手里，看着玫瑰满身的刺，对园丁抱怨道："玫瑰这么多刺，你是想扎伤我吗？"

同样的玫瑰，却导致了两人截然相反的情绪反应。让他们情绪差别这么大的原因，真的是玫瑰本身吗？不，其实是他们对待事情的态度。第一个人心怀感恩，时刻都能注意到事情的正面意义；第二个人却生活在抱怨和怀疑中，只能注意到事情的消极意义。

感恩，是处理负面情绪最好的办法。感恩的人，往往不会去抱怨事情的负面意义，也就不会将关注的重心放在负面意义上。感恩的人会更多地看到人、事、物的积极价值，并由衷地赞美，这在无意之中会引导情绪向着更加积极的方向转变。

同时，感恩的人心中往往会认为：我原本不该得到这些东西，而现在我得到了这些东西，这和别人的帮助是分不开的。我的内心对他人是充满感恩的。比如，对父母的感恩——"我本不可能来到这个世界，是父母赐予我生命，是他们让我来到这个多姿多彩的世界，我要感谢他们！"感恩，是一个用爱充盈内心的过程。在这个过程中，我们的内心会慢慢变得祥和、宁静和喜悦，会包容外部的世界，会以外界的视角重新审视自己和自己的情绪。

一个不懂得感恩的孩子，面对父母的付出，会无休止地索取。一旦父母无法满足他的需求，他就会心生抱怨，然后生气地说："这都不肯给我，你们还配做父母吗？"

而一个心怀感恩的孩子，面对父母的付出，会注意到父母的辛劳和不易，会对父母说："你们为了我，付出了一切可以付出的，我以后要好好报答你们。"

朗达·拜恩2007年被《时代》杂志评为全球最具影响力的100人之一。她在自己的书中写道："当你感谢你所拥有的事物时，无论它们有多小，你都会得到更多那样的事物。如果你对目前拥有的金钱感恩，不管它有多么少，你都会得到更多钱；如果你对一段关系感恩，即使它并不完美，这段关系也将变得更好；如果你对目前的工作感恩，即使它不是你梦寐以求的，你也将会在工作中获得更好的机会。因为，感恩是生命中强大的倍增器！"

用心寻找身边那些值得感谢的事情，即便再小，也有助于我们从"负面情绪"中脱身，让我们过上更美好的生活。

三、接纳情绪，对情绪说"Yes"

我们的一生，会出现各种所谓的"负面情绪"。但实际上，情绪并没有正面和负面之分，也没有好坏、对错之分，几乎任何一种情绪都有其正面意义和价值，不是给予我们某种力量，就是指引我们找寻方向。所以，我们要学会寻找情绪的积极意义，对情绪大声说："是的，我感受到你了。""是的，我知道你在提醒我、在保护我。"

其实，常见的"负面情绪"都会给予我们正面的价值和积极的意义。

1. 愤怒——给予我们力量，去改变不能接受的情况

通常来说，内心能量不足的人，往往会生活在更多的愤怒里。这是为了借助愤怒带来的力量，帮助他维持更大的能量，去面对坎坷的人生。

但是，在现代社会中，依靠愤怒来获取能量往往是行不通的，这就像一个人在冬天里燃烧自己的腿去取暖，只会使事情变得越来越糟。这类人的问题在于，企图用愤怒带来的力量，去改变外面的人、事、物。事实告诉我们，这种做法是永远不会成功的。正确的态度应该是：用愤怒带来的力量改变自己。这才是真正的突破口。

2. 痛苦——虽然分为生理上的和心理上的，但意义却是一样的：指引我们寻找一个摆脱的方向

把手放在火上，感觉到烈火灼烧的痛苦，你会下意识地把手缩回。如果灼烧的痛苦还在持续，你的手会继续往回缩，直到痛苦消失为止。火不会退缩，因为它感受不到痛苦；可是我们的手退缩了，因为它感受到了痛苦。心理治疗师罗伯特·麦克唐纳在教授“处理感情关系问题”的技巧时说：“**在两人关系中，感到痛苦的人就是该做出改变的人！谁痛苦谁改变，谁改变谁成功！**”

痛苦的来源往往是我们对受伤和愤怒的强烈感受。这种感受，多数时候并不是来自我们的肉体，而是来自我们头脑里业已形成的观念。每当你感到痛苦的时候，你对“自我”的感觉与认知，比以往任何时候都来得更敏感、更强烈。这个时候的你，也比以往任何时候更加接近“自我”。而当你快乐与平静的时候，你对“自我”的感觉是消减的、弱化的。那个时候的你，正在远离着“自我”！所以，“痛苦”的消极情绪看似在损耗我们的能量，实际上是在让我们看到更加真实的自我，窥见什么才是自己最重要的东西，从而让我们感觉到自己是很特别、很重要、很有意义的存在。

3. 焦虑、紧张——提醒我们这件事情很重要，需要我们更加专注；同时，它也会指出我们在资源或能力上的不足，提示我们需要补充资源或者弥补能力的缺陷

焦虑、紧张，常常跟我们对自己的身份认知，以及我们与系统的关系不清晰或者对其存在误解有关。这种情绪的正面意义在于：让我们的视线不局限于心理上的不安，不是仅仅去抗拒焦虑感，而是去探求原因，思考出路。焦虑一旦产生，我们就需要进行自我分析，让想法得到进一步释放。

简单来说，一个念头带给我们焦虑感的同时，也能让我们更加主动地探索问题，更加深入地思考问题，更加清晰地看待自己，借此释放我们的焦虑，升华我们的观念。

一定程度的焦虑，可以调动我们的潜能，让我们发挥出最佳水平，有利于我们的生活和工作。比如，在经历一场极为重要的面试时，人们会心跳加快，感觉紧张。这时，人的注意力就会高度集中、全神贯注，这就是焦虑状态带给我们的正向价值。假如我们缺乏焦虑感，就不会把面试放在心上，而可能随便应付，敷衍了事，这样做很可能发挥不出我们的最佳水平。所以说，适度的焦虑对我们来说是有利的。

4. 困难——指引我们去衡量“付出的代价”与“可收取的回报”哪个更大

很少有人注意到困难也是一种情绪感觉，更无法注意到它带给我们的积极意义：让我们看清“付出的代价”与“可收取的回报”之间哪个更大。

需要注意：处理这种情绪的目的，并不是让我们必须去做某一件事，而是让我们多了一种“可以做这件事”的选择。

有时候，困难是一剂良药。“不经一番寒彻骨，怎得梅花扑鼻香。”没有经历过困难，我们就找不到真理；没有经历过挫折，我们的潜能和智慧也无法被挖掘出来。困难和挫折，是人生的学校，能折磨人、考验人，更能教育人、锻炼人，使人受益终生。

5. 恐惧——指引我们找到“原以为要付出却不必付出”的代价

恐惧指引我们寻找那些我们原本需要付出的代价，并想办法避免这种代价。与困难一样，处理这种情绪的目的并不是让我们一定去达成某件事，而是让我们多了“可以做这件事”的选择。

恐惧是一种高能量情绪，它可以迅速提高我们的神经灵敏度，让我们在遭遇危险时，能够第一时间反应并做出自保的行为。当然，当我们觉得自己的能力不足以驾驭某件事时，也会产生害怕、恐慌的情绪。但这种恐惧是在提醒我们需要投入更多的力量，去渡过这个难关。因此，恐惧的情绪对我们的“自保”与“获得进步”具有一定的积极意义。

6. 失望——对外界的失望和对自己的失望，是我们拥抱成功的前提

对外界的失望，必然来自我们想控制外部事物的企图。若无法如

愿，我们便会感到失望。对自己的失望，往往来自对自己的否认和不接受。人生，就像培植一株植物，当我们害怕它遭受风吹雨打时，这株植物就很难茁壮成长。如果我们是真的爱自己，就应该让自己像树木一样，勇于迎接风雨的吹打，同时也能勇敢地拥抱失望带来的感觉。因为我们的人生不是一片坦途，前路漫漫，充满不确定性，而我们的心中又总是满怀期待。我们越是期待，就越需要勇敢面对期待落空时的感觉。正确面对失望，是我们拥抱成功的前提。“不经历风雨，怎么见彩虹”“失败是成功之母”……这些都是在提醒我们，黎明之前必定充满黑暗，期待满足之前必定遭遇失望。

失望，还源自生活的不确定性。下一刻，我们可能会成功，也可能会失败。我们对不确定性的预判，往往会与现实存在偏差，这也是我们产生失望的原因。

无论如何，我们都应该相信，每一种情绪必有其存在的价值和意义。经历失望对任何人来说都不容易，但这也是一项重要的操练，最终可以帮助我们建立更好的心理韧性。并且，通过与失望的相处，我们也会更加相信自己的内在心理能量。

7. 悲伤——让我们从失去里取得力量，更加珍惜自己拥有的东西。悲伤既能给我们指引方向，也能给予我们新的力量

很多人认为，悲伤完全是一种消极负面的情绪，没有积极的价值和意义。但是从进化角度来看，任何纯粹负面和没有价值的东西，对于人类的生存都是巨大的障碍，应该在漫长的进化中被淘汰，或者被我们舍弃。

可是，“悲伤”并没有被我们抛弃，反而进化成了我们极为常见且持续时间最长的情绪之一。这就说明，“悲伤”对于我们来说，有着正面的价值和意义。

首先，悲伤会让我们更持久、透彻地认识某一段经历，使之在我们的大脑里长期存在，让我们的心理建立起相应的保护机制。

其次，悲伤在某些情况下可以取代一些极端的情绪，比如愤怒、痛苦、恐惧等，从而防止因我们情绪过激导致过量的精力消耗。如果负面

情绪过于强烈，悲伤会逐渐导向痛苦或者愤怒。这些都是我们的本能，保护着我们生存和繁衍。

最后，我们经历悲伤，并从中学习和成长。当我们从悲伤中走出来，解开心结，我们就会获得全新的力量，拥有更为坚定的步伐，这会帮助我们更好地应对未来的危机和困难。

8. 惭愧、遗憾、内疚——认为某件事情尚有未完结的部分，指引我们转移力量去完成。这些情绪是为我们指引方向的，明白了情绪的意思，就能把它们转化成力量，去推动事情的完成

如果一件事本可以做到，却因为某些原因而没有完成，我们就会惭愧、遗憾、内疚，会心有不甘。这些情绪提醒我们，要及时反思自己哪里做得不够好，让我们懂得再次遭遇这些问题时，应该如何调整和改变。比如：考试时，没有分配好做题时间导致我们考试失利，走出考场时，我们会遗憾、懊恼和不甘，同时也会在心里规划下一场考试的时间安排，避免此类问题再次发生。

9. 嫉妒——中转站一样的情绪

嫉妒往往源于自我的不足，自己和参考对象相比存在差距。面对这种差距，嫉妒的情绪会让我们产生两种心理状态。

第一种：我不如你，但我要凭借自己的成长超越你。这样的嫉妒会变成不忿、不服气，最终成为我们发愤图强的动力，帮助我们提升自己，从而达到超越别人的目的。

第二种：我不如你，也无法通过自己的成长来超越你。这样的嫉妒，最终会变成恨。“羡慕嫉妒恨”，正是这样一个情绪强化过程。这一点，我们在后面会继续讲。

10. 憎恨——它的正面意义，目前还是一个谜

憎恨，往往是对“别人比自己更优秀”的愤怒。但是，这种愤怒并没有用来提升自己，而是希望摧毁对方；或者是本人维持在既有水平，而希望把“优秀者”从更高的位置拉下来。然而，在憎恨的驱使下，被摧毁的往往不是对方，而是自己。当我们把时间和资源浪费在这种企图上时，我们就已经无法经营好自己的人生了，更无法获得成功和快乐。

所以，这种情绪既不符合“情绪的产生有助于人类的生存和进步”的进化理论，也违背了“本人有能力去建立成功、快乐的人生”的基本理念。

11. 委屈——孩子对父母的情结投射到其他人身上

一个人觉得委屈，往往是因为“对方没有给他他想要得到的东西”，这种东西可能是具体的实物，也可能是抽象的东西，比如一个想法、一句安慰、一个拥抱等。

感到委屈的人，总是把自己的地位拉得很低，把对方摆得很高，让对方操纵自己的情绪，总希望对方像父母一样答应自己、满足自己、无微不至地照顾自己。如果自己的需求或期待无法得到满足，就会感觉委屈。

但是，在成年人的世界里，满足自己的需求是自己的责任，对方没有义务给你提供百分之百的满足。在生活中，我们时常看到一些人在餐馆、酒店、超市、医院或其他公共场所对服务人员提出过分的要求，一旦得不到满足，就会生气、暴躁，对别人进行无端的指责，或者向经理、负责人恶意举报。这些人的内心，或多或少都有“委屈”的小情绪存在。

第四章　如何摆脱负面情绪

小时候，亲戚家的小孩来家里串门，结果打碎了你最心爱的玩具。你非常愤怒，想要和他大吵一架。听到声音，你妈妈跑过来，冲你喊道：“一个玩具而已，你怎么这样对弟弟？你再这么任性，我就罚你关禁闭！”这时候，你由愤怒变成委屈，气得双手发抖，泪水在眼眶里打转，哭着跑回自己的房间，紧紧地关上了门。

愤怒，让你想和亲戚家的小孩大吵一架；委屈，让你想要一个人逃回房间，不想面对。其实，这就是普通人应对情绪最简单的方式。吵架，是要让情绪爆发出来，这叫“爆”；听到妈妈的指责，你会暂时压抑情绪，这叫“忍”；你心里觉得委屈，跑回房间，关上门，是想逃避情绪，这叫“逃”。这样的处理方式，不仅在孩子身上常见，在绝大多数大人身上也很常见。

“爆”“忍”“逃”的情绪模式，是千万年来人类趋利避害的进化结果。很长时间里，这些对待情绪的方式，有助于人类在复杂的自然环境中生存下来。

可是，在今天这种复杂的社会环境中，很多时候，这些方式给我们带来的往往是情绪的困惑和矛盾的升级。

科学证明，刻意隐藏情绪会引起严重的健康问题，形成很多心理方面的症结。

但是，通过发脾气来发泄情绪，又会影响我们的人际关系；通过暴饮暴食或疯狂购物等行为来发泄情绪，往往治标不治本；想要让自己忙起来，忘记情绪带来的烦恼，可是到了夜深人静、一人独处时，它又会突然冒出来，更加强烈地刺激你的内心，这些情绪“才下眉头，却上心头”，成为你噩梦的根源，让你睡不好觉。

一、找到自己的“情绪按钮”

早上上班之前，丈夫告诉妻子，他有事不能送孩子上学，需要妻子去送。这本是一件再普通不过的事情，可是妻子早上有个晨会，需要提前到公司，所以妻子听到这个消息之后很不高兴，满脸怒气地对丈夫说：“你为什么不早说？”

妻子的反应是下意识的，她根本没有察觉自己生气了。可是，丈夫却意识到她的变化。他认为妻子不应该为这种事情生气，于是自己也气呼呼地说：“老板几分钟前才告诉我的，你要我怎么提前通知你？”

听到这个理由，妻子知道自己误会丈夫了，她心里很愧疚，想要道歉。可是，在妻子的原生家庭里，父亲是个“施暴狂”。在妻子的童年记忆中，父亲总是对母亲大吼大叫，并不时拳打脚踢，这成了她的童年阴影。在妻子的潜意识里，男人对女人吼叫，就是要施暴的信号。所以，看到丈夫生气的样子，她下意识地暴躁起来，歇斯底里地对丈夫吼起来：“明明是你有问题在先，为什么还要对我发脾气？这一切都是你的错，你为什么要这样对我！”

在丈夫的原生家庭里有一个不懂事的妹妹，每次和自己有了争执，妹妹都喜欢耍无赖，从而在父母那里获取更多好处。丈夫从小就受够了妹妹的无理取闹，于是每次看到女人“耍无赖”就会下意识地躲避。所以，看到妻子突然歇斯底里，丈夫也不再说话，选择独自一人走出了家门。

一件看似很小的事情，却毁了这个家庭美好的一天。可以想象，夫妻二人在这番争吵之后，心情一定是一团糟。更重要的是，这种情绪问题原本可以很好地化解，但是夫妻二人都在不经意间将自己曾经的情绪记忆投射到爱人身上，最终造成双方情绪失控，不欢而散。

这样的事情，在我们的生活中比比皆是。

每个人都有情绪，但是每个人情绪的诱发因素往往大不相同。其实，我们每个人都有一个控制情绪开关的按钮。

有时候，我们的情绪按钮是一段刻骨铭心的往事。很多记忆都是带有情绪的经历，这些记忆，尤其是童年的记忆，往往会让我们触景生情，回想起当时的情绪。比如上面的故事中，妻子童年时期对父亲家暴的恐惧，丈夫童年时期对妹妹“耍无赖”的反感，都带着强烈的情绪记忆。当这些回忆被唤醒时，它们所附带的情绪也会随之而来，左右我们当下的状态。

曾听一位学生说起，他一看到别人吃鸡肉，心里就会感到愤怒和恐慌。这和他小时候养鸡的经历有关。

小时候，他养了一只大公鸡。这只公鸡就关在他的房间里，每天呼唤他起床，陪伴他玩耍。渐渐地，他跟公鸡产生了深厚的感情。但是，有一天放学回家，他恰巧碰见奶奶捏着鸡头，一刀砍断了公鸡的脖子。没了头的公鸡竟然还挣扎着跳了起来，走到他的面前，好像在向他求救。

这个血淋淋的场景简直把他吓傻了。这个画面也深深地刻在了他的脑海里，一辈子都挥之不去，成为他的心理阴影。从此，他看到关于鸡的食物，脑海中就会浮现出公鸡被砍掉脑袋，在屋子里挣扎的画面，心中对奶奶杀死公鸡的愤怒和恐慌也会无意间转移到“吃鸡者”的身上。

有些人的情绪按钮是某些特殊的动物、物品或事件，比如有人看到狗，就会产生莫名的亲切和欢喜；有人看见蛇，就会打心底里感到害怕和恐慌；有人看见蟑螂和老鼠，就会感到恶心和厌恶。

有些人的情绪按钮是某种行为或动作，比如被拒绝，这类人在上班时，一旦被领导拒绝，就会灰心丧气，一整天提不起精神；在生活中，遇到被服务员或乘务员拒绝，就会大发雷霆，想要找经理投诉；在爱情中，遭遇对方拒绝，就会变得狂躁、歇斯底里，甚至闹着要跳河、跳楼。

有些人的情绪按钮是某个画面，或者某首歌曲。这是因为，这些画面或歌曲的场景里，有着他们始终挥之不去的心锚。

有些人的情绪按钮是一种心态，比如嫉妒心，一遇到别人比自己好，心里就受不了，产生嫉妒的心理，这类人生存的最大动力是优越感。

…………

还有一些情绪按钮是人类共有的，比如威胁人身安全的事件往往会触发人的恐惧情绪。譬如，遭遇火灾时突然出现的恐惧情绪，会促使我们的身体瞬间分泌出大量肾上腺素，让我们变得更灵敏矫健，反应速度也更快，从而帮助我们从火场逃生，化险为夷。

一些情绪不能自主的人，往往是把自己的情绪按钮完全交给了外界环境或者别人。这样的人需要警惕，当别人知道怎么激怒你时，你就要当心，千万别落进对方给你设置的圈套里。

当你有意识地关注自己的情绪按钮时，你就不容易被极端情绪左右。即使产生了负面情绪，你也能将它的影响降到最低。当然，对于我们来说，最理想的状态是将情绪按钮掌握在自己手中。

二、3个小妙招让你走出情绪阴影

此刻，你的嘴角是上扬的，还是下撇的呢？

实验表明，嘴角上扬，带动苹果肌运动，让你保持微笑，这个简单的动作能有效调动你的情绪向着更加积极的方向转变，让你更加快乐；而嘴角下撇，则会在下意识中减弱你的快乐情绪，有时甚至会让你陷入消极的状态。

这说明，我们的情绪和动作是息息相关的。**一方面，情绪催生了行为和动作。我们有什么样的情绪，就会有什么样的动作。**比如，当我们愤怒时，往往会捏紧拳头，浑身颤抖，恨不得把周围的东西砸得粉碎。**另一方面，行为和动作一定程度上也会影响情绪。**我们可以通过几个动作来感受一下，比如大笑几声，你的情绪会不自觉地舒畅起来。

“你想拥有一种品质，那就表现得像是你已经拥有了这个品质一样。”对于情绪也是如此，当你想要一种积极、正面的情绪时，不妨用一些积极、正面的动作来暗示自己，这样往往能起到不错的效果。

这就是所谓的**“行为照见情绪，情绪反哺行为”。利用情绪的这种特性，可以帮助我们掌握摆脱不良情绪的技巧。**接下来，给你介绍3种简单、易学的摆脱负面情绪的小妙招。

1. 九宫格法

九宫格法最大的好处是可以尽快让情绪稳定下来。它的流程步骤如下。

第1步，在脑海中回想那件让自己不开心的事情，并给它打分。10分制，1分表示轻松和开心，10分表示极度不开心。

第2步，闭上眼睛，找回当时令你记忆最深刻、让你不开心的画面，然后定格，并自问此刻自己的心情是几分。

第3步，把脑海中的画面划分成九宫格形状。

第4步，把脑海中的九宫格打乱，随意移动九宫格的位置。最好进行5至6次移动，每移动一次，就尽可能打乱画面原图中人、事、物的位置。

第5步，脑海中展现打乱的九宫格画面，再一次自问不开心的分数是多少。

如果你真的冷静下来了，继续这个流程，你会发现自己不开心的分数会越来越低，负面情绪的程度也在直线下降。

2. 闪变法

这个方法也能帮助我们从负面情绪的消极状态中尽快冷静下来。它的流程步骤如下。

第1步，在脑海中回想那件让自己感到不开心的事情，并给自己的心情打分。10分制，1分表示轻松和开心，10分表示极度不开心。

第2步，闭上眼睛，找回当时的画面，并把画面想象成一个电视屏幕。现在，试着把屏幕缩小，从56寸缩到42寸，再缩到28寸，最后缩到16寸。如果这个想象过程有难度，你可以想象你正在不断地倒退，远离这个电视屏幕，画面的尺寸也就缩小了。这时候，你试着给自己的情绪打分，看一下它是不是改变了。

第3步，让画面从彩色变成黑白。这时候，再注意分值的变化。

第4步，画面出现了雪花、斑点和鬼影，就像早期电视机信号不好时经常出现的情况。这时候，再注意一下分值是否有了改变。

第5步，把画面推远，直到画面变成一个细小的点。这时候，再问自己，你的不开心分数是多少。

用心完成这5个步骤，也能快速降低你的不开心分数，让你摆脱负面情绪的阴影。

3. 记录转换法

这个方法不需要给自己的情绪状态打分，它可以帮助你启动理性脑，及时应对突发的极端情绪。它的流程步骤如下。

第1步，用笔在本子上记录你当下的情绪。写下情绪的目的，是让我们承认自己此刻正处在某种情绪的包围之中。

第2步，写出导致这个情绪的外部导火索是什么。在完成这一步时，你要有意识地提醒自己，这个外部原因只是导火索，情绪的根源来自你内心的信念。

第3步，对比。想象一下：将另一个理性的人（可以是自己的榜样或偶像）放到这种情况下，他会不会有这么大的情绪，这么过激的反应？他会怎么思考？找到你和他在信念上的差别。

第4步，借用榜样的信念，来优化自己的信念。

三、有效整合：运用和配合情绪

我们知道，几乎所有的负面情绪都有其正面的意义和价值，不是给我们力量便是指引我们行动的方向。

无论是悲伤、失望，还是愤怒、恐惧，事实上，情绪都是一种对我们有用的讯号。情绪的讯号，传递的就是情绪的功能属性。即使是令人感到不愉快的情绪，也有它的功能属性。如果你把它们看成你所需要的重要讯号，这些情绪就有了“用武之地”，你对它们的抗拒心理也会迅速改善。

比如，当你感到遗憾和悔恨时，情绪给你的讯号就是“有一件你应该做好，但没有做好的事情”。这时候，你就可以从中总结经验，并吸取教训，在下一次遇到类似事情时做出积极的改变。

同样，当你感到内疚时，情绪给你的讯号是“你违反了自己的某个准则，这让你感到不安”。明白了这个讯号，你以后就会更加注意这类情况，尽可能避免再次触犯这个准则。

当你对生活感到忧虑时，情绪给你的讯号是“你可能会遭遇某种危险境遇，你为此感到担心”。这时候，你就需要防范生活中可能遭遇的问题，提前做好准备。

…………

明白了情绪的意义，并清楚如何运用这些情绪带来的价值，我们就不会执迷于“与情绪对抗的低级游戏”，而是有意识地专注于情绪讯息价值的利用。这样做能帮助我们朝着某个方向和结果努力，同时有效地控制情绪，调整状态。

除了运用情绪，还可以通过配合情绪达成效果。

比如，在消极疲倦的时候，尽量不要开车；心情不好的时候，避免做出重要的决定；愤怒和有压力的时候，多去运动而不是去谈判；担忧和伤感的时候，尽量少处理重要的事情。

当我们无法控制情绪的时候，我们就要尽可能地控制自己的行为。在不同的情绪状态下，我们的效率也是截然不同的。比如，当我们满腔热情时，我们的工作效率就会直线提升；反之，当我们情绪低落时，效率也会明显降低。例如，某家公司给员工设了一个“不开心假期”，当公司的员工心情不好时，可以申请一定时间的“不开心假”，选择不去上班，直到把心情调整过来，再去上班。这家公司的老板很聪明，利用假期来排遣员工的消极情绪，间接地提升员工的工作效率。这种方法既有利于提高公司的整体效率，也能让员工尽快调整状态，做到双赢。

在日常生活和工作中，我们遭遇到情绪起伏和波动时，也可以通过不同的事件去配合情绪。心情不好时，就暂时放下手里的工作，走走路，散散心；待心情愉悦时，我们再投入到工作和学习中。这样可以大大提升我们工作和学习的效率。

上面这些方法虽然能起到立竿见影的效果，不过我们必须清楚，想要根本性地解决情绪问题，我们不仅需要这些技巧，还需要从信念系统和思维方式着手。因为情绪产生的真正源头正是一个人的信念系统——信念、价值观和规条。只有当它们真正改变了，我们的情绪状态才会向着积极的方向转变。在下一个篇章，我们将具体讲述如何转变一个人的信念系统。

真相2　信念系统

“你以为的”真的就是你以为的吗?

主宰人生之舵——信念系统揭秘:

你和事实之间,隔着一层“信念”。

信念系统几乎操纵着我们人生里99%的事情,

是做或不做任何事的核心决定因素,

也是我们对事物做出判断的基础和依据。

第一章　驱动人生的方向盘：信念

很久以前，人类就已经证明地球是圆的。

现如今，这已经成为一个不争的事实。哪怕是刚上幼儿园的小朋友，也会自信满满地告诉你，地球是圆的。

如果你对他说："怎么可能？地球不是圆的，地球是平的，就像你家的餐桌一样。"听到这个答案，只怕小朋友的牙都会笑掉。

地球是圆的，是一个不规则的球体，这几乎已经成为人类社会的普遍认知和一般性真理。但是，在美国却有一大批怀疑者，他们坚信地球不是圆的，而是平的。

为了证明和传播自己的观点，他们不仅成立了组织，创建了网站，而且还会定期组织人员交流学习，甚至进行大量的实验，试图发射自制火箭，想要证明"地平说"的真实性。更不可思议的是，这些信徒中不仅有普通人，还有成功的商人、明星和高学历的知识精英。

很长时间里，人们都无法理解，这些人为什么对"地平说"如此痴迷。不过渐渐地，人们意识到这些"地平说主义者"对一切和"地圆说"有关的理论与证据都置若罔闻。他们长期待在自己人的圈子里，不停地给自己灌输"地平说"理论。久而久之，他们就不再相信"地圆说"是真实的了。

如果有人胆敢在他们面前举出种种证据，证明地球是圆的，他们便会愤怒，然后说这些只不过是科学家们编造出来的惊天谎言，而你只是被科学家们蒙骗的"大蠢蛋"。

为什么会这样呢？

因为这些人完全处在自己的"信念系统"里而不自知，他们坚信地球是平的，真理就掌握在自己手里！他们坚信自己没有错，错的是其他人！

"信念系统"究竟是什么，为什么会有这么大的魔力？

信念系统，是我们人生观、意念及行为的思想基础，是我们面对万事万物的处理态度，是我们在这个世界活下去的内在法则。它是我们每个人的内在运行模式，几乎操纵着我们人生99%的事情，决定着我们人生的成功与失败，快乐与痛苦。一般来说，信念系统可以分为信念、价值观和规条。

如果把人生比喻成开车，其中信念决定一个人做事的方向，相当于车子的方向盘；价值观是一个人做事的动力，相当于车子的发动机；规条是一个人做事的套路和方法，相当于车况和路况。

如果想要改变一个人，无论是自己还是别人，最好的办法就是从“信念系统”入手，去改变这个人的信念、价值观和规条。

一、信念的真相：人成长及其改变的内核

“信念系统”三大构成部分的首要要素就是人的信念。一个人成长及其改变的内核就是“信念”，信念对人的行为和生命具有决定性的作用。先来看一个关于信念的案例。

二战时期，德国军队做了一个不人道的实验。他们把抓来的盟军飞行员绑在椅子上，用布蒙上他的双眼，然后对他说：“经过审判，我们决定把你处死，方式是割开手腕，慢慢放血！”

说完，德军人员用冰块在盟军飞行员的手腕上轻轻一划，然后用预先安排好的东西发出滴血的声音。随后，德军人员全部离开房间。等到数小时之后，德军人员再回到房间时，这名盟军飞行员已经死掉了。

他没有被割破手腕，甚至连一点伤也没受，只是听见滴血的声音，他就死了，这是为什么呢？

很简单，他完全相信了德军人员的话，认为自己正在不断流血，很快就会死亡。死亡的信念笼罩着他，让他坚信自己正在死亡。随着求生的信念灰飞烟灭，他再也没有活下去的勇气。“哀莫大于心死”，生的信念一旦毁灭，死亡也就找上门了。

这就是信念的真相，它是你认为“事情应该怎么样”或者“事情就

是这样”的主观判断，是支持和解释变化（或没有变化）的理由，是我们认为维持世界运作的法则，是对世界上各种关系的主观逻辑判断。比如：妈妈就该照顾孩子，男人就该保护女人，生活就得多姿多彩，人类是地球的主宰，这件事情不可能发生，这个人不会来了，是你导致我们的工作出了问题……诸如此类的主观判断，都是我们的信念。

有时候，我们的主观判断太过强大，变得绝对不容改变。那么，在我们心里，信念往往就成为真理一般的存在——我们会错误地把信念当作真理，把自己内心的想法当作事实。比如，“地球是宇宙的中心”这个信念，在欧洲中世纪的基督教徒心中就是绝对的真理，是不容置喙的。一旦有人敢提出异议，就会被他们绑上火刑架，活活烧死。

如果有一天你去听一位著名的导师讲课，两个小时很快就过去了，然后是10分钟的休息时间。休息过后，你刚坐下，导师就因为一些很小的、没什么意义的事情指责你，接着对你大发脾气，越骂越凶，而且当众对你说出一些很难听的话。这个时候，你心里冒出一股怒火是很自然的事。你认为是导师的行为引起了你的愤怒情绪。

可是，假如你在刚才的休息期间接到朋友打给你的一个电话，告诉你刚收到消息，原来这个导师昨天刚从精神病院出来。你因为已经坐下，并看见导师已在前面，所以你马上结束与朋友的谈话，把手机收了起来。就是在这个时候，导师做出与前面完全相同的行为：因为一些很小的事情对你大发脾气，越骂越凶，而且当众对你说出一些很难听的话。现在，你心里的情绪只怕会是恐惧和担心吧？

有没有发现，完全一样的行为却引起了完全不同的情绪反应，这证明了事情本身并不决定情绪。两次反应中，你的信念有以下的不同：第一次的信念是——导师不应该这样，要有师德。第二次的信念是——从精神病院出来的人不可理喻，应该与这个人保持距离。

可见，一个人的信念决定着这个人情绪、言语与行为的发生。

信念不是真理，而是我们大脑里的一张滤网，可以过滤真相，过滤事实，过滤我们所看到的、想到的世界。“你看到的，都是你想看到的。”当一个人坚信某种信念时，对那些不符合这种信念的东西，他们是看不到、听不见，也不会相信的。即便事实就摆在眼前，他也会想出一大堆理由来解释和搪塞。

有一位朋友，很喜欢喝酒。几年前的一天，他突然兴高采烈地给我看一篇报道。报道上说，国外一个研究团队在对大量实验者进行长期研究之后发现，适量饮酒对身体健康是有一定帮助的。当我对他说这样的研究是否科学还有待证实时，他却一脸不屑，随后又找了很多“证据”来证明喝酒有益身体健康。

几个月之后，这家网站又发布了更多的报道，声称其他团队研究发现，喝酒对人体存在危害，无论喝多喝少，这种危害都始终存在。我的朋友看到这条报道时，却当作没看见，快速划开了。

显然，在我这位朋友的信念里，早已把“适量喝酒有益健康”当作了真理。所以，他的眼睛会一下子找到和这条信念相同的观点，却对相悖的观点视而不见。

生活中，这样的例子还有很多。我们每个人一生中，都拥有数以百万计的信念。绝大部分信念潜伏在我们的潜意识中，不会轻易显露出来。正因如此，我们很容易把它们当作客观事实，将它们同真理混为一谈。

能够清楚主观信念和客观真理是两回事，并明确地将二者区分开来，往往被看作一个人达到一定智慧水平的证明。

二、信念是如何进入大脑的?

1. 信念形成的4种途径

各种各样的信念，究竟如何进入我们的大脑，并在不知不觉中影响我们的思考，决定我们的行为呢?

小时候，你可能不知道火是危险的。直到有一次，你的手不小心触碰到了火焰，一种灼烧感袭来，你疼得跳起来，开始哭爹喊娘，没过多久，手上就起了一个大水泡。妈妈急忙给你涂了红花油，安慰了你半天。疼痛的感觉持续了很久才渐渐消失。这段痛苦的亲身经历，让你明白了火是危险的。这就是信念产生的**第1种途径：本人的亲身经历**。在我们的一生中，大量信念都来自自己的体验和感受，这样产生的信念往往也是最值得我们珍视的。

妹妹看到你被火烧伤时的痛苦模样，心里也产生一种朦胧的信念：火会让人痛苦，是危险的。这是信念产生的**第2种途径：观察他人的经验**。

长大以后，你有了自己的孩子。看到他在厨房里玩火，你急忙跑过去，把他拉开，生气地说："火很危险，小孩子不许玩火！"孩子这才知道火是危险的。这就是信念产生的**第3种途径：来自信赖之人的灌输**。

在你的言传身教下，孩子虽然意识到火的危险性，但并不清楚火为什么危险。后来，他上了学，通过学习和思考，明白了火在燃烧时会释放热量，产生高温，灼烧人的肌肤。这就是信念产生的**第4种途径：自我思考做出的总结**。

这4种途径之中，第3种和第4种途径需要我们格外注意。孩子在成长过程中会接受大量来自父母、老师、长辈的信念灌输，一部分来自语言的灌输，另一部分来自行为的灌输。这些灌输中，绝大部分都是有益的，是可以帮助孩子成长的，但有时候也会出现意外。

一位母亲从小就对女儿说："男人最重要的就是要有上进心，瞧瞧你爹，一点上进心都没有，现在像什么样子？"

女儿从小就接受这种思想灌输，耳濡目染，久而久之就形成自己的信念：男人必须要有上进心。

长大以后，女儿按照自己的信念，挑了一个很有上进心的男人结婚。可是没过几年，他们就离婚了。原因是男子太有上进心，整天忙于工作，对家庭毫不关心，最终导致家庭矛盾激化。这时候，这个女人才明白：对于一个幸福的家庭来说，男人的上进心并不是最重要的。

通常来说，我们的信念产生于一个念头，只有经过我们的经验确认才能在思想中稳固下来。所以，经验是信念产生的重要条件。但是，没有人能够经历所有事情。于是，我们的大脑学会了“举一反三”，把一种经验形成的信念用到其他情境中去。这就像我们把一辆车的零件安装到另一辆车上。有时候，它们可以完美适配，有时候又会出现不良反应。

上面的故事里，母亲把自己的经验形成的信念灌输给女儿，结果却不适合女儿的生活，最终导致女儿的婚姻失败。

同样，老一辈人从艰苦的环境中走过来，他们坚信勤劳就能致富，努力才能成功。可是新生代却生活在多元丰富的环境中，他们认为：好的选择和人生规划，比一味地埋头苦干更重要。

所以，在接受信念灌输时，无论是灌输者，还是被灌输者，都必须思考灌输的信念是不是有局限性，是不是存在缺陷和不足，是不是适合不同的人。

而第4种途径，通过自己的思考总结形成的信念，则很容易导致不恰当的信念。

你来到一家新公司，工作很努力，很快就取得了成绩，老板很看好你。可是，公司里有个同事总是对你爱答不理，工作时也不怎么配合。于是，你在心里苦思冥想，最终得出一个结论：他是嫉妒我的能力，嫉妒我这么快就取得成绩。这个信念的形成，让你彻底改变了对同事的态度，你们的关系也越来越差，最终老死不相往来。但其实，你的同事或许只是不善交际，不知道如何跟新同事相处罢了。

有时候，自我思考和总结形成的信念往往是片面和偏激的。谎言重复一千遍都有可能变成真相，何况是我们的想法。一旦我们总结的信念和事实有偏差，带着这种信念去看待周围的事物，就很容易让我们陷于“错误信念”或“偏见信念”的困境中！

事实上，没有什么信念是绝对有效的。虽然大部分信念能够解决我们生活中出现的问题，帮助我们成长，但也有少部分信念未能被我们充分理解和消化，或者欠缺全面的定位（与其他信念契合），因此在某些情况出现时，会产生强烈的冲突。我们称这些信念为“有毒性信念”或者“限制性信念”。

父母在教育孩子时，总是对孩子说：“读完书，做完作业才能玩耍。”这句话的背后传递出父母一个明显的信念：读书与玩耍是对立的。

这句话表面上没有什么问题：玩耍是轻松愉悦的，让孩子感到开心；而读书、做作业需要高度专注，耗费精力，往往让孩子坐立不安。将它们对立起来似乎没有问题。

不过，当我们继续深入思考，你会发现，开心、快乐是我们生活的重要追求，而认真则是我们成功道路上的必备品质。于是，你发现这句话的深层逻辑其实是把“对快乐的追求”和“将来取得成功”对立了起来。孩子在这种信念的影响下，会逐渐形成“开心与认真、快乐与成功是对立的”这样的信念。长此以往，孩子要么为了追求快乐而放弃认真的品质，要么为了认真而变得严肃紧张，无法放松。无论选择哪一种，对于大脑来说，都无法达到最佳状态，想出来的办法、取得的效果往往也不是最好的，而且容易引发健康、情绪、人际关系等方面的问题。

如果我们能够在不良经验之后反省，明白问题所在，进而改变自己的信念，就能拥有更好的人生。如果坚持没有效果的信念，只是不断地埋怨别人、抱怨环境，就会让自己陷入困扰之中。

对于普通人来说，信念应该是我们的人生工具，其作用与其他人生工具一样：帮助你建立成功、快乐的人生。如果我们把它放在比自己的人生更高的位置，不惜牺牲自己人生的成功和快乐也要去坚持某个信念，便本末倒置了。

2. 信念的3种类型

虽然绝大多数信念存在于我们的潜意识中，不容易被察觉，但是，仍然有一些信念在我们的大脑中是可以被察觉的。它们往往存在一些共性，很容易被我们发现和判断，比如“沉默是金”“团结就是力量”。像这种确定某物的意义，把一件事情和另一件事情等同起来，就是信念中较为典型的一类，叫作“相等式信念”或者“定义式信念”。

相等式信念常见的用词包括：X是Y、即是、等于、就是、便是，等等。换言之，当我们的话语中出现“什么是什么”“什么等于什么”时，往往就需要我们思考这句话所传递的是不是我们的某种信念。

第2种比较容易分辨的信念是因果式。它常用来表达某种因果关系，比如：“因为你没帮我，所以我失败了。”

因果式信念最常出现的用词是：引起、使得、迫使、造成、以致、导致、如果、因此、因为，所以、终会、终于、结果、将会、只会，等等。例如：“只有自由才能造就巨人和英雄。”“如果你不开口，便不会这样了。”

因果式信念分为两类。一类是带有上面提到的词，因果关系显而易见，一眼就能察觉。比如：“如果你不开口说话，我们这单生意就做成了。”还有一类隐藏得比较深，没有用到上面的词，不容易被察觉。比如：“我很累，我不能帮你。”这句话传递的信息其实是，在说话者的信念里，因为自己很累，所以无法帮助你。

第3种信念是判断式。准确地讲，所有信念都是判断式的。因为信念本身就是我们的主观判断。这里所说的判断式信念，其实是最简单、最容易被我们的大脑察觉的类型。在这种判断式信念中，我们经常把某种主观猜测当作必然，比如：“这一切都是命，就算做100次我也办不到！”

判断式信念，常见的判断用词包括：能/不能、可以/不可以、需要/不需要、应该/不应该、不得/不得不、认为……必要/认为……不必要，等等。例如：“他需要培训才能胜任。”“他不可以这样就离开。”

判断式信念又分为3种类型。

一是对某件事发生概率的判断，常见的用词包括：会/不会、也许会/也许不会、可能会/可能不会，以及一定、绝不会，等等。比如：“这件事情不会发生，你就放心吧！”“不用想就知道，他那样做一定会失败。”

二是表达一个人的主观愿望，常见的用词包括：会/不会、要/不要。比如：“他不会成功！”“儿子这次会考好的！”

三是没有特定的用词，但是可以从强烈的肯定语气中察觉的判断。比如：“他成不了事儿！”“这牌太烂，我输定了！”“这道题，我一次就能做对。”

三、别让“限制性信念”扼杀你的潜能

有一位母亲，刚生下女儿后不久便患上了癌症，医生告诉她最多还能活两个月。可是看着自己刚出生不久的女儿，母亲不想死。她在心里告诉自己：我绝不能死，我还没有看见女儿长大，没有看见她走路的样子，没有看见她穿上裙子的样子，没有看见她背着书包上学的样子，没有看见她谈恋爱的样子，没有看见她穿上婚纱的样子。

不久后，她出院了，拖着患病的身体，决定和命运放手一搏。她租了一间屋子，开了一家小杂货店，挣钱养育女儿，希望女儿健康成长，读完大学，成为一个有用的人。

这个信念一直支撑着她。虽然每次去医院检查，医生总是告诉她，癌症在加剧，她活不了几个月。但是，她一次次接受手术和化疗，从未放弃。每次感觉自己再也坚持不下去时，她便告诉自己：“你还没有等到女儿大学毕业，还没有看见她嫁给心爱的人！”

最终，虽然她的癌症没有治愈，但是凭借坚强的信念，她和死神抗争了足足20多年。直到女儿嫁人的那一天，她才终于知足地倒下，两周之后幸福地离开了人世。

在她的葬礼上，曾经为他治疗的医生和护士都来了，向这位了不起的母亲表达最后的哀思。

一位心理学家曾经说过：“相信信念的力量，唤醒你体内酣睡的巨人。它比任何神仙都更强大。”

信念，决定着我们潜能的发挥程度。当一个人相信自己能做到某件事的时候，他的潜能开关就会打开，就更有可能做到这件事。因为信念可以激发潜能，潜能的大小决定着行动的力量，而行动的力量决定着最终的成效。

一个人相信自己能够成功，信念就会鼓舞他向着成功进发；如果一个人相信自己会失败，信念就会拖累他，妨碍他的行动，导致最终失败。

积极的信念，衍生出强大的信心，可以帮助我们完成各种事情，包括那些被别人看作是不可能完成的事情。如果我们能够好好利用这种信

念，它就能激发出极大的力量，引领我们开创美好的未来；相反，如果我们总是抱着消极的信念，它就会阻碍我们前进，甚至对我们的生活产生不良影响。

有两位年近古稀的老人，他们对人生抱有不同的信念。第一位老人认为，自己活到这个年纪已经走到了人生的尽头，因此他整天想着死亡的降临，对其他事情不闻不问，只关心自己的后事是不是料理好了。结果没过两年，他就结束了自己的一生。

另一位老人认为，即便已经70岁，但人生还没有结束，自己仍然应该有所追求，不能放弃。于是，她开始研究登山，购买登山装备，学习登山技巧。随后几年，她一直在冒险攀登世界各地的名山。95岁那年，她登上了日本富士山，成为最年迈的富士山攀登者，打破了纪录。这位老太太就是大名鼎鼎的胡达·克鲁斯。

显然，第一位老人对人生的信念是消极的，在人生的最后几年，他显得局促而紧张。而胡达·克鲁斯老太太对人生总是持有积极、乐观的态度，这种信念帮助她一次次成长和进步，即便到了古稀之年，她依然追求着更美好的生活，这成就了她灿烂的一生。

如何察觉自己的信念是积极的还是消极的呢？

其实非常容易，只需要观察自己在面对困难时，心头涌出的第一反应是积极面对，还是消极逃避。

此刻，如果我让你放下手里的书，要求你走出家门，到外面随便找一个人聊聊天，说说你此刻内心的想法。你的第一反应是什么？是觉得我在说胡话，你完全不可能这样做；还是已经在思考“我要怎么和陌生人打招呼，怎么和他聊天呢”？

第一种反应，表明你的核心信念是消极退缩型的；第二种反应，表明你的核心信念是积极主动型的。

也许，平时你并未发现自己的信念属于何种类型，也不清楚信念对你的影响。这是因为我们的大脑相当“懒惰”，它总是遵循一个原则：能省则省，不能省再说！

在我们的大脑中，有6类较为消极的信念。这6种信念，总是在不知不觉中扼杀我们的潜能。

第1种：让自己失去学习机会，得不到更大提升的否定性信念。

例如："他哪里会有什么好主意！""你没有资格教我！""你是什么身份，竟敢对我提出意见！""这样做不会有用。"

第2种：让自己安于现状、裹足不前的懈怠性信念。

例如："现在已经够好了，不敢妄想得到更多。""在这个环境里，我们应该知足。""今天已经这么辛苦了，哪有时间去想明天的事。""保持这个状态已经够好了。"

第3种：减少选择的可能性，限制能力发挥的自我性信念。

例如："我不应该那样冒险。""我不应该这样贪心。""这样太过分了，我不允许自己这样想。""以我的身份，怎么能随便上前跟他说话？""我不敢去尝试，我怕失败。""做人应该满足，不要妄想。"

第4种：把责任推给其他人、事、物，认为自己无能为力的逃避性信念。

例如："是他们不对嘛，为什么要我改变？""人在江湖，身不由己！""这样的环境，我还能做些什么？""事情这样发展，我只能叹息！""他们不做，我也没有办法！"

第5种：归因于无法控制的因素，不愿挑战或改变的固成性信念。

例如："这是天意，没有办法！""我天生就是这样，怎么办？""这就是世界的法则，你改变不了！""那是超自然现象，科学没法解释。""你不能解释的就不应该做！"

我们不需要把焦点放在因果上，而应注意我们能够控制的无数选择。

第6种：维持自己"不配得"的身份，阻碍自我发展的限制性信念。

例如："我只希望我的人生能安稳，从没想过会有大富大贵的日子。""我哪会有那么幸运？""做到像他那样成功？你开什么玩笑？""有做老板的一天？我从来没有想过。""我就是这样的一个人，改变不了。""活得像李子柒一样？做白日梦吧！"

维持"不配得"身份的人，往往还会寻找各种借口，拒绝接受与信念相左的方法。比如，"他的方法是不错，但是他说话的态度不好，我接受不了！”“他想出来的能有什么好主意？”“用他的办法，那我的尊严怎么办？”这种人往往固执于自己的观念，而忽视了观念最重要的目的就是达到好的效果，追求人生的快乐和成功。

抱着“局限性信念”不放的人，常用冠冕堂皇、不易辩驳的虚泛语言做挡箭牌，比如：“要学会知足！”“做人不能这样子！”“要安分守己！”“这都是各自的命！”这一类语言，只会让我们把注意力放在那些无能为力、没有效果的地方。然而，事实的真相却是：我们中的每个人，都有能力通过自己的努力，为自己的一生增加更多成功和快乐的可能性，并让我们的一切维持在一个更好的状态。

每一个成就大业的伟人，无不是从允许自己坚定信念、拥有梦想，并从思想上取得突破开始的。

只要还拥有生命，我们就有能力、权利和资格，在众多选择中决定自己可以有多少成功和快乐。这个权利，没有任何东西可以夺去。

所以，你无法推诿自己的责任：每个人都有绝对的权利和能力，让自己的一生过得更好一点！

第二章　驱动人生的发动机：价值观

一、价值观的真相：成长与做事的驱动力

二战时期，巴顿将军在一份报告中发现，前线牺牲的伞兵，竟然有一半不是战死的，而是跳伞时摔死的。

巴顿非常愤怒，找到负责生产降落伞的厂商兴师问罪。负责人却说：“将军，我们的降落伞合格率已经达到99%，是全世界最无可挑剔的降落伞。”

巴顿不买账，训斥道：“这些降落伞可是关系到每一个士兵的性命，为什么不能达到100%安全？”

负责人笑了，回答道：“99%已经是极限了，不可能达到100%。”

负责人以为，他的一番话可以把问题搪塞过去。结果，巴顿来到车间，随手抓起一个降落伞，扔给负责人说：“既然如此，那么就让你背着降落伞去测试安全性吧！”

一听到要让自己去跳伞，负责人吓得面如土色，双腿顿时软了，心想：这是刚生产出来的产品，还没有经过质检，要是那1%的概率让我撞见，我可就粉身碎骨了！

巴顿看出了他的胆怯，大笑着说：“以后，就由你们这些负责生产降落伞的人来亲自测试安全性！”

从此以后，前线再也没有发生过一起士兵因为降落伞安全问题而摔死的事故。

巴顿将军很聪明，他知道降落伞的安全性关系着士兵的生死，这就是它的价值。但是这样的价值，显然不足以引起负责人的兴趣，他对士兵的死活漠不关心。于是，巴顿把降落伞的价值从士兵身上转移到负责人身上，让他们亲自去进行安全性测试。这下，对士兵死活漠不关心的商人们就不得不为了自己的性命安全去主动提高降落伞的安全性了。

这就是价值给人带来的巨大驱动力。当一件事情的价值与自己无关时，我们很难有真正强大的动力去做好这件事情。然而，当一件事情的价值和我们息息相关，情况就大不相同了，我们会竭尽所能地完成这件事。

价值观是信念系统的重要组成部分，是某件事情的意义和一个人能够在事情里得到的好处。比如，我们常说：“我做这件事能得到什么好处？”其实就是在问这件事对我的价值。我们心里无时无刻不在衡量价值，思考这件事情到底能给我们带来什么好处。

一个人对价值的追逐，是他做与不做一件事的内在驱动力。因此，想要让一个人去完成某件事情，我们不妨从价值入手，为他提供有价值的东西。

国外有一个犯人，收到妻子的来信，信里说：亲爱的，我一切都好，只是马上就要种土豆了，我的腰不好，翻地是个大问题。

犯人看过信，想到一个办法，于是给妻子回信。他在回信里写道：屋子后面的那片菜园，埋着很重要的东西，千万不要翻。

过了几天，妻子又来信了。这一次，信里说：有几个调查员，来菜园把土全都深翻了一次，这下种土豆就方便了。

这个狡猾的犯人利用了警察的价值倾向——希望找到嫌犯的罪证，于是在信里故意留下马脚，让警察免费帮妻子翻了地。

实际上，任何一件事情都有其价值，且价值绝不是单一的，只是很多时候我们没有注意到。在一件事情带给我们的众多价值中，往往有一些被我们重视，而另一些则被我们忽视。比如：工作带给我们的价值，除了工资，还有学习和成长的机会、社会交际和获得更多资源的可能等。但是，在绝大多数人看来，工资是最重要的，其他方面的价值往往会被淡化和忽略。

对于价值，我们会根据其重要性做出排序，放弃一些价值较低的方面，而去保护一些价值较高的方面。在事与事之间的选择上，我们也会根据它们所提供的价值高低进行取舍。

比如，我们想要找一个工作。甲公司开出6000元的工资，并且提供培训和学习的机会；乙公司开出8000元的工资，但没有培训和学习的机会。那么，对于一个更看重工资的人来说，他的首选是乙公司；而对于一个看重学习机会和进步空间的人来说，他或许会选择甲公司。这就是价值排序带给他的不同选择。

事实上，只要你仔细想一想，就不难发现生活中每件事都有很多价值。奥地利精神病医师、心理学家、精神分析学派创始人弗洛伊德曾经说过，每个人做一件事，不是为了得到一些乐趣（正面价值），就是为了避开一些痛苦（负面价值）。我们的潜意识会不自觉地为这些价值排序：从最想要的正面价值，到轻微的正面价值，再到轻微的负面价值，最后到最不想要的负面价值。

价值高低的排序，最终会影响我们的行为。比如，在我的价值观里，陪伴家人是最重要的事情，那么，我可能会为了陪伴家人而牺牲某些工作。因为我毕生追求的是亲子关系、两性关系、家庭关系的和睦和健康。如果我认为事业更重要，那么我可能会为了工作，放弃一些和家人相处的时间，有时候为了事业，我甚至甘愿牺牲家庭利益。这就是价值观的真相。

排序越高的价值，带给我们的驱动力越强劲和持久。在巴尔扎克的小说《欧也妮·葛朗台》里，老葛朗台视财如命。在他的价值排序中，钱的地位远远高过一切，他的一生都执着于搜集钱财，即便在临死前也牢牢抓住自己的钱不放手。在《西游记》里，唐僧把西天取经、普度众生看作最重要的价值，为了完成这个使命，他不近女色、不畏妖魔、不惧艰难……

其实，不仅是葛朗台和唐僧，我们每个人都是这样，被自己潜意识里的价值观操控着。凡是我们认为有价值的东西，都会激发我们的欲望、动力和潜能，让我们用行动去维护这种价值。

所以，推动或者激励一个人，最重要的就是找出他所注重的价值，然后增大和转移这些价值，从而让这个人对某件事情产生兴趣，积极、主动、认真地去完成这件事。

生活和工作中，有一些价值是每个人都普遍在意的。比如：在工作中，每个人都会关心自己的薪酬和福利，希望获得别人的认可和尊重，期望在工作过程中感受到开心和愉悦，并在工作中有所收获。

对于孩子来说，我们也可以利用价值来引导他的学习和成长。在学习、看书或做家务时，我们可以给孩子加入一些他们重视的价值，比如一句肯定和表扬，一份奖励和犒赏，一些挑战和竞赛，或者营造一种新奇、神秘、刺激、有趣、富有变化或意想不到的氛围等。

其实，最擅长利用价值的人，往往活跃于市场经营、企业管理、产品销售等商业行为中。他们深谙人类追逐价值的本性，并利用这种本性，来创造、增大和转移人们所期望的价值，从而实现自己的商业目的。

二、价值观的层次和类型

“生命诚可贵，爱情价更高。若为自由故，两者皆可抛。”

这是匈牙利诗人裴多菲的诗歌《自由与爱情》中的传世名句。在这两句诗里，我们能明确地感受到裴多菲对生命和爱情的珍视，但是相较于前两者，他认为自由对于一个人来说更为重要。

其实这两句诗所传递的，正是裴多菲的价值观。

价值观是我们通过对一系列人、事、物价值的认知和判断，形成的倾向、主张和态度。它往往表现为我们对事物价值的排序。比如：在这首诗里，裴多菲对于价值的排序是自由大于爱情，爱情大于生命。这是由他的价值观决定的。

生活中，我们也经常对各种人、事、物的价值进行排序。

周末，你待在家里，突然接到朋友的电话："兄弟，出来喝酒啊！"你心里高兴得不得了，穿上衣服就准备往外跑。

这时候，老板突然打来电话："小蔡啊，公司今天聚个餐，你快点过来啊！"你心头一紧，觉得朋友的酒局可以推，但是得罪老板就不太好了。于是你给朋友回了信息，委婉地拒绝了他们的邀请，然后决定去参加公司的聚会。

可是，正当你跨出家门的时候，老婆突然从厨房里走出来问："你要去哪儿？我做了一下午的饭，你今天必须吃！"你的心里又开始想：老板和老婆，哪个更重要啊？想来想去，你还是决定拒绝老板，乖乖坐回沙发上，等着吃老婆做的晚餐。

显然，你的一系列行为表明你已经对三件事的价值做了排序。你不想得罪老板，所以委婉拒绝了朋友的酒局。又因为老婆的缘故，拒绝了老板的聚餐。这些看似随机的行为，其实都是由你内心的价值观在掌控。

价值观是我们价值的排序者，也是我们行为的推动者。价值观不同的人，在行为表现上往往也会截然不同。比如：在一位母亲的价值观里，她认为孩子就是自己的命根子，要宠着、爱着。那么，这位母亲在培养孩子时，很可能会过度溺爱。另一位母亲认为孩子从小就要学会自强与独立，那么，她在培养孩子时，就不会过度宠爱孩子，而是让他学会独立，学会自己做事。

不过有时候，两个价值观完全不同的人，很可能在行为上表现出相似性。比如：一个控制欲、占有欲很强的人，一个自卑、患得患失的人，以及一个充满爱的人，他们往往都会表现出对家庭的关切，对爱人和子女的关注。不过，在这份关注的背后，其实有着不同的价值观：控制欲强的人关心家庭，是希望完全掌控家庭的局势，享受这种控制欲；自卑的人关心家庭，是担心自己做得不够好，担心自己失去家人；深爱家庭的人表现出对所爱之人的关怀，是一份纯粹的爱。

由此可见，通过行为去判断一个人的价值观并不准确。想要准确认知一个人的价值观，我们就必须清楚价值观的类型。

从我们所追求的价值性质出发，价值观可以分为两类：工具价值观和本质价值观。

这种分类很容易理解。比如：你看见一个人掉进河里，正在大声呼救。这时候他大喊："谁来救救我啊，把我救上去，我给他一百万元。"

你毫不犹豫地跳进河里，把他救了上来。当他从惊慌中缓过劲来，对你说："好心人，谢谢你帮助我。"

这时候，你会怎么想，怎么说？

如果你说："别客气，刚才说好的一百万元给我就行。"这就是工具价值观。

如果你说："没关系，举手之劳，不用客气。"这就是本质价值观。

工具价值观更侧重于对物质、事物和结果的追求与获取。比如：我告诉自己要努力工作，为什么呢？因为我要挣钱，我要买车买房，我要买奢侈品……这时候，我工作的目的是对物质的追求，是把工作当成完成其他事情的工具。有了工作，我才能做其他事情，才能赚钱，才能买车买房，才能买奢侈品，这就是工具价值观。

就像上面提到的，从河里救人，如果是为了得到一百万元的奖赏，那就是把救人行为当作获取金钱的方式，这就是典型的工具价值观。

本质价值观更加侧重于自己内心的满足，强调的是一种感觉。比如：我们照顾家人，不是为了获得物质收益，而是为了得到爱，这是一种内心的获得感，是一种感觉。就像上面提到的，如果你跳进河里救人，不是为了钱，而是路见不平出手相救，这是一种导向我们内心的动力，是本质价值观的表现。

本质价值观追求内心深处的满足——对爱的满足、对欲望的满足、对安全的满足等。按照不同内心需求的满足，我们又可以把本质价值观分为原始价值观和文明价值观。

原始价值观是人类底层本能的欲望：性欲、征服欲、死亡欲、损失规避、安全欲、爱欲、自卑、恐惧等。

弗洛伊德在自己的精神分析学里强调，人的动力源于原始欲望。阿尔弗雷德·阿德勒在《自卑与超越》里讲道，人类最本能的动力之一就是自卑，人是通过不断克服自卑，从而实现自我发展的。社会心理学家一再强调：死亡和恐惧等原始本能是人类前进的动力。

对死亡的恐惧、对自卑的规避、对性欲的渴望、对繁衍后代的追求等，都是人们的动力源泉。当然，人类的互助，以及征服的欲望也是我们的动力源泉之一。掌握好、利用好这些原始价值观是有效的社会技能。

文明价值观是随着人类文明的发展，后天教导形成的价值观。比如：我们弘扬的社会主义核心价值观、科学民主的启蒙价值观、更高更快更强的奥运精神……都属于文明价值观的范畴。

实际上，文明价值观的背后存在着被原始价值观所驱使的痕迹。如果我们能找到文明价值观，顺藤摸瓜就可以找到其背后的原始价值观，找到这一点就可以找到行为中的本质动力。

除了上面这种一板一眼的分类，价值观的分类还可以“私人订制”，按照各自的“好恶”，分为追求型价值观和逃避型价值观。

追求型价值观——我们喜欢的、向往的价值。

逃避型价值观——我们不喜欢的、想逃避的价值。

还记得弗洛伊德那句话吗？每个人做一件事，不是为了得到一些乐趣（正面价值），便是为了避开一些痛苦（负面价值）。

在任何事情中，我们都会不遗余力地追求乐趣，逃避痛苦。我们的价值观也不例外，对于那些能给予我们快乐的事情，它总是不遗余力地追求；而那些让我们厌恶的事情，它会竭尽全力地规避。

比如：成功、幸福、快乐、健康、安全、自由、舒适、和谐等，是我们每个人都希望得到的，是常见的追求型价值观。这其中，爱、成就感和及时反馈，是追求型价值观中最重要的内容。

而失败、恐惧、压力、焦虑、无聊、欺骗、愤怒、软弱、束缚感等，是我们每个人都不希望遇到的，是最常见的逃避型价值观。这其中，死亡、自卑和害怕损失，是逃避型价值观最重要的内容。对死亡的逃避，让人类创造了宗教；对自卑的抗争，催生了心理学和社会学的相关分支；害怕损失，让我们对稀缺之物格外珍惜，同时也让我们产生了厌损心理。

无论是哪种类型的价值观，都会驱使我们去行动。一般来说，逃避型价值观产生的动力往往是追求型价值观的几倍以上。

三、找到自己的核心价值驱动力

很多人感叹，现在的年轻人和以前的不一样了。更有人直言，“90后”是颓废的一代。那么，究竟是哪里不一样了呢？

我想，很可能是新一代年轻人的价值观不一样了。

如果往前追溯几十年，你会发现那时的年轻人能牺牲，爱奉献，最常说的一句话是：我们是革命的一块砖，哪里需要哪里搬！那时候的年轻人，在一个岗位一工作就是一辈子，从开始工作到退休，一辈子坚守一件事。为了工作，他们甘愿牺牲，乐于奉献，这是他们的价值观。

如今，“90后”“00后”的年轻人已经不认同老一辈对于工作的价值观。他们不断寻找机会，不断尝试新的工作，他们希望尝试更多的可能性，创造更大的价值，而不是在一个岗位上燃烧生命。调查数据显示，“90后”第一份工作的平均时长不超过9个月，刚刚参加工作的“00后”时间更短。

是什么让新老两代人的价值观有如此大的差别呢？

其实，价值观本来就是千人千面的东西，它会随着社会历史条件、教育水平、社会地位、自我认知等一系列因素的改变而变化。每一代人有每一代人的价值观，每一个人也有每一个人的价值观。独特的价值观造就了每一个独特的个体。丰富的价值观成就了我们多元的社会。多元的、丰富的价值观，正是我们这个时代富有活力和希望的最佳体现。不过，价值观的丰富和多元为我们带来更多选择的同时，也会给我们带来苦恼。

一件事情存在的价值越是多元，我们的顾虑也就越多。过多的选择，往往会让我们左右为难。如果这些价值有明显的高下区别，或许还能应付。但是，如果两个价值过于接近，我们无法判断孰轻孰重时，事情就变得艰难了，我们会变得踌躇不决，难以抉择。这感觉就像有人问你："妈妈和老婆同时掉进水里，你要先救谁？"

当两种看似同等重要的价值摆在我们面前时，我们就必须扪心自问：哪一个才是我最看重的？明白自己最重视的核心价值是什么，才能帮我们快刀斩乱麻，爽快利落地解决问题。

所谓"核心价值"，就是你认为一件事情最重要、最宝贵的东西和特质。

就像社会主义核心价值观，它是我们国家在数十年发展过程中，总结和提炼出来的最重要的核心价值，是我们认为国家、社会和个人应该具备的最宝贵的特质。

每个人的核心价值，往往决定着我们看世界的视角和做选择的方向。如果核心价值和人生目标相互契合，我们就能爆发出强大的内驱力，克服重重困难、突破限制、取得成就、获得满足。

如何判断自己的核心价值呢？

我们可以从自己的行为中窥见一二，尤其是在做选择时，最能体现我们的核心价值。当我们在做某项选择时，我们可以思考一下，做出这项选择，放弃了什么，选择了什么。推动我们做出这个决定的，往往就是我们的核心价值。

一艘游轮遭遇海难，船上有一对夫妻，带着自己刚刚两岁的女儿。就在游轮沉没的时候，一艘救生艇出现在他们面前。但是，救生艇已经载满了落难者，只能救他们中的两个人。男子再怎么央求，其他人也不愿意让三个人同时上艇。无奈之下，夫妻二人只能做出选择，到底让丈夫上艇，还是让妻子上艇。

就在这时，丈夫丢下了妻子，抱着女儿爬上了救生艇。让人惊讶的是，妻子面对这么绝情的丈夫，非但没有阻拦，反而对丈夫深情地说："照顾好我们的女儿，也照顾好自己。"说完，她独自沉入了大海。

多年之后，丈夫病故，长大的女儿在遗物里发现了父亲的日记。原来，在海难那一天，丈夫决定把生的机会留给妻子和女儿，可是妻子早已身患绝症，他们都知道妻子无法将女儿养大。关键时刻，妻子主动把生的机会留给了丈夫和女儿。而丈夫也为了女儿，选择爬上了救生艇。在日记中，丈夫写道："我多么想和你一起沉入大海，可是我不能。为了我们的女儿，我只能看着你一个人沉入大海……"

在生死抉择面前，这对夫妻认为女儿才是他们的核心价值，才是最宝贵的。为了让女儿活下去，妻子主动放弃了生的机会。丈夫为了女儿，选择肩负起父亲的责任，放下了作为丈夫的责任。这是无奈之选，但是选择的背后，体现的是何等伟大的父爱和母爱。

有时候，我们一生可能都不会经历这样的生死抉择，但是在日常生活中，我们的某一个选择或许就能体现我们的核心价值。比如：赚了钱，你要怎么使用？这是每个人都要面对的选择。

有些人挣了钱就立刻去买房子，做出这样的选择，证明他的内心是以安全、稳定作为核心价值的。有些人宁可租房住也要先买车，做出这样的选择，证明他比较喜欢有挑战性、不确定的生活。

像这样的例子，我们生活中还有很多。在交友、爱情、婚姻、家庭、工作和亲子关系中，我们经常需要做出选择。在做选择时，我们不妨稍微停顿一下，问一下自己的内心：我拥有哪些选项？我为什么会选择这一项，而不是其他的选项？我做出这个选择，究竟是什么原因？这一系列问题将会带你直指内心的价值观，让你明白自己重视的东西究竟是什么！

如果通过选择，你依然无法准确找到自己的核心价值，那么，你不妨做一个自问自答，或者找一个伙伴向你提问，你来用心回答下面这10个问题。

- 时间：你的时间花在哪里最多，特别是下班之后的时间？
- 空间：你卧室的空间如何布置？离你最近的东西是什么？
- 钱：你喜欢把钱花在什么地方？在哪方面花钱最大方？
- 梦：你做过什么白日梦？不用考虑是否现实，是否可笑。
- 工作：如果你中了彩票，不需要考虑生计，你想从事什么工作？
- 榜样：你的榜样是谁？你最敬佩和羡慕哪些人身上的哪些特质？
- 交友：你喜欢交什么样的朋友？朋友经常求助于你什么？
- 兴趣：过去你有过什么巅峰心流体验？哪一刻是最真实的自己，有极大的成就感？
- 语言：当你和自己对话时，常说的内容是什么？当你和别人聊天时，最常谈什么内容？
- 以终为始：当你去世时，你希望你已经完成了哪些事？你的墓志铭如何书写？

当你已经有了这10个问题的答案时，不妨按照你认为的重要性，将它们进行排序，写出对你来说最重要的价值。现在，它就是你最重视的东西，就是你的核心价值。

有时候，我们会有这样的困扰：明明对一件事的价值有了明确的判断，可还是拿不定主意。

这是因为同样的问题在我们的意识和潜意识里往往拥有不同的答案。在我们的意识中，或许对事情重要性的排序是这样的；但潜意识却不认同，它有自己的想法。

在生活中，这样的情况并不罕见。一个认为“钱是工作中最重要的价值”的人，有时候即便得到了高工资，但在工作中也经常闷闷不乐。这就是潜意识在作祟。或许，他的意识告诉他，钱是最重要的，但是潜意识却不苟同。在他的潜意识里，比钱更重要的是别人的认可和尊重。如果在工作中无法得到这种认可和尊重，即便得到再多的钱，他也会闷闷不乐。

意识和潜意识的分歧，经常让我们的价值排序陷入矛盾和纠结之中。明明知道这件事情应该去做，可我们就是下不了决心；明明知道那件事不能去做，但我们总是心痒难耐，忍不住偷偷去做。意识告诉我们，这件事很重要，必须马上去做；潜意识却说，这事儿有啥重要的呀，做不做都行，干脆别做了！**针对这个问题，我们可以用价值定位法来确定我们意识和潜意识中的价值排序。**在操作时，价值定位法主要分成3个步骤。

第1步，询问4个问题。

- “什么最重要？”
- “它能够带给你什么？”
- “凭它，我可以得到什么？”
- “我最在乎的是什么？”

以“找工作”为例，询问这4个问题，并记录下来。

- “一份理想的工作，什么最重要？”
- “一份理想的工作能够带给你什么？”
- “在一份理想的工作中，我可以得到什么？”
- “在一份理想的工作里，我最在乎的是什么？”

这4个问题，就像一间木屋的4个窗子，每个窗子都能让人看到里面的东西，但是从每个窗子看到的都不全面。当我们分别从4个窗子往里看时，看到的景象就会更加全面。如果我们对其中一两个问题不清楚，难以回答，就试着从其他几个问题入手。如果我们觉得某个问题可以深入挖掘时，不妨再追问自己一句：“还有呢？”这样，你会得到更多有用的价值。

如果自己的回答是一些模糊的感觉词，比如：快乐、开心、成就感、满足感等。我们就必须再问自己：“有什么情况出现，我便会有这种……（感觉，比如快乐）？”

有时候，某个答案会从我们嘴里脱口而出。不过，需要注意的是，我们最先说出来的，或许并不是最重要的。利用上面的询问方式，找到几个重要的价值，写在纸上。

第2步，用意识对价值进行排序。

写下5个答案后，根据你对工作或生活的需要，按它们的重要性进行理性分析，并排出次序。最重要的写①，其次是②，接着是③、④、⑤。然后，选出意识对价值排序的前3名。

第3步，用潜意识对价值进行排序。在做这一步时，你需要一个值得信赖的辅助者。

这一步的关键是用感觉（或者“直觉”）去做选择。切记，不要试图用理性分析去干扰感觉的选择。

你需要用双眼凝望辅助者的双手，快速地在上面扫视两三次，然后不假思索地说出自己的选择。同时，用眼神或手指点明自己的选择。

为什么要用眼神和手指做选择呢?

因为在这个过程中，很多人会不自觉地进行例行分析。当你用眼神，或者手指做选择时，辅助者就能时刻注意你是否在进行理性分析。如果发现你在用理性分析问题，他就需要及时提醒你。当你在理性分析时，眼睛会不自觉地显露出内心在思考的信号，这时你往往表现出犹豫、踌躇、难以选择、念念有词，或者用其他方式拖延时间来做出判断。

这时候，辅助者的具体做法是：和你相对而坐，进行引导。

“现在请看着我的手掌心，想象这里有两份工作，有你最看重的①、②、③3个价值，它们的其他条件都差不多，但是①比②的价值少10%，你选择哪一份工作？请记录下来。”

“好的，再想象一下，这里有两份工作，它们的其他条件都差不多，但是①比③的价值少10%，你选择哪一份工作？请记录下来。”

“很好，想象这里还有两份工作，他们的其他条件都差不多，但是②比③的价值少10%，你选择哪一份工作？请记录下来。”

在三次比较中，选中两次的价值，就是潜意识中最重要的价值，选中一次的就是次重要的价值。完成比较后，你可能会发觉，原来潜意识的价值排序，与你本来的想法，也就是理性意识的价值排序有时会吻合，有时又有很大的差距。

针对意识和潜意识两次选择的结果，我为你提供了一些指示性参考。

（1）如果意识与潜意识的价值定位一致或十分接近，说明你对目前的工作是满意的，短期内不会想有所改变。

（2）如果选择的结果中侧重①、②、③的选择各一次，那说明你对追求的价值本身的认识不够清晰，辅助者可以用话语引导你的潜意识去做一次清晰化扫描，对每一个价值的定义做更深的鉴定。

比如：针对“被肯定”这个价值，辅助者可以继续问：“被什么人肯定？上级、同事、下属、顾客，还是某些特别在乎的人？”“次数有多频繁？每天一次还是一周一次？”“用怎样的方式？口头或书面？单独相处时还是在其他员工面前？”

还有一点需要注意：通常来说，我们的潜意识无法处理两项以上的选择，所以每次给它两项价值的比较，它会很快让我们知道内心什么才是更重要的。这个简单的技巧，可以帮助很多人解决那些十分令人困扰的问题。

四、如何升级自己的价值观

小时候，妈妈的一句夸奖就是你最大的学习动力。后来，随着你慢慢长大，妈妈的夸奖失去了魔力，于是妈妈承诺你，只要你学习认真、考试考好，她就送给你最想要的玩具。很长一段时间里，玩具成为你学习的动力。上了高中，玩具对你的吸引力也下降了，于是妈妈答应你，只要你成绩好，妈妈就帮你实现一个心愿。为了自己的心愿，你又开始加倍努力……

随着一个人的成长，他对价值的追求也会慢慢改变。最初，妈妈的夸奖就是对我们最大的激励。后来，妈妈的鼓励变成了玩具的奖励。再往后，我们步入青少年时代，当玩具也无法满足我们的需求时，妈妈就许诺帮我们实现一个心愿。

其实，人的价值观也是这样的。随着我们的改变，它也会发生变化。一个人在青年时代，敢拼敢闯，热爱冒险，对于他来说，追求乐趣、体验人生可能是他最大的价值追求。当他迈入中年，热情冷却，变得成熟，对人世的认知更为立体，对地位、收入的追求，对认可和尊重的渴望，才是他最大的价值追求。到了老年，经历了人生起伏，看透人生百态，这时他更在乎安稳，更在乎内心的平和，更在乎家人的团聚和健康。

有时候，随着环境、经验、个人思想、情绪的变化，我们的价值观也会发生改变。正因为价值观的这一特性，我们完全可以人为地创造、增大和转移自己的价值，从而改变自身的价值观。

王桦是一名大学毕业生，刚参加工作时，只想获得更高的收入。为了挣钱，他非常努力。几年之后，他的工资已经涨了好几番，他很知足，觉得钱赚得够多了，于是赚钱的动力开始变淡，再也没有以前的工作热情和上进心了，工作变得懈怠，经常出现错误。最近，老板对他越来越不满，王桦陷入苦恼。

后来，他转变了自己的观念，将工作的重心从“为了赚钱”转移到“获得别人的认可和尊重”。为了获得别人的认可和尊重，他一再督促自己竭尽所能地做好工作，决不懈怠。不久之后，他重新找回了工作的动力，不仅得到老板的赞许和认可，还升官了，当上了部门经理。

每件事情的价值都不是单一的。当一件事情的某个价值点无法再满足我们的需求，或者不能持续给我们提供动力时，我们可以转移价值点，寻找它的新价值。比如，当仅赚钱已经不能满足我们的需求时，我们不妨将工作的价值转移到获得尊重和认可、实现自我价值、回报社会、服务他人上。价值转移，往往能帮助我们突破自身价值观的某些局限和瓶颈，帮我们寻找到全新的天地。

如果转移价值无法奏效，我们还可以创造价值和强化价值。创造价值，就是给某件事情赋予新的价值，让它变得对我们重要。比如，当你认为工作索然无味、毫无价值时，不妨将它当作一场与自己的竞速游戏，把工作任务划分成若干份，尝试着不断提升完成的速度。完成第一项工作任务用了8小时，第二项工作任务争取只用6小时。当我们为无趣的工作赋予游戏般的乐趣时，它对于我们的价值也会在潜移默化中发生改变。

苹果公司创始人乔布斯在这方面的造诣可谓登峰造极。最初，苹果电脑需要很长的开机时间，工程师们却完全不在意。他们认为，对于使用者来说，开机不过是短短几秒钟的事情而已，为此大费周章是完全没有必要的。乔布斯知道这个情况后，对工程师说："我们能卖出500万台电脑，如果每台电脑的开机时间能缩短10秒。那么，我们一年省下来的时间就等于10个人宝贵的生命。为了拯救这10条人命，大伙必须努力。"

开机，再平凡不过的一件事情，却被乔布斯赋予了新的意义——拯救10个人的生命，从而变得意义非凡，这大大激励了苹果公司的工程师。经过不懈努力，苹果电脑的开机时间缩短了20多秒，相当于每年拯救了20多条人命。

增大价值，就是为一件事赋予更加重要的意义，提升它的重要性。比如家，当我们仅仅把它看作下班回家休息的地方，也许过不了多久我们就会对它心生厌倦。但是，如果我们增大它的价值，把它看作和家人相处的地方，看作充满爱和温馨的港湾，是我们的生命休息站、能量补给点、生命中最好的组成部分，那么它对我们的价值自然得到了强化，我们对它的态度也会有很大的改变。

找到一个人最重视的价值，通过创造、转移和增大的方法，就能起到很好的激励作用，推动他完成某件事，或达到某个目标。如果我们可以把这种价值和他的兴趣联系起来，就能让他对某件事保持积极和主动。这样的方法，可以用来激励孩子的学习和成长，也可以用来鼓励自己积极工作，更可以用来改变我们对生活的态度，从而让我们的人生向着更为积极向上的方向前进。

第三章　驱动人生的具体做法：规条

一、规条的真相：实现信念与价值的方法

一个成功的商人来到一个渔村，看到一名渔夫正在捕鱼。商人很好

奇，于是问这位渔夫："你捕了这么多鱼，用了多久啊？"

渔夫说："没多久啊。"

商人又说："那你为什么不在海上多待一会儿，捕更多的鱼呢？"

渔夫说："这些足够我们全家吃了呀。"

商人又问："那你一天中剩下的时间在干什么呢？"

渔夫说："我一般就起个大早去捕鱼，回来后和孩子们玩一会儿，然后就吃中饭了，吃完中饭睡个午觉。到了晚上，就跟村子里的人一起喝酒、弹吉他、唱歌、跳舞。"

听到这里，商人忍不住给渔夫出谋划策，说："我是一名成功的商人，对商业很在行，我可以帮你走向成功。你只要每天多在海上待一段时间，尽量多捕一些鱼，就可以攒够一些钱，用来买一条更大的船，捕更多的鱼。很快，你就买得起更多的船，成立自己的公司，建立加工食品罐头的工厂。到那时候，你就可以离开这个渔村，搬到大城市，在那里建一个总部，来管理其他分公司。"

渔夫听了建议之后，问道："然后呢？"

商人哈哈大笑，说："这样一来，你就可以在自己的家里像一个国王一样生活。等到时机成熟的时候，你的公司可以上市，在股票市场上出售股票，到那时你就发大财了。"

渔夫又问："再然后呢？"

商人回答说："然后你就可以退休了呀，你们全家可以搬到某个渔村。早晨起来，出海捕点儿鱼，回家和孩子们玩耍，中午睡个午觉，晚上和朋友们一起喝酒、弹吉他、唱歌、跳舞！"

渔夫很纳闷地说："我现在过的不就是这样的生活吗？"

这是一则现代寓言。在这则寓言里，渔夫和商人拥有不同的信念和价值观。商人的信念是"成功是幸福的基础"，他的价值观是通过不懈的奋斗获得成就和荣誉，实现自己梦寐以求的人生。因此，他鼓励渔夫多捕鱼，成立公司，走出渔村，创造自己的人生辉煌。

可是，渔夫却不以为然。在他的信念里，"安稳就等于幸福"，他的价值观是生活的惬意和家庭的温馨。因此，他没有走出渔村、成立公司的梦想，而是为自己在渔村里的生活而感到快乐。

就像寓言里的渔夫和商人一样。生活中，由于信念和价值观的不同，每个人的规条也会有很大的区别。

规条是信念系统的组成部分之一，是我们对事情的安排方式，也就是具体的做法。每个人的规条，无不是为了自己的信念和价值观服务。这就是规条的真相。

信念像一辆汽车的方向盘，影响着我们的方向，决定着我们要往哪里跑；价值影响着我们的动力，决定我们要不要跑；规条是具体的操作，决定着我们怎么跑、跑多快。规条往往会涉及人、事、物的组织安排和活动。因此，它有着极为清晰的动词指令。

- 父母应该经常陪伴孩子（信念），这样亲子关系才会更和谐、孩子才更有安全感（价值）。所以，我每天都准时回家，陪孩子玩一小时的游戏（规条）。
- 人应该不断追求专业性（信念），这样会更成功、更自信（价值）。所以，我每天早上都会听半小时的课、晚上都读一小时的书（规条）。
- 当日事，当日毕（信念），这样才能提高效率，提升和满足我的成就感（价值）。所以，我的工作要做到日事日清、日事日报（规条）。

像上面提到的“回家陪伴”“听课、读书”“日事日清、日事日报”这些动词，都是为了实现我们的内在信念和价值，是很明确的规条。

二、方法：效果比道理更重要

在《渔夫和商人》这个寓言故事里，谁的人生更幸福呢？是成立公司、安度晚年的商人，还是平平淡淡、安稳度日的渔夫？

其实，我们很难评断。每个人对幸福的理解和定义不同，所以他们追求幸福的方式也大相径庭。我们无法判断谁更幸福，或者谁更不幸。不过，从两人的谈话中，我们可以听出，他们对自己的生活都很满意，都感受到了幸福，这就足够了。

有时候，我们总是过于理性，即便是对自己的人生也苛求完美，总希望自己的生活按照预期发展，符合我们的规划，想要活得很有道理。可是，我们却经常忽略了效果，掉进了“道理大于效果”的陷阱中。其实，**过好一生的方法有很多。这些方法没有优劣之分，有效果比有道理更重要。**

生活中，我们经常遇到方法失效的情况。一旦方法不灵，我们往往就要做出取舍，是坚持自己的信念与价值，还是坚持规条。

这个选择原本再简单不过。既然方法失效，我们就果断放弃规条，坚持自己的信念和价值。可实际情况往往出乎预料，有些人明知道方法失效，却仍然坚持规条，宁可南辕北辙，也要抱残守缺，守着自己的规条不改变。

这样的做法，就像条条大路通罗马，可你却走上了一条通往西班牙的道路，最终无法到达终点。

之所以发生这种情况，是因为我们的规条是可谈论、思考和看见的，我们的大脑对它有更为清晰的了解，而信念和价值则往往存在于潜意识之中，不容易被我们的大脑察觉。于是，人在思考的时候就会有意识地向规条倾斜，潜藏在潜意识之中的信念和价值无法在我们的逻辑分析和意识思考中占据主导，只能在我们朦朦胧胧的感觉中发出无声的抗议。

坚持无效的规条，忽略追求的价值和信奉的信念，在很多人的生活里、很多企业的经营里，都是经常出现的。遭遇这种情况，我们就会感觉生活异常辛苦，工作特别劳累，即便自己再怎么努力，也总是徒劳无功、毫无效果。这时候，我们就需要主动和自己的潜意识沟通，了解自己真实的价值观和信念，从而有效地改变自己的做事方法。

有一位妻子，总喜欢用抱怨、闹情绪的方式获取丈夫的关注。丈夫因为工作忙、压力大，回到家又时常遭遇妻子负面情绪的“狂轰滥炸”，所以经常找理由不回家。周末待在家里的时候，他也会找各种借口外出。时间一久，丈夫习惯了在外面生活，对家庭失去了感觉。终于，半年之后，他在外面认识了新的“女友”，产生了感情。

有一位母亲喜欢对孩子说教，可是每次说教孩子总是反抗、不听话，闹得她十分不开心。有一次，因为说教，她和孩子吵了起来，一气之下，便把孩子不听话的事情向孩子父亲说了。孩子父亲听完问道：“既然用说教的方法没用，你有没有想过，改变一下你的方法？”

第一位妻子用错误的方式向丈夫倾诉情绪，结果导致丈夫一步步疏远和逃离，最终背叛了他们的婚姻。第二位母亲则在教育孩子的问题上过于坚持自己的规条，忽略了教育孩子的真正目的。她们都在使用无效的做法来表达自己的信念和价值，结果非但没有起到作用，反而给自己带来了伤害。

坚持无效做法的人，总是在心里不断暗示自己“我做得对”“我没有问题”。每当头脑中有这种意识时，大脑中负责分析和找寻其他可能性、行为选择、解决问题、风险评估、未来策划等功能的部分，就会彻底停工。

坚持规条而忽略了信念价值的人，通常都会过分强调原则和理论。这类人总喜欢找一些看起来“正当且合理”的理由来说服自己，或者说服别人，却往往想不出问题的解决办法。他们是道理的巨人，却是方法的矮子。

这些人对于自己的“身份”，总是有一种很深的“我没有资格”的障碍性信念。带着这种信念的人，会不自觉地认为自己不配拥有，把自己拒于成功、快乐的大门之外，从而坚持去重复一些无效果的做法。

如果发现自己做的事情没有效果，那么，请及时改变你的方法。如果你的内心有一种声音总是在给你讲道理，却不给你提供改变的做法，或者劝你“将就吧，对你来说，这方法已经不错了”，那么你就需要谨慎了。那些没有效果的道理，背弃了信念和价值的规条，需要加以检讨。

如果希望今天比昨天更好，就必须对昨天的做法加以改进。如果希望明天比今天更好，就必须思考比今天更有效的做法。

一切做法，一切规条，最终都是为了取得效果。如果我们把焦点放在“效果”上，就能针对未来可能面对的问题，不断地改变方式、调整做法；如果我们总是把焦点放在“道理”上，就只能不停地为过往的事情找理由、找借口。

改变，是所有进步的起点。

有些时候，我们只有学会放下所有的旧做法，才能看到突破的可能性。如果我们能在“我好、你好、世界好”的三赢原则基础上，追求方法的最佳效果，远远比一味坚持“什么是对的”更有意义。反之，一味追求道理，却不关注规条的效果，我们往往会成为生活的“杠精”，无法体验到人生的快乐和成功。

三、灵活：凡事至少有 3 种方法

当你想要回家，走到街口，突然发现施工队刚把路封起来，不许通行，你会怎么办?

你可能会抱怨一两声，或者向施工队询问情况，然后迅速启动大脑，搜索另一条可以回家的路。

如果第二条路也被堵住了，你会去找第三条回家的路。如果第三条也被堵了，你就会去找第四条……直到找到一条可以回家的路为止。

很少有人看见回家的路被堵了，便找施工队大吵大闹，然后躺在地上，对施工队说：“你们今天不让我过去，我就躺着不起来。”也很少有人会掉头就走，返回公司，然后趴在办公桌上呼呼大睡。

这个道理再简单不过，我们每个人都懂。不过，情况一变，或许就不是这样的了。当我们为了某个目标而去做一件事情时，我们还有没有这样的执着，能够不遗余力地想出这么多方法呢?

很多人在做一件事情时，只会采用单一的办法。这种方法行不通，他们便索性放弃，或者不再尝试其他办法。读史书时，我们总是惊叹于项羽破釜沉舟的魄力和韩信背水一战的胆识，可是生活中，当我们没有办法、走投无路时，就不是破釜沉舟、背水一战这么简单了。生活的问题、工作的问题会扑面而来，压得我们喘不过气，一步步将我们击垮。

面对问题，我们想要从容不迫、轻松应对，就必须学会灵活，学会给自己“留后路”。这里所说的灵活、留后路，是指我们为自己提供更多的选择。

灵活，是一种能力。灵活的人，善于从死板的道理和规条中走出来，善于适应和接受，善于改变和调整。所以，他们总能在各种环境中寻找到方法，达到自己的目的。

灵活，也是一种自信。自信的人敢于改变，敢于尝试更多的选择，敢于承担更多可能的结果。在一个群体中，固执使人们紧张，灵活使人们放松。灵活，不代表放弃自己的立场，而是相信自己能够找出“你好、我好、世界好”的三赢方法。

缺乏灵活性的人，总是陷入困境。因为他们只有一种处事方法，并固执地认定除此之外别无选择。

做事情有两种方法的人，有时也会陷入困境。因为他给自己制造了左右两难、进退维谷的局面。

掌握了3种方法的人，并不是在方法的数量上取胜，而是改变了对待问题的态度。他不再执着于用单一的方法解决问题，而是可以从更多的角度看待问题，充分地分析问题。所以，做一件事情拥有3种方法的人，很快也能找到第四、第五，甚至更多种方法。有更多的方法，就会有更多的选择，有选择就能更从容、灵活和自由。

尤其是在人生的重要问题上，我们决不能抱着“背水一战”的心态，而应该调整视角、多想办法。如果在这些问题上，我们遭遇了瓶颈，不妨在心里问问自己：

在我的人生中，什么是最重要的目标？在使我获得成功、快乐的人生路上，什么是最重要的目标？在通往事业成功的路上，找到突破口是否很重要？

如果一件事情对我们很重要，值得我们为此努力，那么它就值得你去多找一种方法，再多找一种方法……就像回家一样，当你认为回家是十分重要的事情，你就会不遗余力地找到回家的道路，那么即使前面3

条路都被堵了，你也总能找到第四条。

无论过去尝试过多少种方法，总有另一种方法是你未知、未懂、未学、未想过的。就在看到这一句话的数秒钟里，世界上又增加了多少能够解决过去问题的全新方法呢?

一个目标，是否值得你去努力，只有你本人能够决定。一种方法，是否值得你去尝试，只需要回答3个问题。如果答案都是肯定的，请不要犹豫，马上去做吧！这3个问题是:

结果对我有好处吗?

我想在短期内得到这份好处吗?

这些好处是否符合“我好、你好、世界好”的“三赢”原则呢?

请记住：如果旧的做法已经无效，那么重复旧的做法无异于浪费生命，无异于坐在路边苦等道路重启，抱怨不休只不过是为“放弃返家的念头”找一个借口而已。任何一种新的方法，都会为解决问题增添成功的可能。抱残守缺绝非解决问题的正确态度，凡事找到3种以上的解决方法，才是我们最佳的选择。

第四章　打破限制，重塑信念系统

一个人的思维、情绪和行为，都受内在的信念系统支配。好的信念系统让人走向轻松满足、成功快乐。一些限制性的信念，使我们内心充满疲倦、无力感、愤慨、内疚、无奈，甚至厌恶生活，无法感受成功、快乐。这些限制性的信念，就像一个个牢笼，把我们牢牢束缚。想要让我们的人生变得更轻松、快乐和幸福，我们就必须通过“换框法”来打破这些限制性的信念系统。

换框法是一种非常实用有效的技巧，旨在把消极转化为积极，是把问题转化为机遇的技能。

一、改变信念：意义换框法

人们总是在寻求意义，大到人生的意义，小到每一件事情的意义。一件有意义的事情，往往能唤醒我们高涨的热情；一件无意义的事情，往往会让我们陷入消极和烦闷。一个人认为人生有意义，就会变得积极、乐观、富有活力；而一个人认为人生无意义，就会变得消极、沉沦、失去对生活的兴趣。

然而，试想一下，一块石头的意义是什么呢？或许它就是一块简简单单的石头，没有多余的意义。但是，如果我们用它来锤钉子，它就变成“榔头”；如果我们用它来修房子，它就变成建筑材料；如果将它放在脚下，用来做垫脚石，它就成了我们攀登的工具。

世界上任何事情本身都是没有意义的，所有的意义都是我们赋予的。

既然意义是人为加上去的，那么一件事情可以有这个意义，也可以有其他意义；可以有一个意义，也可以有很多意义；可以有不好的意义，也可以有好的意义。

这一切，完全取决于我们，取决于我们怎么看待它。

“意义换框法”就是从这一点出发，找出那些最能帮助自己的意义，改变信念，使事情由绊脚石变为垫脚石，从而提升自己。

这种方法，对消极的信念最为有效。它的核心是找到某个负面经验的正面意义。它的方法是，把我们信念中的“负面结果”改为它的反义词，并找到理由来支撑。具体操作分为四个步骤。

比如：假设上级挑剔，让我感到在工作中不开心。

第一步：把表述转化成因果式，即“因为……所以……”的模式。

于是，我们把这句话变成：因为上级挑剔，所以我感到在工作中不开心。

第二步：使用意义换框句式。

把句中的“负面结果”（不开心）改为它的反义词，再把句首的“因为”二字放到最后。重新表述成为：上级挑剔，我工作积极，是因为（　　　　　）。

第三步：找出六种方法，填到句子里面。

反复思考，如何才能把句子填写完整，要求至少填写出六种。上面句子完整的表述如下：

- 上级挑剔，我工作积极，是因为这样能使他无法挑剔。
- 上级挑剔，我工作积极，是因为这样能使他改变对我的态度。
- 上级挑剔，我工作积极，是因为这样能使我变得更加能干。
- 上级挑剔，我工作积极，是因为这样能使我更早创业。
- 上级挑剔，我工作积极，是因为我要证明我可以做到。
- 上级挑剔，我工作积极，是因为这样能使我提升得更快。
- 上级挑剔，我工作积极，是因为这样能证明我能承担任何压力。
- 上级挑剔，我工作积极，是因为要证明他不能控制我的情绪。

第四步：找出最有感觉的一句，进行重复。例如：上级挑剔，我工作积极，是因为这样能使我变得更加能干。

将这一句反复念六遍并记住。切记，一定要真诚地相信，而不是从形式上忽悠自己。现在你再对比上一句“因为上级挑剔，所以我感到在工作中不开心。”你是否感觉比上一句更好，你心里也会更加舒服呢？这是因为你内心的信念已经慢慢改变了。信念存在于潜意识中，感觉是最好的测试标准。

再看一个例子：我比较自卑、内向，很少有朋友和我交流玩耍，我感到很孤独。

第一步：表述为因果式。因为朋友不找我玩，所以我感觉很孤单。

第二步：使用意义换框句式。朋友不找我玩，我感觉充实，是因为（　　）。

第三步：找出六种方法填好句子。

- 朋友不找我玩，我感觉充实，是因为有更多的时间学习。
- 朋友不找我玩，我感觉充实，是因为可以做自己想做的事情。
- 朋友不找我玩，我感觉充实，是因为可以交往另外的朋友。
- 朋友不找我玩，我感觉充实，是因为可以提升自己。
- 朋友不找我玩，我感觉充实，是因为从朋友的行为中可以思考自己的不足并改正。

- 朋友不找我玩，我感觉充实，是因为我可以发展自己的深度思考能力。

第四步：找出最有感觉的一句进行重复。假设最有感觉的一句是：朋友不找我玩，我感觉充实，是因为可以做自己想做的事情。将这一句反复念六遍并记住，逐步输进自己的信念系统。

再看一个情绪方面的例子：开车没注意超速提示，被交警罚款，我感到郁闷。

第一步：表述为因果式。因为超速被罚，所以我感到郁闷。

第二步：使用意义换框句式。超速被罚，我感觉开心，是因为（　　　）。

第三步：找出六种方法填好句子。

- 超速被罚，我感觉开心，是因为可以让自己吸取教训。
- 超速被罚，我感觉开心，是因为避免了交通事故。
- 超速被罚，我感觉开心，是因为以后会更加注意交通规则。
- 超速被罚，我感觉开心，是因为自己还活着。
- 超速被罚，我感觉开心，是因为没伤害到别人。
- 超速被罚，我感觉开心，是因为可以随时提醒自己。

第四步：找出最有感觉的一句进行重复。假设最有感觉的一句是：超速被罚，我感觉开心，是因为避免了交通事故。

使用意义换框法补充填写的“因为”后面的部分，必须是积极乐观、接近现实，且避免自我安慰的内容。实际运用时，我们要具体问题具体分析，比如：在和恋人相处的过程中，恋人的脾气暴躁，自己觉得越来越难接受这种相处方式了。这时候，我们可以换框成：

恋人脾气暴躁，我感觉很好，是因为她在告诉我我应该更宠爱她。

恋人脾气暴躁，我感觉很好，是因为只有我才能接受她的脾气。

恋人脾气暴躁，我感觉很好，是因为她向我发脾气说明她没有把我当外人。

恋人脾气暴躁，我感觉很好，是因为这样我就能锻炼自己的脾性了。

…………

不过，在类似的例子里，这样的想法可能会产生严重的纵容倾向，对恋人暴躁脾气的默许可能会衍变成暴力。这时候，我们就需要谨慎使用这种方法了。

二、发现价值：二者兼得法

有时候，我们总是患得患失，担心得到这个就会失去那个，担心做好了这件事，就会把那件事搞砸。这样的信念总是困扰着我们，让我们左右为难，不知如何是好。

之所以出现“得A便失B，得B便失A”的信念，是因为在我们的价值观里，我们往往用“那就是现实，没有办法”来开脱，而不肯以自己想得到的理想目标为依据去思考，找到突破。

因此，为了让自己觉醒，我们可以提醒自己：“坚持二者不能兼得对我没有好处，而坚持二者兼得则对我有好处！”然后，再把自己的思想代入后者中去。

“二者兼得法”就是以此为基础，对自己发出这样的思想指令：假如A与B是可以兼得的，我需要怎样想或怎样做才能把它实现？

这样的思考引导我们跳出条条框框，追求突破。

突破的关键，是把A和B的定义变得更清晰、更细致、更详细、更具体。因为大多数时候，我们会用一些虚泛的词来代表自己的需求。这些虚泛的词往往导致我们对需求的认知模糊不清。不把这些需求弄清楚一些，我们就无法把事情真正解决好。

换框句型：假如二者可以兼得，我有哪些方法可以实现？

方法一：____；

方法二：____；

方法三：____。

例如：为了爱情，我只能放弃事业。

换框成：假如爱情和事业二者可以兼得，我有哪些方法可以实现？

方法一：说服自己或另一半去对方的城市发展。

方法二：为自己的事业寻找备胎，适时转型。

方法三：一起创业。

假设你遇到了如下几种情况，你会怎么处理？试着用“假如二者可以兼得，我怎样做才能实现”的方法来思考一下，并尝试着为每一种情况找出三种不同的方法。

练习一，组长说：“要求质量提高，产量必然减少。”

练习二，丈夫说：“为了维持家中安宁，我只好避免和她说话。”

练习三，职员说：“每天工作那么忙，哪会有时间去学习？”

练习四，太太说：“我工作之余还要督促孩子读书，没有时间陪丈夫，婚姻关系差。”

我们的一生，不能凡事都做到二者兼得，尤其是不符合“我好、你好、世界好”三赢原则的事情。但是，在一些困扰无法突破的情况下，考虑二者兼得的可能性对我们解决问题来说，无疑多了一个可能的选择。

三、改变规条：环境换框法

在国内，一瓶280克的老干妈辣酱，网购价格为人民币10元左右；而在美国，亚马逊卖3.9美元（约合人民币28元）。几年前，美国奢侈品电商Gilt把老干妈奉为尊贵调味品，限时抢购价11.95美元两瓶（约合人民币84元一瓶）。但是如果在华人超市购买的话，一瓶只要2～3美元。

同样的“老干妈”，换了一个环境，摇身一变，在美国就成为“调料中的贵族”。这就是改变环境规条带来的变化。同样一件事情，在不同的环境里，其价值往往也会有所不同。找到更好的环境，就能改变这个情况的价值，从而改变与之相关的信念。这就是“环境换框法”的基本思路。

在使用“环境换框法”时，我们需要做好两步：第一步，变否定为肯定；第二步，尝试换框到多种新环境。

例如：我不擅长口语表达，没法做销售。

第一步：先把负面词语转化为正面词语。换框成：我不擅长口语表达，在哪些情况下一样可以做好销售？

第二步：尝试换框到多种新环境中。在做这一步时，我们最好尝试三种以上的例外环境。比如，做电商就不一定需要口语表达；又比如，用写文案的方式来销售就非常不一样；再比如，可以通过PPT、思维导图等辅助工具来完成产品介绍，从而实现销售。

再例如：将瓶装白开水作为饮品，是不会有人买的。

第一步：先把负面词语转化为正面词语。换框成：瓶装白开水作为饮品，在什么环境里会有人买？

第二步：尝试换框到多种新环境中，并找出三种例外的环境。比如，在水质比较差的日本福岛，瓶装白开水是刚需；又比如，在水比油更贵的中东地区，瓶装白开水市场前景好；再比如，在缺水的沙漠，只要是能喝的水就很受欢迎了。

生活中，有些人总是对自己的某些特质感到不满，无法接纳自己，比如：觉得自己学历不够、相貌不出众，或者长得太高、太矮、太胖或太瘦……从而产生自卑心态，觉得不如别人。这时候，“环境换框法”往往会产生奇效。其实，我们的每一种特质，换一个环境就可能变成“才华”。我们要树立一个新的信念：没有缺点，只有特点；没有不好，只有不同！坚持练下去，你一定会收获良效。

一位银行家，对女儿的固执个性很不满意，父女关系很糟糕。他去请教一位亲子关系专家，专家问他：“当你的女儿与男友出游，而那男子有过分的要求时，你想不想你的女儿固执一点？”银行家顿悟。

固执本身没有好坏之分，而是取决于在什么环境中运用。明白了这个道理之后，这位银行家再也没因女儿的固执发过脾气。

信念是人生的一部分，是帮助我们获得成功、快乐的人生工具。既然是工具，就理应为我们所用，而不是成为我们维护的“神”。当某些信念妨碍我们达成人生目标时，我们就可以将它们修正、移开（暂时）、扩充（兼容），甚至改变。

真相3　压力

如何消除生活中的压力?

学会向压力说Bye bye。

第一章　探根究源，重新认识压力

小时候，我曾在中国香港生活。一有空，我就会去中环半山区找朋友玩。朋友家附近有一间“鬼屋”，那是一栋有着大花园、三层楼的大别墅，院子里长着一棵参天古树，看上去很漂亮。可是，从栅栏看进去，院子里长满了草，房子年久失修，莫名地冒出一股寒气，让人唯恐避之不及。

那时候，我总是好奇，这么漂亮的一栋别墅坐落在香港房价最昂贵的地区之一，为什么这么荒凉呢？

后来，我听说了这栋别墅的故事。原来，这栋别墅的前主人出身名门望族，也是香港很有名的律师，他的妻子是一位在行业内很有威望的会计师。他们结婚后不久，便有了自己的孩子。孩子从小就很乖、很听话，对父母的安排百依百顺。他们对孩子的培养和教育也非常用心，从小就给孩子规划好人生，希望孩子长大后成为一名了不起的医生。为了实现这个计划，他们在任何方面都给孩子最好的，送他去最好的学校，找最好的老师。后来，又送他去美国学医。

大三暑假，孩子从美国回来。不久，孩子从三楼的房间跳楼自尽。孩子在临终前给父母留了一封信，信中说：“爸妈，对不起。我要辜负你们对我的爱和这些年的辛勤培养了。我真的尽力了。为了成为你们希望的样子，我每时每刻都在承受压力，这压力快要把我压垮了，我现在非常累，累得已经活不下去了……”

知道这个故事之后，我唏嘘不已。来自父母的爱，反倒成为压垮孩子的稻草，让他结束了自己年轻的一生。

这样的事情在我们生活中也有不少。世界卫生组织披露，自杀已经成为造成中国人死亡的第五大杀手，尤其是在15~35岁的年轻人中，自杀成为死因之首。而让绝大多数自杀者走上绝路的原因之一，往往就是两个字：压力！

在美国，每年用于处理压力问题的药物和健康疗养费用，超过数百亿美元。中国人的情况也不容乐观，生活压力、工作压力、学习压力、教育压力、经济压力……很多压力让我们不知所措，很多压力让我们心神俱疲，很多压力让我们想要逃避，很多压力让我们无能为力。这也是近几年流行“躺平”的重要原因。

一、压力背后的心理学原理与根源

在一堂心理学导师培训课上，一名心理学导师讲起自己的经历：“我一遇到大型讲座，立马就脸红脖子粗，心跳加速，呼吸急促，说都不会话啦！”

“说都不会话啦”，挺有意思。看来，这名导师不仅在大型讲座时“不会说话”，在和我交流时，也“不会说话啦”！

其实，这就是典型的压力。

在心理学解释中，压力是个体生活适应过程中的一种身心紧张状态，是心理压力源和心理压力反应共同构成的一种认知和行为体验过程。从对比的角度看，当你认为自己的能力远远超过一件事所需要的能力时，就会觉得轻松和舒适；但是当你认为处理一件事超出了你的能力范围时，压力就来了。

还记得小时候，我们面对考试时的状态吗？当卷子上出现“1+1=”的时候，你肯定不会有丝毫的紧张和压力，反倒觉得庆幸和欢喜，这是因为它对你的能力完全构不成挑战。但是，当卷子上出现“9543×5467=”时，只怕你就会眉头一紧，心中不由得有些担心了，这时候压力就来了，因为这道题不是那么简单了，它在挑战我们的能力。

生活中，我们经常感受到压力。其实，不仅是考试失利、事业失败、婚姻破裂这些负面的事情会让我们感到压力，即便是升职加薪、结婚、生子这些所谓的好事，也会给我们带来不小的压力。

实际上，任何事情都可能给我们带来压力，无论好事还是坏事，只要是我们觉得重要的，需要付出更多精力才能做好的事情，都会成为我们的压力之源。这些让我们深感压力的事情，被称作“压力的外部来源”。

但是大多数时候，压力产生的关键往往并非事件本身，而是你对事件的看法，是“我以为”：我以为自己能力不足，我以为自己做得不好，我以为我对此事无能为力……这被称作“压力的内部来源”。

比如，我们的压力有时或许来自别人的夸奖或者期待。妈妈说，你的进步很大，希望你的学习越来越好；老师说，这次考得不错，希望你下次考100分；领导说，你工作完成得很好，以后的工作要继续努力；你对自己说，我要比以前更棒，做得比以前更完美！

这些期望，在无形之中都会让你将某件事情看得很重，希望做得更好，从而满足他人或自己的期待。这时候，压力就产生了。尤其是当某些期待对你来说颇有难度，你认为自己没有能力做好时，更会深感压力，并为此而烦恼。

所以，更多的压力其实是一种主观的、自认知的、没有足够支持的判断而引发的结果。大多数时候，压力都是我们强加给自己的。

1. 压力的两种内在根源

老师们仔细观察就会发现，考试前压力最大的，要么是班上名列前茅的孩子，要么是全班成绩垫底的孩子。

为什么会这样呢？

名列前茅的孩子会想：我这次能不能考全班第一，能不能得满分？这种高期望会给他带来更大的压力。而成绩垫底的孩子心里会想：哎呀，糟糕了，我这儿不会，那儿也不会，这次肯定考不好，说不定又是倒数第一。这种自我否定也会让他在无形之中处于巨大的压力之下。

其实，生活中，**我们感受到压力的内在根源，也大多来自这两种心理：第一，完美主义；第二，自我否定。**

完美主义是形成压力的一个内在根源。完美主义者没办法接受自己的失败。一旦失败，他们立刻就会心生狐疑：我失败了，我是不是很无能？别人会不会看我的笑话？以后我再也不能犯同样的错，让别人看不起我！

完美主义者不清楚，他们在很多地方已经做得足够好了。他们看不见自己的优点和取得的成绩，始终盯着自己的问题和瑕疵。他们在细枝末节上“钻牛角尖”，最终把自己“逼疯”。其实，**不圆满才是生命中最大的圆满。坦诚地接受不完美，比追求彻底的完美更需要勇气。**当然，我并不是鼓励你得过且过、随心所欲，而是希望你明白什么是合理的“完美主义”，什么是不合理的“完美主义”。

不合理的“完美主义”经常带我们误入两条歧途：一条是我必须拼命努力，朝着自己的完美幻想飞奔过去；另一条是沉溺在完美的幻想中，无法接受不完美的现实，让自己变得消沉和抑郁，这样的“完美主义”导致的最大问题是让我们变得拖延和不愿面对。结果，自己的能力没有提升，压力却越积越多。

自我否定的例子在生活中也有很多。考试时，总觉得自己考不好；面试时，总觉得自己没有别人优秀；工作中，总觉得任务完成不了；生活中，总觉得自己不配过更好的日子；恋爱中，总觉得自己配不上对方。

久而久之，拥有这种心态的人心里就会出现一个声音：你不行，你办不到，你还是不要做了，免得丢人现眼。

时间越久，这种声音越强烈。它会在你兴致勃勃的时候突然冒出来，冷不丁地打击你的自信心，让你消极、沉沦、不自信。从此，只要你动手做事，心中难免会响起这个声音，会否定你所做的一切，会让你觉得自己是个失败者，凡事都不可能成功。

结果，一件事情还没有做，你就丧失了信心，先把自己否定了。在这种情况下，事情十有八九会朝着不利的方向发展。

长期生活在这种心态中，内心会承受巨大的压力。哪怕只是做一件极小的事情，我们也会紧张、畏惧，甚至退缩。曾经有人说，对于一个长期处于自卑、自我否定状态的人来说，哪怕只是说一声“你好”，他也会先在心里彩排一万遍。想一想，这是多么大的压力啊！

无论完美主义还是自我否定，二者所形成的压力，其根源都来自一个根深蒂固的念头——我认为自己没有足够的能力做好这件事情（或没有足够的能力将这件事做到完美）。

“我认为”三个字往往是产生压力的罪魁祸首。其实仔细想想，我们也曾在各种压力之下，做好过很多很多事情。这证明我们其实是有足够的应对问题的能力的。只不过，大多数时候我们被困难迷住了双眼，变得不自信，开始怀疑自己，导致我们在应对问题之前便心生胆怯。事实上，一件事情还没有开始或者完结，我们没有资格否定自己，没有资格说自己能力不够，也没有资格说自己不能做到最好。

“我认为”，是一种主观的自我评估。这个自我评估到底准不准确，与实际水平相差多少，一切都要在我们努力去做、放手一搏之后，才能知道答案。在此之前，我们绝不能先打退堂鼓，自己给自己增加无端的压力。

2. 突然事件让我们压力倍增

刚刚度过一个轻松愉快的周末，你怀着喜悦的心情去上班。可是刚到办公室，领导就找到你，给你一个特别紧急的任务。你心里一沉，胸中生出一股闷气，感觉巨大的压力爬上心头，愉快的心情消失得无影无踪。

这种压力显然不是来自我们的内心，而是由外部事件引起的。这就是压力产生的外在来源。

外在来源也分为两种：第一种，突发事件；第二种，环境因素。

突发事件带来的压力，在生活中十分普遍。

比如：突然转学会给孩子带来学业压力；突然失业会给我们带来经济压力；突然改变工作任务，会给我们带来工作压力……

处在不同的人生阶段，我们会经历各种不同的突发事件。这些事件有时会在不经意间突然闯进我们的生活，给我们带来压力。

比如，很多年轻人大学刚毕业，爸爸妈妈就开始催婚。在他们看来，自己灿烂的青春才刚刚开始，婚姻就像一位不速之客。所以被催婚对他们来说就是压力。

又如，很多新人刚结婚不久，还沉浸在美好的二人世界。这时候，生儿育女对他们来说可能就过于仓促，“催生”在无形之中带来的也是压力。

如果从人生的角度思考，这些都是我们在不同的人生阶段要经历的事件。这些人生大事给我们带来的压力自不必说，日常生活中一些突发的小事件也会给我们带来压力。比如，上班途中突然堵车，约会路上公交车晚点，公司开会时拿错方案，为客户提供服务却遭遇差评，周末计划旅游却突然收到工作通知……

我们提到过，带给我们压力的事件，往往并不像表面上看起来那样都是令人沮丧的事情。有时候，开心的事情也会给我们带来压力。以下是我为大家整理的一份“生活压力事件”清单。

（1）与配偶有关的：配偶死亡、配偶性冷淡、配偶生病、配偶亲属发生重大变故，离婚、分居、与配偶吵架次数增加或减少等；

（2）家庭朋友方面：近亲死亡、近亲生病、好友死亡、家庭加入新成员、儿女离家、与公婆或岳父母不和、搬家、家居环境重大转变等；

（3）工作方面：被解雇、退休、工作重大转变、工作调动后与上司不和、工作责任转变、工作时间或方式转变等；

（4）财务方面：经济状况重大转变、大额按揭（如房屋）、小额按揭、结束按揭、公司倒闭、投资失败、超额负债等；

（5）个人方面：身体受重伤或患重病、个人杰出成就、性生活困难、睡眠习惯转变、度假或旅游、生活习惯重大转变、饮食习惯重大转变、信仰活动重大转变、社交生活重大转变、消遣活动重大转变、触犯法律、怀孕等；

（6）学业方面：转学、开始或停止接受教育、成绩急速退步、与同学关系不和、抵触某位老师等。

除了突发事件，环境因素也是压力的重要外在来源。

前几年，一大批年轻人喊着“逃离北上广”，开始从一线城市离开，去往二三线城市发展，很大一部分原因是，一线城市带给年轻人的压力太大了。

现代社会追求快节奏、高效率，给人们带来了巨大的压力。尤其是在一线城市，巨大的压力让很多人直不起身来。

这就是社会环境给予一个人的压力。其实，社会环境只是一方面，生活环境和工作环境对我们的影响或许更为直观。

或许，你有过类似的感受：当你刚进入一家公司，发现同事们都在拼命追求高业绩，在这样的工作环境中，你会感到压力倍增。

当你生活在嘈杂的环境中，耳边不时响起刺耳的噪声。到了晚上，邻居家吵架的声音还会传入你的房间，你的神经也会高度紧绷，压力随之产生。

不只是生活和工作环境会带给我们压力，就连我们所处的人际关系、生命境遇、情感情绪这一类抽象的环境，也会给我们带来无形的压力。我们无时不处在环境当中，环境的好坏会直接影响我们的心理健康。但是，环境是不会因为我们而改变的，我们不能老想着改变环境，而要努力改变自己，适应环境。毕竟适者生存嘛！以下是我为大家整理的一份“环境压力”清单。

（1）生命中的挫折——生活中的转变、震荡或重大生活压力，如转换工作环境、住宅乔迁、移民或亲人逝世等。

（2）长期担忧——如挫折感、罪恶感、自卑感、长期经济困难或工作没有保障等。

（3）噪声——居住环境或工作环境嘈杂。音量在89分贝及以上，人体便会产生类似因压力而引起的生理反应，如血压升高、心跳加速、肌肉紧张等。

（4）人际关系——恶劣的人际关系、经常跟别人争吵、冷战或时常受是非困扰等。

（5）工作压力——工作压力的原因很多，要详细探讨工作压力及其处理方法足够再写一本书，所以这里只简略介绍。工作量大、责任心重、竞争激烈、领导要求高是常见的压力来源；此外还有个人兴趣或性格与工作要求不协调，工作的回报不能达到个人目标等。

（6）居住环境拥挤窘迫——在都市里，缺乏私人空间是很普遍的现象，拥挤的环境不但令人有压抑感，更增加了人与人之间发生摩擦的机会。

二、压力背后的三大真相

了解鱼类的人或许知道，三文鱼是一种悲壮凄美的鱼。

它们有一个有趣的习性，小时候从淡水河顺流而下，来到大海生长。在大海中生活3～5年，再逆流而上，重返出生地产卵。

正是这样的习性，成就了它们悲壮凄美的一生，但也给它们带来了巨大的“压力”。三文鱼逆流而上，回到源头产卵，往往需要面对许多危险，比如其他鱼类的捕食、鸟类的追杀、石滩的阻碍、河流的断层、人类的捕捞。为了应对这些困难，三文鱼需要极大的能量不断地从水里跃出来，跳过一个个障碍。

为了获得足够的能量，三文鱼在逆流而上的过程中会在体内产生大量的皮质醇分解蛋白质。对于三文鱼来说，皮质醇是一把双刃剑。在遇到困难时，它能帮助三文鱼产生能量，应对各种困难。但是，在没有困难时，它依然会分解皮肉里的蛋白质。这就会造成三文鱼皮肤腐烂，迅速消瘦和死亡。

所以，人们总是发现产完卵的三文鱼活不了太久就会突然死去，然后迅速腐烂变质。即便有一些侥幸存活的鱼，也会选择撞死在石滩上，结束自己悲壮的一生。

最开始，人们并不理解三文鱼的“自杀”行为。于是，来自挪威、丹麦和荷兰等国的研究者对大量三文鱼进行研究，发现当三文鱼感受到外界的压力时，会大量分泌皮质醇。过量的皮质醇会影响它们的中枢神经，让它们的体温系统、呼吸系统、应激系统和进食系统产生异常，导致三文鱼陷入“抑郁”，做出一些自暴自弃的行为。

于是人们发现，过度分泌皮质醇是让三文鱼“抑郁”的罪魁祸首！我们在感受到压力时，和三文鱼一样，也会分泌这种皮质醇。如果长期处于压力状态之下，皮质醇的分泌就会过量，给我们带来一系列心理和健康问题。

不仅如此，压力过大还会让我们分泌肾上腺素。

肾上腺素的危害更大！肾上腺素是一种强效激素，帮助人体应对紧急情况，让我们心跳加速、感觉敏锐。不过，长期处于这种状态下，我们的心脏会超负荷运转，引发心脏病、血管病、肾病、性功能障碍等一系列疾病。

不仅如此，长时间的压力，还会抑制其他身体功能的发挥，让我们精神紧张、神经虚弱、脾气暴躁、心慌失眠，导致我们工作效率下降、人际关系恶化、学习和记忆能力退化、理解和解决问题的能力变弱。

当你坐过山车时，是否感觉到激动和兴奋，但是对周围事物的观察力和感知力会变得迟钝？这是因为肾上腺素屏蔽了我们的感知功能。

更可怕的是，压力产生问题，问题又加重了压力，这样的恶性循环会周而复始，循环往复。

不过，压力也绝非一无是处。皮质醇和肾上腺素也会对人体产生益处，帮助我们在紧急情况下恢复冷静、急中生智，以最快的速度、最佳的方法解决问题或者逃离危险。

在考试时，眼看时间就要到了，可是最后一道题还没有思路，你会变得紧张，感受到倒计时的压力。这时候，你的体内会分泌肾上腺素和皮质醇，帮助你集中精力解答这个问题。在这种压力下，有的考生会心态崩溃，情绪激动；有的考生会冷静应对，灵感爆发。大多数时候，我们能够超水平发挥，能够在绝境中力挽狂澜，正是因为我们能正确地应对压力，并将之良性利用。

西方有句谚语：幸福和不幸犹如一根棍子的两端，一旦你拿起这根棍子，也就拿起了愉快和烦恼、幸福与不幸。压力也像一根棍子，一头带给我们烦恼和问题，一头带给我们希望和可能。当压力出现的时候，问题和烦恼会出现，希望和可能也会出现。这就是我们俗话说的“甘蔗没有两头甜”。因此，我们在遭遇压力的困扰时，也要清楚它会给我们带来动力、希望和更多的可能性。

大多数时候，糟糕的不是压力，而是我们应对压力的方式。当我们体验了生活的愉悦和幸福，也要相应地接受生活的烦恼和不幸。当我们感受到压力带来的动力和希望，也要坦然面对压力给予我们的烦恼和问题。

这样平和的认知，或许可以帮助我们以一种坦然、豁达的人生态度，从容应对各种压力。“不悲哀、不嘲笑、不怨天尤人”，这或许才是我们在面对生活、面对压力时该有的座右铭。

1. 压力与潜能是一对孪生兄弟

很多时候，人们总认为压力带给我们的都是负面的影响，缺乏正面的意义。恰恰相反，如果我们找到了应对压力的方法，它往往会给我们带来意想不到的惊喜，带我们领略背后的意义。很多时候，压力与潜能是一对孪生兄弟，压力能激发潜能，创造奇迹。

2004年雅典奥运会女排决赛上，主教练陈忠和的那抹笑容至今仍令人难以忘怀。

当时，中国女排已经阔别奥运冠军20年。第一次踏上奥运会决赛舞台的女排姑娘显得很紧张，结果一再失误，让俄罗斯女排抓住机会，先攻下两局。中国女排0∶2落后于俄罗斯女排。对于一场5局3胜制的比赛来说，中国女排几乎已经被逼到绝境，无路可退。

在第二局比赛结束的间隙，陈忠和给女排姑娘们布置完战术，随后对她们说："现在还考虑什么压力呢？什么都别想了，就当我们已经输了，放开去打吧！我们的目标就是，从他们手里拿一分，再拿一分！一分一分地拿！"

第三局开始，女排姑娘彻底放下心理包袱，顶住压力，彻底释放自己的潜能，打出了一个又一个漂亮的配合。所有的好状态全都回来了，中国女排一口气拿下了接下来的3局比赛，赢得冠军。

有人说，如果你不知道事情有多糟，你就永远不知道自己的潜能有多大。中国女排在绝境中，将压力转化成动力，释放出200%的能量，最终击败了强大的俄罗斯队。

压力，是个神奇的东西！它总能帮我们在看似无望的绝境中创造奇迹。美国作家凯利·麦格尼格尔在她的书中讲了一个神奇的故事：俄勒冈州两个十来岁的黎巴嫩小姑娘，为了救出被压在拖拉机下面的父亲，爆发出惊人的潜能，抬起了1吨重的拖拉机。

许多人都会有类似的体会：平时根本不可能做到的事情，在压力下往往能比较轻松地做到。

西班牙人很喜欢吃沙丁鱼，但沙丁鱼非常娇贵，极不适应离开大海后的环境。当渔民们把刚捕捞上来的沙丁鱼放入鱼槽运回码头后，用不了多久沙丁鱼就会死去。

死掉的沙丁鱼味道不好，销量很差。倘若抵港时沙丁鱼还活着，卖价往往能翻好几倍。

为了延长已捕获沙丁鱼的生命，渔民想尽了办法。后来，渔民想出一个法子，运送沙丁鱼时，在水槽里放几条沙丁鱼的天敌——鲶鱼。鲶鱼喜食沙丁鱼，被放进鱼槽后就会疯狂捕食沙丁鱼。为了躲避天敌的吞食，沙丁鱼不得不加速游动，从而保持了旺盛的生命力。如此一来，沙丁鱼就能活蹦乱跳地被运到渔港。

这就是著名的“鲶鱼效应”。**“鲶鱼效应”告诉我们，在压力下我们能保持更强劲的动力，从而更好地应对挑战。**

在生活中，有的人利用这种效应让自己保持动力，比如做事情之前先确定一个截止时间，设置一些目标、标准和要求。这一方法就是通过给自己施加一些压力，让自己以充沛的精力去应对挑战。

在工作中，“鲶鱼效应”的应用就更为广泛了。很多公司由于长期处于稳定状态，很多员工都会掉进“舒适”陷阱，缺乏工作和进步的动力，产生惰性。时间一长，工作效率降低，企业经营也会走下坡路。尤其是在公司待了几年、十几年的老员工，工作时间一长，就容易厌倦竞争、心生怠惰，缺乏创新思维和突破能力，慢慢变得养尊处优，成为毫无压力的“沙丁鱼”。

为了解决这个问题，公司往往会从外面招一批新员工，充当“鲶鱼”，给公司制造紧张气氛，营造竞争氛围。

老员工看见自己的位置多了些“职业杀手”，便会产生紧迫感，知道该加快步伐了。否则，自己就会被炒掉。这种紧迫的压力感，变成迎接挑战的动力。如此一来，企业自然就会越发蓬勃发展了。

大多数时候，外在的压力往往能激发我们内在的潜能，让我们产生更强大的动力，帮助我们更好地应对挑战。所以，当你对生活和工作感到厌倦、缺乏动力时，不妨给自己施施压，或许会收获不错的效果！

2. 压力与社交障碍的关系

我们常说，母爱是伟大的爱！

这里面的因素有很多，催产素或许就是其中之一。妈妈在哺育孩子的过程中，会分泌大量的催产素。这是一种很神奇的物质，当婴儿吮吸妈妈的奶水时，会刺激催产素的分泌，强化妈妈分泌乳汁的能力。不仅如此，它还能强化女性做母亲的感觉，让女性变得更自信，更关注孩子，更有爱心。

实际上，催产素不是女性的专属，所有人都会分泌催产素。当我们感受到压力时，脑垂体就会分泌这种物质，让我们缓解压力，感到轻松。

更神奇的是，**研究发现，催产素不仅能缓解压力，还能让我们走出“社恐”**。以色列西弗自闭症研究和诊疗中心与哥伦比亚大学科学家的最新研究发现，只需要在一个人的鼻子里喷洒少量催产素，就能有效克服人的社交羞涩感，让他更加自信和勇敢。

在进一步的研究中，人们发现：**催产素会让我们渴望和人交流、与人联系，主动参与到社交中去**。同时，它也会让我们像母亲关爱孩子一样，更加注重别人的感受，更愿意去理解和接受别人，提升同理心和社交满足感。对于那些“社恐”人士，**催产素还会起到抑制恐惧的效果，给他们更多勇气，让他们变得大胆和积极**。

其实，有社交障碍的人，大多希望生活在无压状态下。在他们看来，与人相处和交流的过程往往会给自己带来巨大的压力。他们恐惧社交，往往是对压力的抗拒和逃避。

不过，为了逃避压力而拒绝与外界的沟通，这是不明智的。很多心理学家发现，企图逃避压力会极大降低一个人的幸福感、生活满意度和快乐体验，逃避压力带来的孤独感会吞噬掉你所有的精气神。因此，我们要学会在压力之下利用好社交所带来的价值。

当我们压力特别大，感觉自己难以承受，想要找亲朋好友聊聊天、倒倒苦水时，其实就是压力反应在鼓励你去寻找亲密关系的帮助。通过倾诉的方式，寻求他人安慰、释放自我压力的行为，大幅度增加了自己和父母、爱人、朋友聊天的时间，也会巩固和父母、爱人、朋友之间的情感连接。

当某件糟糕的事情发生，你会下意识地联想到自己的爱人、孩子、父母、朋友，那也是压力反应在鼓励你保护自己的家庭和朋友。

当有人遭遇不公平的待遇，你会第一时间想到捍卫自己的部门、团队、公司或者社区，这其实也是你亲近社会系统的压力反应。

3. 压力与学习能力的关系

在非洲草原上，有一群羊和一群狮子。

每天清晨，羊群睁开眼后的第一件事就是相互提醒：我们必须跑得比狮子快，否则就会被狮子吃掉。

狮子醒来后的第一件事也是相互提醒：我们必须比羊群跑得快，否则我们就要活活饿死。

于是，每天太阳升起时，羊群和狮子都一跃而起，共同迎着朝阳跑去。

这是一个非常简短的寓言故事。它提醒我们，在压力环境中，我们的学习会变得更加行之有效，成长也会更加迅速，就像故事里的羊群和狮子，生存的压力让它们掌握了奔跑的技巧，成为草原的奔跑健将。

俗话说，“井无压力不出油，人无压力轻飘飘”。在适度的压力状态下，我们会变得更加专注，记忆也会更加敏锐。大脑会将思维聚焦于一些核心事物，让我们着力去处理和提升。而在这种状态下，我们的学习能力会更强。

松弛的琴弦，弹不出美妙的乐曲。没有压力的人生，也会因为缺乏目标而变得停滞不前，阻碍我们的成长。

篮球历史上最伟大的球星，被称作“篮球第一人”的迈克尔·乔丹曾在无数的客场比赛中，受到对方球迷的谩骂，嘘声不断。不过，令人吃惊的是，乔丹非但没有对这些球迷表达抗议，反而深表感谢。

他在回忆中说：“如果不是那些人取笑我、怀疑我、谩骂我，我或许永远也不可能达到自己的最高水平。”

哲学家尼采也曾说过：“凡杀不死我的，都会使我更加强大。”

压力带给我们的，无论是正面的帮助，还是负面的影响，其实都会让我们找到学习的意义，帮助我们更好地成长。反观我们的人生，学会从压力中汲取能量，将是我们最大的智慧和最为宝贵的财富。

与压力并肩战斗的过程中，我们或许无法预见个人的收获，但却可以让我们正视问题，充分体验情感动摇、痛苦波动的过程，努力克服并跨越压力带来的问题，获得心灵的成长。

正因为时刻面对各种压力，我们才能不断接受挑战，不断取得进步，不断成长，超越自我。

当然，压力要适度，适度的压力是一种财富，是一种有益的人生体验。正如《孟子》所言："故天将降大任于是人也，必先苦其心志，劳其筋骨，饿其体肤，空乏其身，行拂乱其所为，所以动心忍性，增益其所不能。"

第二章　迎难而上，变压力为资源

曾经有一个老师，在给学生上课时，将一杯水端在手上，问学生："这杯水，你们能端起来吗？"

听到这个问题，学生们哈哈大笑。一个学生站起来笑道："这样的水，来十杯二十杯我照样能端起来。"

老师也笑了笑说："很好。如果我让你把这杯水端一分钟，你能行吗？"学生自信地说："毫无疑问，我肯定可以。"老师又问："那么端一个小时呢？"学生犹豫了片刻，回答："那也没问题。"老师再问："那么一天呢？一个星期呢？"学生不再回答了。

老师微笑着说："这杯水很轻，谁都能端起来。可是当你端得久了，再轻的一杯水，也有可能压垮你。"

压力，就如同一杯水。短期的、轻微的压力，谁都可以承受。但是，一旦压力越积越久、越来越多，它就会成为不断积压在我们身上的重担。迟早有一天，我们会被压垮。所以，当我们承受压力时，就要学会在适当的时候放下。

有个老和尚，养了一条狗。他给狗取了一个很奇怪的名字，叫“放下”。每天傍晚，这个老和尚都会念诵一段经文，然后端着饭碗，亲自给这条狗喂饭。喂饭时，他总会一遍又一遍地喊这条狗的名字：“放下，放下……”

有一天，庙里的小和尚问道：“师父，你为什么给这条狗取名叫‘放下’啊？这名字叫起来怪怪的！”

老和尚笑着说：“你以为我是在叫狗的名字吗？我是在提醒我自己！”

压力是无形的，任何事情都可能给我们带来压力。不过我前面说过，压力其实是人的主观判断，是对自身能力的怀疑和低估，是我们强加给自己的。心理压力过大，就会对我们产生一系列负面作用。这时候，我们就必须提醒自己学会放下。

一、有效管理压力的 3 种方式

1. 在暗示中建立自信

放下压力，并不意味着我们要逃避压力，而是让我们从压力状态下抽离出来，好好休息一下，然后再重新拿起，这样我们才能承担得更久。放下压力，只是开始。想要掌握面对压力的方法，我们就必须学会管理自己的压力。生活中，真正让我们倍感压力的事情只有极少数，大多数压力往往是由我们主观的不自信造成的——认为自己没有能力做好某件事情。其实，这是典型的低估自己而高估了事情的难度。有时候，事情还没有开始，我们就已经否定了自己。“不行的，这次我肯定考不好。”“我看还是算了吧，老张都做不到，我怎么能行？”“我们这样做是行不通的，不要试啦！”实际上，生活中绝大多数事情并没有我们想象的那么困难。有时候，我们之所以难以做到，是因为从一开始就没有心理准备，还没有尝试，我们就先在心里“投降”了。因此，管理压力最直接的方法，就是建立自信。

建立自信的方法非常简单，只需要坚持一段时间，我们就会大有改变。具体步骤是，每天早上对着镜子里的自己说："我不完美，但是我每天都可以更好！"说的时候，每个字都要坚定，要发自内心，至少要说3遍，每一遍都要比上一遍声音更大一点，语气更坚定一点。

如果在说的时候，你感到不自信、难为情、自卑，请告诉自己，镜子里的人是你自己，没什么不好意思的。同时，我们也可以增加次数，早晚各一次，早上出门之前、晚上上床睡觉之前，我们都可以进行这种练习来暗示自己。

暗示自己的语言，可以根据具体事情的压力情况决定。

比如，早上出门前，你看见屋外寒风雨雪，你感到身体一阵疲劳，于是你在心里纠结要不要去上班。这时候，你告诉自己："我可以坚持！"内心不断重复这句话，就能起到很好的暗示效果。

当然，暗示的目的是增强我们的信心，让我们有勇气面对困难和解决问题，而不是强迫自己非要做不情愿的事情。当我们生病了，面对窗外的大雪，你还暗示自己："我能坚持！我要上班！"我是不赞成的。

当我们打心眼里认为自己可以，并且开始接纳某件事情时，我们的身体和内心都会升腾起一股勇气和力量，不断地去放下压在我们肩上的包袱，压力也就随之减轻了。

2. 在尝试中培养能力

有时候，我们感到压力、缺乏自信，是因为对自身能力的误判和低估；有时候则是因为我们的确没有足够的能力应付问题。

当自己的能力确确实实无法胜任一个职位，无法完成一件事情时，压力会萦绕在我们的身边，长期挥之不去。这个时候，我们就会变得拖延、逃避、不想做事。面对这种情况，最有效的方法就是主动提升自己的能力！如何提升自己的能力呢？我们可以为自己定一个3个月的行动计划。

每周尝试着完成一件有挑战性的事情。对你来说，这件事情不能超出你的能力范围太多，但又需要你付出努力，是自己"跳一跳，够得着"的事情。利用这种富有挑战性的事情，来帮助自己突破目前的水平。比如，原本一次晨跑你只能跑3千米，现在就将目标定为3.5千米；原本每周你只能看40万字的书，现在将目标调整到50万字。通过一个个小目标的制订和达成，我们会在不经意间提升自己的某些能力。如果能够持之以恒，你将会发现自己的能力正在飞速地提升。

不过，想要让我们的计划取得突破性效果，我们还需要注意几点问题。

第一，我们制订的目标一定要合理。标准太低，很容易完成，起不到突破性效果，无法调动我们的积极性和热情；标准太高，我们难以达成，就会心生气馁，很容易放弃。

第二，每次实现目标，请给自己一个积极的肯定。比如给自己送上掌声、鲜花，或者其他鼓励，当然，一顿丰盛的晚餐也是不错的主意。总之，那些可以调动我们热情的方式，我们何乐而不为呢?

第三，最重要的一点，整个计划实施的过程，一定要开心、自在、无拘无束。不要老是在心里想着我们必须做好，必须完成。请记住，我们所做的一切都是为了管理自己的压力，而不是在这个过程中产生其他的、更大的压力。我们要做到的是尽可能地释放自我，释放体内的能量，这一点非常重要。做到这一点，计划才会有持续性。

3. 在接纳中提升韧性

不知道你有没有注意过，很多小孩子都很怕输。当家长说孩子输了、失败了，孩子立马就会脸色一沉，马上哭出来。

怕输的不只是孩子。其实，每个人打心底里都是讨厌失败、渴望成功的，这是人的天性。不过，对成功的过度渴望和对失败的耿耿于怀，往往会让我们“压力山大”。

现实中，很多人不愿意接受失败带来的挫败感。哪怕仅仅是听见“失败”二字，他也会坐立难安。这样的人，很容易被“胜负欲”牵着鼻子走，长期处于压力之下，经常感到紧张、恐惧、不安和无助。

面对“失败”带来的压力，我们要注意两点：第一，学会坦然地接受失败；第二，舒缓失败带来的压力。

坦然接受失败，是我们重新认知自我、寻找不足、再次努力、重获成功的前提。而舒缓压力则可以让我们尽快从失败的阴影中走出来，为我们重新起航、迈向成功做准备。

当我们面对失败带来的压力时，最好的做法就是用“接受失败法”来调整自己的状态。所谓“接受失败法”，就是通过沟通的方式与失败达成和解，从而舒缓和释放自己的压力。这个过程中，我们需要和“失败”进行4次对话。

深呼吸，保持放松，然后把失败看作一样具体的东西。比如：一副面具、一个人、一本书、一个魔方、一只凶恶的动物、一滩臭泥……在这个过程中，我们可以尽量丰满它的形象、颜色、性状（如轻重、坚硬或柔软）等。接着，闭上双眼，聚精会神地看着我们想象出来的那个物品（失败），问自己：这一刻，我给这个压力打几分？（1～10分，给最严重的状态打10分）

（1）放松心态，试着对它说出第一段话：

“我看见你了。”“你大，我小。”“你力量很大，我在你面前没有力量。”“你要来找我，我可真拿你没办法。”

说完这番话后，再问自己：现在这一刻，我给这个压力打几分？

（2）再次调整心态，对它说第二段话：

“你有可能来找我。”“你来找我，是想提醒我把事情的准备工作做得更好。”“我把准备工作做得越好，你来找我的可能性越低。”

说完这番话后，再次问自己：我现在给这个压力打几分？

（3）恢复刚才的心态，对它说第三段话：

“你也曾来找过我。”“你来的时候，我痛过、哭过。”“同时，我也因此成长了，成熟了。”“当我从中学习到对我有帮助的东西，我甚至可以在下一次做得更好。”

说完这番话后，接着问自己：现在我要给这个压力打几分？

（4）调整心态，对它说第四段话：

“你没来，但是有来的可能性，这提醒我要把准备工作做得更好。”“你来了，我因此成长、成熟、成功。”“所以，不管你来或不来，你都帮了我。”“所以，你是我的朋友。”“谢谢你！”

说完后，最后再问自己一次：现在我要给心里这个压力打几分？

对比这5次的分数，看看我们对“失败产生的压力”的态度是不是已经发生了改变？我们的压力是否已经有所缓解？

有时候，我们发现自己给压力的打分并没有明显变化。这或许是因为我们没有完全投入“接受失败法”该有的状态中。如果是这样，我们不妨试着再来一次。这一次，我们要尽可能地平复心情、调整状态，然后尽可能在大脑中丰富“失败”的样子，让它的细节更加丰满。同时，在和“失败”对话时，也不能为了追求速度而草草应付。我们需要真正地投入其中，只有这样才能让我们在和“失败”结束对话后，在睁开眼的第一瞬间，感受到压力释放后的畅快和舒心。

“接受失败法”成功的关键在于：我们只有真正地了解失败，才不会惧怕失败；我们只能真正地了解压力，才不会逃避压力。

我们每个人都有过这样的感受，在反反复复的失败中，我们会在不知不觉中习得无力感，这种无力感还会扩大蔓延至我们的整个身心，甚至发展成心理学上所说的“习得性无助”。

本来可以采取行动避免不好的结果，却选择相信痛苦一定会到来，放弃任何反抗，这就是“习得性无助”。习得性无助是指通过学习形成的一种对现实的无望和无可奈何的行为、心理状态。

习得性无助是一种被动的消极行为，它源于一个人对事情的归因方式。失败之后没有重新站起来的人，会将自己失败的经历、事件归结为不可改变、无能为力的因素，因而放弃继续尝试的勇气和信心。

在这种心理状态下，我们自设藩篱，认为眼前的失败和艰难不可控制，无论自己付出多大努力，都将难以抵抗压力，扭转失败的局面。

如何规避这种应对失败的压力所形成的“习得性无助”状态，走出失败的牢笼呢?

我们要学会与生活中遇到的失败友好相处，拥抱它们，而不是一味地自责；同时要灵活机动，对待不同类的失败采取不同的策略。人生在世，失败之多，归结起来主要是以下三种。

第一种，可以提前知道的失败。

这种失败是由于自身没有准备好导致的失败。比如：应该这样做，但是你却那样做了；或者应该要做这件事，但是你没有去做，所以最后失败了。如果我们能够做到认真去对待应该做的事，那么完全可以避免这类问题和麻烦的发生，就不会导致失败的局面了。

第二种，没有办法规避的失败。

这种失败是自身参与了超出自己能力范围的事件所导致的失败。之所以会失败，是因为自身根本没有了解事件的复杂性，以及为此做出相应的措施。这种失败提醒我们凡事三思而后行。对于这种不可避免的失败，不必让自己深陷自责的旋涡，毕竟这种失败是自己没法掌控的，盲目背负这种罪恶感是一种不理性的行为，无益于自己在失败的压力中汲取经验。

第三种，经验转成智慧的失败。

这种失败是一种挑战性的失败，是向新事物挑战后产生的失败。我们可以在自己的能力范围之外，多去尝试一些具有突破性意义的事情，然后经过对失败的复盘和推演，将自身失败的教训转化成经验积累，最后将经验积累转化成智慧势能，促进个人成长和进步。

失败的压力并不可怕，可怕的是你丧失了对压力的认知与转化。只要随时保持“压力是动力”的信念，那么你最终一定能够找到“压力转化成动力”的渠道，开启属于自己的成功富足的人生。

二、变压力为动力的 3 个技巧

一头驴不小心掉进一口枯井，农夫跑过来想要救它，可是想了各种办法，始终救不出这头驴。除了痛苦地哀号，这头驴什么也不会。

无奈之下，农夫决定放弃这头驴。于是找来铁锹，想把这口井填上，解除它的痛苦。

当泥土落下枯井撒到头上时，驴这才意识到农夫已经放弃自己，想把自己活埋了。最开始，它还是绝望地哀号。可是到后来，它发现号叫并不能帮助自己活下去。它索性不再号叫，彻底安静下来，开始把身上的泥土往地上抖，然后将泥土踩实。

农夫被眼前这一幕惊呆了，看着驴一点点把泥土踩实，将井底越垫越高。农夫也明白了它的做法，于是更加卖力地往井里填土。

就这样，井底越来越高，很快就接近井口。最后，这头驴一跃跳出井口，重获新生。

《掉进枯井的驴》这个故事告诉我们一个道理：生活中，我们每个人都可能遭遇各种困难，这些困难无一不给我们带来压力，一味沮丧和抱怨，并不能帮助我们走出困难的“枯井”。真正有效的做法是，抖落这些泥土（压力），把它们当作我们前进的垫脚石，变成我们的动力。如此，我们方可在身处枯井时全身而退。

想要变压力为动力，其实并不难。最难的是如何改变自己的看法，改变对压力的态度。这里，我们介绍3种将压力转化为动力的技巧。

1. 如何变紧张为兴奋

我们都有过这样的经历，面对一件十分重要的事情，我们心里总是忍不住想：“好紧张啊，要是搞砸了该怎么办？”

紧张是一种高强度的情绪状态，当我们面对的压力过大时，这种情绪就会冒出来。比如：考试时遇到一道从未见过的难题，工作中遭遇从未发生的情况，生活中面对难以解决的困难，我们都会心生紧张。这种紧张情绪会让我们止步不前，让我们掉进害怕、畏缩、逃避的深渊。

如何应对这种情况呢？最好的办法是，变紧张为兴奋。

兴奋也是一种高强度的情绪状态。看看各类体育项目的运动员，他们在比赛时为了取得更好的成绩，往往会让自己处于极佳的兴奋状态。这种状态可以让他们勇往直前，让他们进入到追求挑战、刺激和卓越的良好状态。

德国不来梅雅各布大学的研究人员为了了解压力对人的影响，对大量老师和医生进行了为期一年的跟踪研究。研究结果显示：把压力当作人生的一部分，对压力持有积极态度的人，能避免大多数压力带来的倦怠和消极，这其中就包括紧张。

从紧张变成兴奋，其实就是把心态从“我好紧张，我好担心”，变成“我已经准备好了，我要去挑战了”。

当我们内心忐忑、坐立难安时，不妨在心里暗示自己，告诉自己：“我是兴奋的！我是兴奋的！我是兴奋的！”

比如：在开会、演讲、竞赛或是考试时感到紧张，我们就可以对自己说：“这是兴奋的感觉！我已经准备好了！我会有更好的表现！”

强迫自己从紧张状态中放松下来或者企图控制紧张情绪，都会起到适得其反的效果，让自己的紧张加剧。最好的做法就是，引导我们的紧张状态向着兴奋状态转换，将能量疏导到要处理的事情上。

2. 如何变恐惧为挑战

面对陌生和未知，大多数人都会心生恐惧。与从未见过面的人约会，我们会心有疑虑；做从未做过的事情，我们会担惊受怕；面对未知的命运，我们会忧心忡忡。

如果这件事情对你很重要，那么，这种恐惧情绪还会加剧。强烈的恐惧感，会让我们过度关注自己的问题和错误，开始自我怀疑。这会让我们更加害怕，形成恶性循环。

比如，当我们对未来忧心忡忡时，往往会对现在的自己心生怀疑，总是怀疑自己做得不够好，自己的能力有问题，甚至责怪上天对自己命运的不公。对自己产生怀疑，势必让我们对将来更没有信心。如此恶性循环下去，我们将长时间处于恐惧和担忧的消极状态，未来就更没有希望了。

那么，我们有没有办法摆脱这种恐惧状态呢?

罗切斯特大学心理学实验室为了找到“摆脱恐惧心态”的方法，招募了许多实验对象，通过一些特殊的方法，先让他们陷入某些恐惧状态中，再引导他们改变对压力的反应，从而转变他们的心态，让他们从“恐惧面对”变成“敢于挑战”。

在这次“从恐惧变成挑战”的实验中，实验室发现，那些接受引导的参与者很快就从恐惧心态中走了出来。他们变得更加兴奋、自信和富有热情，同时也更主动和开放，随时准备与环境互动，利用所有资源追求目标、迎接挑战。

这项实验还表明：保持积极的挑战姿态，会让商业谈判中的人做出更英明的决定，让考生考试分数更高，让运动员的成绩更好，让医生更专注……

实际上，这个实验的方法很简单。当我们对某件事情产生恐惧、害怕面对的时候，心里往往都在想“希望这件事情不要发生，希望我不用做这个”。这时候，我们要转变心态，大胆地暗示自己，告诉自己：

"我能做！"

从"希望不用做这个"到"我能做"，看似只是一句话的变化，却能起到意想不到的效果。它可以帮助我们将内心感受到的压力转化为对我们有帮助的动力：更多的能量、更多的自信、更为强烈的行动意愿。

妮可·凯利长相惊艳，笑容甜美。可是，她天生就是一位左臂半残的残疾人。在大多数人眼中，这样的外形不太可能和选美沾上边，更不可能成为选美冠军。不过，2013年她却成为美国爱荷华州的选美冠军。

当别人问她，以她残疾的身体是如何坚持到今天时，妮可·凯利说："我的确是残疾人，我参加选美，就是要站出来告诉每个人，也许我们的外表相貌、说话方式、行为举止不尽相同，但我们都能做得很棒。"

"我试过棒球、跳舞和潜水。只要是我想做的事情，绝不会因为别人的一声'不行'就让我放弃。"对于残疾给她带来的各种压力，妮可·凯利从未逃避和抗拒过，她总在提醒自己："我能做到！"

我们常说"身残志坚"，妮可·凯利真的做到了这一点。她将"身残"的压力转变成"志坚"的动力，将"我做不来"的恐惧转换成"我能做"的自信，抱持这种信念去挑战命运，追寻生活的意义。她的美惊艳了全世界！

3. 如何变无助为希望

你感受过无助吗？

2019年5月的一个深夜，杭州交警在例行巡逻检查时发现一名骑车逆行的男子，于是上前阻拦。男子恭敬地下车，将自行车靠边，向交警承认错误，然后请求让他打一个电话。

电话是打给他女朋友的。男子在电话里说："我骑车逆行被警察抓了，现在要接受处理，暂时来不了，你在那里等我一会儿。"

结果，对方将电话突然挂断。男子彻底陷入绝望，将手里的手机狠狠摔在地上，随即号啕大哭。

当交警试图过去安慰他时，他索性跪下，向交警求情道："求求你们，让我做什么都可以，我接受罚款，我接受惩罚，放我过去好不好，我的女朋友还在那边等我。"话刚说完，男子就往桥边走去，一边走一边喊："我真的太累了。我每天都加班到深夜，今天是我第一次请假，第一次提前下班，就是为了给我女朋友送钥匙回家。她没带钥匙，在门外等了好久。我从小到大都很守规矩，从没违规，这是我第一次逆行。我真的知道错了，求求你们放我过去吧！"

交警生怕男子想不开，上前阻止，将男子拉回来，让男子在路边冷静一下。

经过10分钟歇斯底里的哭泣之后，男子终于冷静下来，擦干眼泪，向交警深深鞠了一躬，对交警说："真是对不起，耽误你们工作了。你们继续忙吧，我走了。"

可以想象，这名男子在工作和女友给予的压力下，已经承受了太多。在那一刻，他真的感受到什么叫无助。

当无人能够分担你的压力，一切都要自己默默承受时，我们的内心是最苦的。这种情况下，我们很容易陷入自怨自艾、怨天尤人的状态之中。这时候，不妨大胆一点，做一些"出格"的事情吧！当然，我说的"出格"不是为所欲为，而是我们平常不做或很少做的事情。

比如，当我们觉得自己在工作中状态不佳，在生活中逐渐迷失，寻找不到方向时，不妨跳出日常的工作和生活，任性一次，来一次说走就走的旅行。

即便有一个声音始终在你心里大喊："我没时间！我没精力！"请不要听从这个声音，按照你的想法来，去打破生活的桎梏和工作的枷锁。

主动改变现状的行为，能让我们的身体与头脑变得更加积极、更富有行动力，从而让我们体验到勇气、希望和联结。

我们还可以通过尝试新鲜事物或者做一些小事来转移我们的注意力，将我们从无助的感觉中"营救"出来，让我们重拾希望。

尝试一些未曾想过、未曾做过的事情，可以更加有效地刺激我们的大脑，让我们更加振奋。做一些不起眼的小事，比如赞美别人，对自己微笑，甚至是做一些平时看似无意义的行为或动作，往往都能有效舒缓压力，帮助我们走出"无助"的状态。

有一家公司的董事长由于工作压力，经常陷入焦虑和无助中，每周他都要去医院找心理医生疏导。后来，医生告诉他，每当他感到压力时，就找一块布，在上面钉上一些扣子。

这位董事长好奇地问："钉扣子有什么用？"医生说："过一段时间你就知道了。"

这位董事长不明就里，不过还是按照医生的嘱咐去做了。每当感觉压力在心头隐隐作祟的时候，他都会立刻放下手里的工作，拿出那块布，慢慢地将扣子钉上去。久而久之，他养成了一有压力就钉扣子的习惯。几个月过去，那块布上早已钉满了扣子。

有一天，看着密密麻麻的扣子，这位董事长终于领悟到医生的用意：当你把全部精力都集中在一点时，压力就会产生并变强。钉扣子这件看似很小的事情，却能有效地分散你的注意力，让你从局限的思维中跳出来，以第三者的心态审视自己的压力。而每当自己钉完扣子，再次回到工作中，压力往往就小了很多。

一年过后，这位董事长的精神状态彻底恢复。于是，他把医生教他的方法在全公司进行了普及。

压力并非我们想象的那么一无是处。在面对压力时，如果我们可以保持沉稳的心态，用积极的方式去解读，往往就能找到解决问题的答案，将压力转化成动力，将挫折变成"存折"，将困难变成宝藏！

第三章　如何消除日常生活中的压力

有些压力可以为我们提供动力，帮助我们做到更好，这些压力需要我们面对和管理；有些压力则是我们工作和生活的阻碍，长期积累会成为我们的负担，这些压力需要我们缓解和消除。

前几年，一则社会新闻报道，某年轻程序员因为长期加班，工作压力太大，经常跑到超市捏泡面解压，结果被超市保安抓了。

这样的事情并不稀奇，尤其是在这个快节奏的时代，压力大是常有的事儿。有的人压力大，喜欢捏泡面、捏橘子；有的人压力大，喜欢拿毛绒玩具撒气，或者摔陶瓷器皿；有的人压力大，喜欢外出旅游，对着高山、峡谷纵情大喊……

每个人消除压力的方式都不一样。不过有时候，一些解压方式如果运用不当，不仅起不到解压的效果，很可能还会增大我们的压力，让我们更加烦躁。

一、警惕 4 种无效的解压方式

1. 借酒消愁

现如今，去酒吧的人越来越多，且呈现年轻化趋势。大多数去酒吧的人，都有一个共同的原因，生活压力、工作压力太大了，想要放松放松。喝酒已经成为很多人缓解压力的主要方式。不过，这种方式并不可取。喝酒对人体的损害很大，酗酒的危害更大。以损害自己身体的方式来解压，在任何时候都是应该避免的。更何况酒后乱性、酒后发疯的事情屡见不鲜，往往会带来灾难性的后果。这不仅不能消除我们的压力，在我们酒醒之后可能还会遭遇更大的麻烦，承受更大的压力。

李白诗有云："抽刀断水水更流，举杯消愁愁更愁。"酒是麻醉剂，只会让我们在压力中麻醉，而不能消解压力。当我们习惯了用酒精麻醉自己，暂时地逃避压力，我们就会依赖酒精。长此以往，稍有压力，我们就会想到喝酒。这种方法，不仅不能消除压力，还会让我们的身体受损。同样，有些人在压力下喜欢用暴饮暴食、自虐、自残的方式缓解压力，这些也是损害身体的行为，是不可取的。

2. 倒苦水

"倒苦水"或许是我们生活中最常见的解压方式。向爸妈诉诉苦，和朋友聊聊天，找闺蜜"倒倒垃圾"，有些人在这样的交流过程中会感到压力逐渐被释放。不过，对于很多人来说，这种方式往往效果不佳。

这可能和我们的方法有关。是的，你没听错，“倒苦水”也要讲究方法和技巧。首先，我们需要注意“天时”。找人倾诉的最佳时机，一般是傍晚过后。白天人们忙于工作，神经高度紧绷，这个时候慢慢放松下来，最容易与人产生共情。但切记不要太晚，否则双方都很容易进入情绪敏感，或许聊着聊着你会发现对方反倒哭起来，需要你去安慰，你的压力反而更大了！

其次，还需要注意“地利”。在倾诉过程中，我们最好找一个安静轻松的环境。最后，是“人和”。要找对人，找一个关系好一点儿的人，比如比较要好的朋友、闺蜜、亲人、爱人等。当然，随着网络的日益发展，很多人也习惯在社交平台上和“志趣相投”的陌生人互诉衷肠、排解压力。不过，通过这种方式缓解压力，其效果往往不佳。

在倾诉的过程中，倾诉者与聆听者都要学会跳出自己的思维怪圈，跟对方互动，无论是话语还是肢体语言，产生共鸣的连接才能顺畅地释放出自己的压力，从而达到消除压力的目的。

需要注意的是，通过倾诉来解压也有一定的负面影响。一个人在语言不断重复的过程中，很容易固化大脑中的想法。当我们在倾诉压力时，就会对压力产生某些难以改变的刻板印象，比如：我一走进办公室就有压力，我一看到他就紧张，我在压力下办不好事情……这一类固化的想法，会在我们的大脑中持续发挥作用，影响我们的状态。另外，倾诉意味着你将问题抛给对方。那么，对方就有权对你的问题指手画脚。有时候，对方会引导你思考更多问题，或者把问题带偏，反而给你带来更多困扰。

3. 情绪宣泄

前些年，一些地方流行一种“解压房”，里面空间极小，漆黑一片，放有各种毛绒玩具。一些压力大的人进入房间，关上门，在里面尽情地宣泄情绪。等到情绪缓和了，再从房间里出来。这种“解压房”受到了年轻人的欢迎。

心理学研究表明，压力会导致攻击行为。特别是对男性来说，当压力过大时，他们会希望通过破坏和制造混乱来发泄内心的情绪。比如：有些人压力过大，就会有一种强烈的冲动，想要狠狠地捶击桌子、扔掉桌子上的书和茶杯，将一切可以碰到的东西全都毁掉……

大多数时候，这种情绪宣泄非但不能起到积极的效果，还会让情况恶化。比如，影响我们的人际关系，让身边的人心惊胆战、逐渐远离我们；将我们的快乐建立在他人的痛苦之上，伤害亲人、朋友的感情。

情绪宣泄的方式不只表现在“攻击和暴力”，疯狂购物也是其中之一，很多人喜欢通过消费来缓解压力。买一些自己喜欢的东西犒劳自己是无可厚非的，不过，想要通过购物的方式来抵抗压力，其效果未必很好。过度消费、疯狂“买买买”可能会给你带来经济方面的负担，导致新一轮的压力产生。

4. 嗜睡逃避

一遇到压力就蒙头大睡，这不是消除压力，而是逃避和拖延。有研究表明，睡觉的确能让人感到轻松和愉悦，有助于我们缓解紧张情绪、消除压力。不过，过度的睡眠却不在其中。依赖于睡眠，会让我们的身体在面对问题时获得错误的信息，以为逃避才是解决问题的办法。

如此一来，身体越来越嗜睡，而睡醒时身体的活动能力更低。嗜睡逃避和借酒解压一样，只是一种逃避问题的手段，是在抗拒压力，而不是消除压力。要知道，你越是抗拒，压力反弹给你的力量也就越大。

二、4 种最好的“治标式”解压法

1. 有氧运动

在健身房锻炼了30分钟，然后从跑步机上下来，你是不是有一种如释重负、轻松自在的感觉？

研究表明，与上面这些解压方法相比，运动的解压效果更为显著。

尤其是慢跑、健身操、打太极、跳舞这类有氧运动，对于压力有着更明显的减缓和消除效果。

远古时代，人类在面对野兽的威胁时，会分泌肾上腺素和皮质醇，促使身体做出战斗或者逃跑的反应。

现代社会，野兽的威胁消失，但是工作和生活的压力同样会导致我们分泌过量的肾上腺素和皮质醇。在运动过程中，我们可以迅速消耗这些能量，让我们的身体恢复到更好的状态。

更重要的是，在运动过程中我们体内的血液循环会加快，消耗体内储存能量的同时提高脑中前额叶的工作能力。而在大脑中，前额叶的主要功能是解决问题、规划未来方向。这方面能力的提升，会在无形之中让我们建立起面对问题、解决问题的信心，鼓励我们去迎接挑战。不过，运动解压是一个长期过程，需要持之以恒才能收获更好的效果。

2. 瑜伽、静坐

瑜伽和静坐，为什么能减轻我们的压力呢？

当我们感到压力时，生理系统会快速运转，导致我们呼吸急促、心跳加快、肌肉紧张。这种状态的持续，会让我们的身体分泌出更多的激素，影响血糖水平，导致血压升高。

瑜伽和静坐，可以调整呼吸、减缓心率、放松肌肉，对我们的身体系统产生积极的影响。通过瑜伽、静坐去解压，效果是显而易见的。随着练习的深入，你会明显感受到体内的能量在逐渐升腾，内心趋于平稳，情绪恢复冷静，更有自控力。

当我们静静地坐在瑜伽垫上，聆听优美绕梁的旋律，紧绷的神经会立刻舒缓下来。此时，再加上几个简单的瑜伽动作，自己的身体在一呼一吸之间变得轻盈，仿佛在翩翩起舞。这个时候，你会发现自己的身体变得格外轻松柔软，心境也随之变得澄净明亮，不含杂质，不带包袱。这就是瑜伽和静坐的魅力！

3. 唱歌解压

当我们酣畅淋漓地唱完一首歌，从KTV走出来时，你会感到格外轻松。这是因为唱歌也能起到消除压力的效果。

其实，唱歌和运动很像。当你完全投入到唱歌之中，你会调整气息、控制身体状态，这个过程会消耗体内大量的储备能量，增强大脑前额叶的工作能力。

同时，完全投入地唱歌，也是一种情绪宣泄的方式。而这种情绪的宣泄不会影响到别人，所以是无害的。当然，如果你唱歌“要命”，那就另当别论了。

在唱歌的时候，喝一两杯葡萄酒能强化这些效果，但要节制，一两杯就可以了。

4. 呼吸减压法

呼吸减压法，在缓解压力、消除疲劳、改善睡眠质量、自我治疗等方面都有特殊的功效。它可以利用我们的潜意识，帮助身体做得更好。

在日常繁忙的工作、生活中，如果我们感到精神疲倦，却又没有时间休息，用15~20分钟做一下练习，可以得到很好的效果。对长期失眠的人来说，每天睡眠时练习呼吸减压法，坚持5~10天就能让失眠的情况有所改善。

第一步：找一个不受外界干扰的地方，用舒服的姿势坐或躺下，闭上眼睛，做3~5次绵长、缓慢、均匀的深呼吸。如果你感到极为疲倦或者你是失眠患者，可增至8次或以上。

每次吸气时，可以想象自己把新鲜的氧气带入体内；每次呼气时，可以想象自己把身体内的杂质排出身体。

在呼气时，我们可以关注整个身体放松的过程：先是后脖颈和肩背处慢慢松弛，然后扩展到手臂、胸背和其他地方。慢慢地，这种放松的感觉会蔓延至全身，让我们的整个身体都放松下来。

当我们感觉身体彻底放松，就可以进入第二步了。

第二步：把我们的意识集中在某一种感觉上，这种感觉就是“内心”或“潜意识”。我们在第一次尝试时，如果感觉不到“潜意识”，可以把一只手按在胸前，感受那种按压感，并把它想象成潜意识。然后在心里全神贯注地对它说出这番话：

“感谢你为我辛苦工作了这么久，我们现在开始休息了（休息几分钟甚至几小时，视你的情况而定）。在这几分钟（或者几小时）里，身体的每一个细胞都会完全放松、休息、调整，重新充满力量。当几分钟（或者几小时）后睁开眼睛时，我会充满活力、智慧（加上你所想增加的某些能力，例如幽默感、沉稳、冷静、勇气、自信、冲劲，或者更集中注意力、学得更多更快，等等），展开一天的工作，继续我的学习，迎接新的欢乐和挑战。”（注意：这部分必须说清楚时间，例如20分钟，或者明天早上7点等。这种对自己的暗示很重要！）

第三步：按照以下步骤，在心中进行想象。

（1）想象3样物品或3幅景象。可以是闭眼前身边的物品，也可以是过去曾经见过的任何东西。利用我们的想象，把每一样物品看清楚，再想下一样物品。然后集中注意力，聆听身边的3种声音。如果没有明显的声音，或者数量不够3种，可以回忆过去曾经听过的任何声音，包括人声、音乐、自然之声或杂音。接着，让注意力回归我们的身体，感受身体此刻的3处感觉，比如疼痛、疲倦、兴奋、平和等。

（2）重复上面这种内视、内听、内感的过程，每种只做两次。

（3）重复上面内视、内听、内感的过程，每种只做一次。

到此为止，你已经进入到全面休息的状态。如果还没有进入状态，可重复第三步的过程，直到进入为止。

需要说明的是，我们在最初练习时，往往无法排除内心的杂念。不过，无须急躁，在哪个部分产生了杂念，我们就从那个部分重新开始。

第三步中“（2）”和“（3）”的内视、内听和内感的内容，可以与“（1）”的一样，也可以不同，不要刻意去追求相同而打乱了我们内心的平和，重要的是保持自然放松的状态。

只要投入地练习，不需要太久，你就会发觉用呼吸减压法休息后睁开眼时，恰好是设定的时间，比闹钟还准。

真相4　语言

你真的知道自己在说什么吗？

为什么你一开口，别人就跑掉？

如何让别人更好地聆听你？

语言模式决定人生模式。

语言是思想和心智的外壳，

过好一生最表层的真相就是语言表达，

当其他方面难以改变的时候，

我们可以从语言开始。

第一章　语言模式决定人生模式

心理学家、精神分析学派创始人弗洛伊德说过这样一段话：

语言与魔法起初是同一件事儿，直到今天，语言依然保持着许多神奇的力量——通过语言，我们可以给别人带来极度的喜悦或最深的绝望；通过语言，老师将知识传授给学生；通过语言，演说家影响着听众，甚至主宰听众的判断和决定；通过语言，我们可以带来成长、提升、改变和突破……语言常常是我们影响人的直接方式。

掌握了语言模式的人，也就是那些会说话的人，他们往往一两句话就能解决问题。而没有掌握语言模式的人，也就是那些不会说话的人，累死累活却仍然把事情搞得一团糟。因此，才有“一人之辩，重于九鼎之宝；三寸之舌，强于百万雄师”“良言一句三冬暖，恶语伤人六月寒”之说。生活中，如果细心观察，你会发现那些会说话的人，走到哪里都是聚光灯下的“宠儿”。他们简简单单的一句话，或能博人一笑，或能发人深思，或能化解矛盾并将问题摆平。

其实，会说话的好处远不止于此。研究发现，会说话的人，往往拥有更幸福的人生。这是因为一个人说的话是由他的语言模式决定的，而语言模式又受到人的身份、信念、价值观和规条的影响。也就是说，我们说话的背后，其实是我们的信念系统在发挥作用。而信念系统的导向，很大程度上会决定我们一生的发展。

一、语言是思想的外壳

男孩第一次带女朋友回家见父母，两人都十分紧张，生怕哪里做得不好，让父母不开心。结果刚见面，父亲就笑嘻嘻地夸道：“我儿子就是随我，眼光和我一样地好！”

简单的一句话，一下子把全家所有人都夸了。原本紧张的氛围一下子轻松下来，女孩也顿时没有了初次见面的紧张和焦虑，一家人脸上都洋溢着欢乐的笑容。

看似不经意的话，却发挥了神奇的魔力，让这场略显紧张的“父母见面会”，瞬间变成轻松愉悦的“家庭聚会”。简单的一句话，不仅向女孩传递了轻松、温暖、友善的态度和家庭氛围，同时也表明了自己的态度，体现了这位父亲的过人智慧。

其实，语言是思想的外壳，是我们传递信息、交流思想、表达感情的工具，透露的是一个人的思想、态度和情绪。不管是一个人的自言自语、口头的千言万语，还是写在纸上的书面用语，其本质都反映着一个人的思维、信念和价值观。

有这样一则寓言故事，一位老人坐在村口，一位年轻人路过，向老人询问道：“老人家，我想到前面的村庄生活，不知道那里的风土人情如何？”

老人反问道：“你来之前的村庄，那里的人情世故是如何的？”年轻人听后眉头紧皱，使劲摇头回答道：“别提了，糟糕透了，那个村子里的人，全都自私自利、尔虞我诈……”

老人听完后说道：“那么，你想去的这个村庄的人情世故比你以前的村庄还要糟糕。”

这时，又走来一个年轻人，同样问老人：“老人家，我想到前面的村庄生活，不知道那里的风土人情如何？”

老人同样反问道：“你来之前的村庄，那里的人情世故是什么样的？”这个年轻人回答说：“说实话，如果不是因为我们的村庄遭遇了洪水，我是不会走的。因为那里的人相处和睦，大家互相信任，互相帮助，过得很幸福。”

老人笑着回答道：“年轻人，放心吧，你想去的村庄会比你原来的村庄更好。”

这时，站在旁边的第一个年轻人禁不住问道：“不对啊，老人家，你刚才不是告诉我前面的村庄很糟糕吗？”老人却笑着摇了摇头，没有说话。

其实，养育这两个年轻人的村子，差距真的就像他们所说的那么大吗？第一个村子真的就是尔虞我诈、民风不正吗？第二个村子真就亲如一家、完美无缺吗？

或许并非如此。第一个村子或许远没有年轻人说的那么糟，而第二个村子也未必有年轻人认为的那么好。只是他们在主观认知里，形成了对原本村子的刻板印象，通过语言表现了出来。老人知道，问题不是出在村子，而是出在两个年轻人身上。

现实中，我们将前一个年轻人的语言模式称作“负面语言模式”，将后一个年轻人的语言模式称为“正面语言模式”。

生活中，我们不难发现那些坚持正面语言模式的人，往往能快速获得机会和成长；而坚持负面语言模式的人，总是会陷入失落、卑怯、消极的状态中难以自拔。

工作中，这两种类型的人也十分常见。某公司销售经理让小赵和小刘一起去拜访重要客户王总，向王总介绍一下公司的新型产品。

因为是第一次和王总接触，小赵心里有点胆怯。他对经理说：“我听说王总脾气不好，我担心自己处理不好……万一我把事情搞砸了，或者王总冲我发脾气，我该怎么办？”

小刘接到任务时的状态却大不相同，他对经理说：“上次听小李说，王总脾气大，不好接触，我想先打个电话给小李，打听一下王总的习惯，然后想一个沟通方案，等会儿向您汇报，请您给我把把关。”

两人拜访完客户，回到公司。小赵耷拉着脑袋，一脸无奈，在公司里嘀咕：“烦死了，早就知道会这样。我本来就不太愿意去，以后再也不去了……”

小刘却没有沮丧的样子，同事们问他为什么被拒绝了还这么高兴，小刘说：“虽然这次失败了，但我们了解清楚了，王总对产品的需求量很大。只要我们再对王总的需求做一些更深入的调研，调整一下方案，我们是有机会拿下这个客户的。”

试想一下，如果你作为领导，选择手下的员工，你会选小赵还是小刘？如果让你作为同事，选择一起共事的同仁，你又会选谁呢？

你的心里应该已经有答案了吧？仅仅通过观察一个人所说的话，我们就能轻易地判断这个人在遭遇问题时所呈现的心理状态。

持有负面语言模式的人，话语中总是不经意地流露出对麻烦、问题和困难的抱怨，表现出烦躁、消极的情绪。当他们面对问题时，首先考虑的不是如何解决，而是想办法退缩、逃避；不是避免失败，而是给失败找借口。

而持有正面语言模式的人，话语中有着很强的目标感，他们寻找解决问题的方法，对事物保持着积极、自信、乐观的态度，在他们的语言中，你能很明显地感受到他们的坚持与感恩。当他们遭遇问题时，第一反应不是逃避，而是寻找突破和改变的可能；不是为失败找借口，而是给成功找方法。

这就是一个人的语言模式，往浅了说，它代表一个人说话的方式；往深了说，它代表一个人的心智内核。

一个人在讲话的时候，其实也在构建自己的语言模式。而语言模式构建的过程，也是组建自我内心世界的过程。早在婴儿时期，人还只能通过图像、形状、颜色来认知世界，对世界缺乏系统性的认知；当我们掌握了语言，才慢慢将概念、符号、意义的价值输入自我的主观世界里，也才形成了我们现在所认知的世界。

所以，在任何状态下，任何一句话的背后，其实都是我们主观世界的一种反映。如果追本溯源的话，每个人都可以从语言的背后找到自我对待世界的方式。而这种方式，则会影响我们的人生走向。

虽说我们不必刻意追求口若悬河、舌灿莲花、妙语连珠、锦口秀心的说话境界，但是，对大多数人来说，如果可以更好地控制自己的语言模式，改变自己的交流方式，从而让我们内在的心理状态和外在的交际情况向着更积极的方向转变，让我们在日常生活中，既可以避免不必要的沟通误会，又可以对内心世界做出积极的响应，使我们的人生朝着更加理想的状态发展，我们又何乐而不为呢？

二、语言的真相：大脑输入信息的 3 种规律

从前有个财主过寿，请了很多乡邻好友办寿宴。寿宴开始不久，宾

客们就纷至沓来，为他祝寿。

不过，一位多年故交却始终没见身影，财主在门口等了很久，还是没看见好友的身影，于是焦急地自言自语道：“该来的人怎么还不来？”在座的宾客一听，心里凉了一大截，心想：“照他这么说，我们都是不该来的人咯？”不久，就有一大半的客人起身离开了。财主一见客人不辞而别，心里更加焦急，拍着大腿道：“哎哟，怎么不该走的人反倒走了？”

剩下的客人一听，心中更加生气，心想：“合着他们不该走，该走的是我们呗？”于是，又有一大波人站起来走了。

财主一看这阵势，急得直跳脚，着急地道：“我说的不是你们啊！”

最后剩下的客人，一听他的话，心中更不是滋味了，心想：“你说的不是他们，就是说我们几个人啊！”于是，余下的几个人也气呼呼地离开了。

瞧瞧，这位财主因为不会说话，结果把全村人都得罪了。生活中，不会说话的情况十分常见。有时候，我们不经意的一句话，往往就会给我们造成不小的困扰。

小王在公司里是出了名的“不会说话”。有一次，桶装水喝完了，需要换水。小王想找小李帮忙，于是说：“小李，来帮我个忙，我们一起换一下水。”

话说到这里，小李已经从座位上站起来，准备过去帮忙。结果，小王悻悻地加了一句：“我看整个公司就你最闲。”

此话一出，小李又坐回座位，对小王说：“我想起来了，我手里还有一大堆的工作，你爱找谁帮忙就找谁帮忙吧，我可忙不过来！”

在小王看来，他的话并没有什么恶意，也没有言外之意。不过，传到小李耳朵里，这句话就变味了，变得格外刺耳。在小李看来，这句话分明就是小王在暗讽自己“上班摸鱼”、无所事事嘛！

这样的事情，在生活中十分常见。俗话说，“听锣听音，听话听声”。同样一句话，在你听来是善意的提醒，在别人听来却可能是暗中嘲笑，甚至是恶意中伤。

之所以会出现这种对语言理解的分歧，是因为我们的大脑处在语言的输入模式时，往往会产生认知上的差别。大多数时候，大脑的输入模式和认知规律，决定了我们对语言的表达和理解。

我们不妨通过一个简单的案例，来了解一下大脑关于语言的输入模式和认知规律吧。阅读下面这个小故事，然后拿出一支笔回答下面的12道判断题，勾出括号里你认为对的答案。

某药店老板刚关上店里的灯，一名男子来到店里并索要钱款。生意人打开收银机，收银机内的东西被倒了出来。男子逃走了。警察很快接到报案。

问题如下：

（1）生意人将店内的灯关掉后，一名男子到达。（正确；错误；不确定）

（2）男子带着收银机内的东西逃走了。（正确；错误；不确定）

（3）抢劫者打开了收银机。（正确；错误；不确定）

（4）抢劫者向商人索要钱款。（正确；错误；不确定）

（5）抢劫者没有把钱随身带走。（正确；错误；不确定）

（6）警察接到报案后赶到药店。（正确；错误；不确定）

（7）故事涉及三个人物。（正确；错误；不确定）

（8）抢劫的是这名男子。（正确；错误；不确定）

（9）来的那名男子没有索要钱款。（正确；错误；不确定）

（10）打开收银机的那名男子是药店老板。（正确；错误；不确定）

（11）生意人倒出收银机的东西后报警。（正确；错误；不确定）

（12）索要钱款的男子倒出收银机的东西后，急忙离开。（正确；错误；不确定）

正确答案如下：

（1）不确定：这道题的先后顺序并没有错，但我们并不确定生意人就是药店老板。

（2）不确定：背景材料中告诉我们男子逃走了，至于他有没有带走收银机里的东西我们并不知道。

（3）不确定：材料中告诉我们是生意人打开了收银机，我们并不知道生意人是否是抢劫者。当然生意人也可能有抢劫者的身份。

（4）不确定：这里又多出一个“商人”，谁持有这个身份我们不知道。

（5）不确定：我们不知道他有没有把钱带走，材料中只告诉我们收银机内的东西被倒了出来。他带没带走是另一回事。

（6）不确定：警察很快接到报案，赶没赶到药店就不一定了。

（7）不确定：故事中涉及几个人物我们不确定，一个人可能拥有两个身份或多个身份。

（8）不确定：男子只是来索要钱款，可能这家店之前就欠他钱。就算态度差了点，也不能完全认定他就是抢劫者。

（9）错：来的那名男子就是来索要钱款的。

（10）不确定：生意人不一定是老板。

（11）不确定：这个题显然有两个问题：收银机的东西还有可能是男子倒出来的（注意“被”字后没有宾语）；报警的也有可能是药店老板，还有可能是路人。

（12）不确定：收银机里的东西不知道是谁倒出的。

核对一下正确答案，你回答对了几道题呢？或许正确率并不高，这并不是因为你看故事不够仔细，或者做题时不够认真专注，而是因为我们的大脑在阅读这个“过于简短”的故事时，进行了自我发挥，下意识地进行了扭曲、删减和归纳。事实上，我们在自己说话，或者听别人说话的过程中，大脑也会不自觉地对相关信息进行扭曲、删减和归纳，这才导致我们表达的和别人听到的话往往不是一个意思，交流的双方闹误会，产生一系列矛盾。

1. 大脑输入模式一：扭曲

我们的大脑就像一个存储器，需要存储太多的信息。为了让大量信息得以储存起来，我们的大脑往往会对很多信息进行一定的简化处理。而在这个过程中，很多信息会被一定程度地扭曲。

“一朝被蛇咬，十年怕井绳”“杯弓蛇影”“草木皆兵”，都是我们的大脑对信息进行扭曲的结果。

看看天空，我们会把一朵云幻想成奔驰的骏马、嘶吼的猛虎，或其他形象；看看湖面，我们会把倒映的树影想象成某个人物、某种物品。这一切，也是我们的大脑对信息进行扭曲的结果。

同样，大脑对信息的扭曲，也让我们得以从音乐、美术、小说、电影等艺术作品中产生丰富的联想和想象，从而受益。

不过，在进行语言交流时，这样的扭曲往往会带来一定的危害，它会让我们陷入盲目的猜测、忖度和假设之中，让我们恐慌和猜忌，给交流的双方带来不必要的心理负担和人际矛盾。

孙曼和老公结婚一年了。一年来，老公都是准时下班回家，从未晚回家一次。可是今天，老公却迟迟不回家。孙曼给老公打电话，刚接通电话，老公只说了一句："我待会儿就会回来了，你等会儿。"说完，就匆匆挂断了。

这可把孙曼气坏了，心想这么晚还不回家，还敢这么和自己说话，简直是要造反。随后，她突然想到最近几天，老公的公司来了一个刚刚大学毕业的小姑娘，听说很漂亮，还很会说话，该不会老公是和这个女孩吃饭去了，所以才不回家吧？

孙曼坐立不安，开始在脑海中脑补各种电影情节：自己的老公和小姑娘一起出入饭馆和酒店的情景，搂搂抱抱，卿卿我我，嬉笑怒骂，打情骂俏。

她越想越委屈，泪水不争气地流了下来。结果老公刚进门，她二话不说上去就是一巴掌。老公一愣，手里的鲜花和礼物"砰"的一声掉到地上。孙曼哭啼啼地说："好啊，你把送给小情人的礼物都带回家里来啦！"老公一脸蒙，解释道："什么小情人，这是我特意买来送你的礼物。你忘记啦，今天是我们结婚周年纪念日啊！"

从这个故事中，我们不难发现，我们大脑中扭曲的信息，不仅会阻碍我们看清事实的真相，还会影响我们的语言模式，是我们交流中的主要障碍之一，也是影响我们和他人交际的主要问题。

2. 大脑输入模式二：删减

脑科学研究发现，人脑每秒钟接收到的数据超过200万比特。但是，我们的大脑根本无法在这么短的时间内妥善处理这些信息。因此，大脑必须把绝大部分数据删减掉，只留下极少一部分有用的信息。

现在，不妨腾出1分钟的时间，留心观察你的周围，寻找一下黑色物体。仔细数一数，这些黑色的物体究竟有多少？5件？10件？还是20件？

如果不刻意留心观察的话，你平时会注意这些黑色的物体吗？我想，答案大多是否定的。你根本不会发现，自己的周围存在这么多黑色的东西。

造成这种情况的原因，就是我们的大脑为了节省能量，刻意地删减了一些客观存在的但对我们没有特殊影响的东西。换言之，我们的大脑认为这些东西的存在不会给我们带来什么大的影响，因此对它们的相关信息进行了删减。

同样，你再仔细听一下周围的声音，或许你会听到电脑的声音、汽车的声音、空调的声音、其他人说话的声音……诸如此类的声音有很多。但是，如果我们不是下意识地专注于抓取它们的信息的话，我们的大脑是不会将注意力集中于此的。这也是大脑在帮我们删减一些“不重要”的信息，以减轻大脑的运行负担。

实际上，人脑每时每刻都在进行删减工作。它会把大量信息悄无声息地删掉，而我们之所以毫无察觉，是因为这些删减工作是在潜意识层面完成的。

“删减”对我们有利有弊，好的地方是，这样做可以帮助我们集中精力，让我们专注于当下需要专注的事情；坏的地方是，它会导致我们在很多认知上存在盲区，做决定时难以全面考量各方面的因素。

并且，大脑“删减”工作对我们的语言模式也有着很明显的影响。完成“删减”工作后，大脑会自动对内部信息进行简化，尤其是对深层结构中的信息。由于信息过于简单，有时会导致我们在表达时“过于简洁”，没有充分的语言去表达，让我们产生一种“话到嘴边说不出”的感觉。

3. 大脑输入模式三：归纳

我养的猫喜欢吃鱼，邻居家的猫也喜欢吃鱼，路边的野猫也喜欢吃鱼……由此，我推断所有的猫都喜欢吃鱼。燕子会飞，丹顶鹤会飞，黄鹂也会飞……由此，我推断所有的鸟类都会飞。狼是食肉动物，有尖牙利爪；老虎是食肉动物，有尖牙利爪；狮子是食肉动物，有尖牙利爪……由此，我推断所有的食肉动物都有尖牙利爪。

像上面这种认知事物的方法，叫归纳。归纳，就是从许多个性化的数据或信息里推导出一般化、普遍性的数据或者结论的方法，这是人类十分重要的逻辑思维能力。可以说，没有归纳，人类文明就很难有发展。

目前已知的所有经验和知识，几乎全都与人类的归纳能力分不开。

牛顿在无数次试验后，归纳出“经典力学三大定律”；经济学家从复杂的交易现象里，归纳出“供需理论”；达尔文通过多年生物研究，归纳出“生物进化论”……诸如此类的例子不胜枚举。不可否认的是，“归纳”为人类的发展和进步提供了源源不断的动力。

不过，就个人而言，我们的大脑在进行数据的归纳时，却并非想象的那么完美。比如，在上面所归纳的例子里，你也许会质疑：所有的猫都喜欢吃鱼吗，不会有特例吗？所有的鸟都会飞吗，不会有特例吗？所有的食肉动物都有尖牙利爪吗，不会有特例吗？

或许，你已经发现了问题所在。我们归纳的结果，往往并非事情的真相，而是一种“臆测”，这种臆测很可能限制我们对新事物的认知，看不到独特个体的其他可能性。比如，世界上很可能存在不喜欢吃鱼的猫，也并非所有的鸟类都会飞，食肉动物也不全都有尖牙利爪。而我们的大脑在进行归纳时，很可能漏掉这些信息，致使我们忽略一些独特的存在。

我们的大脑喜欢归纳，喜欢用最省力的方式认知事物，喜欢用最小的功耗帮助我们处理最多的信息。于是，它总是热衷于将新接收到的信息与过往的数据进行比较，然后对它们进行普遍性的定义。而这种普遍性的认知，往往会给我们带来困扰。

比如，丈夫最近工作很忙，工作压力很大，晚上很晚才回家，一回家就累得爬不起来，脱掉袜子和衣服，草草地洗个澡，倒在沙发上就睡着了。结果妻子看见衣服扔了一地，浴室里浴巾掉在地上，客厅里沙发被搞得一团糟，于是气呼呼地说："你这人真是'成事不足败事有余'，自从我们结婚以来，你就没好好做过一件事情！"

显然，妻子在看到丈夫的一系列"糟糕行为"后，将这些事情与过往丈夫的某些"失败"经历归纳到一起，于是将这件事情也认定为丈夫"失败"的一种表现，然后说出了一番令丈夫心寒的话。

这样会导致什么结果呢？结果是，妻子没有意识到这件事情的独特性，没有发现丈夫这些"糟糕行为"背后的特有动机——工作压力大，太疲倦了。妻子只是将这件事情与以往的事情放在一起比较，她无法发现这件事的根本原因，自然也不会想到解决问题的方法，更不会想办法对丈夫进行安慰和鼓励，取而代之的只能是埋怨，只能是指责，只能是奚落。久而久之，夫妻之间的感情就会变味。

在说话时，如果我们总是离不开"一般情况""总之""所有""从来""我无法"这些字眼，那就说明我们太过于依赖大脑所归纳的信息来交流了。

这时候，我们就需要小心了，我们所归纳的信息是否真实准确，我们会不会错漏了某些信息，我们说的话会不会太片面、太主观了，会不会和真相有出入呢？

以上三种模式可以很好地帮助我们的大脑收集信息，处理数据，是我们与生俱来的优势。但同时，也是我们的弱点。

由大脑的扭曲、删减和归纳所形成的信息滤网，会导致我们对世界的认知变得残缺和片面，让我们在说话、表达和沟通时，出现某些片面的、主观的、含糊的看法，在交流中造成理解偏差，导致我们在交际中的误会。

比如，妈妈总是对孩子说："你不能这么做！"从妈妈的角度来看，这句话是提醒，是关怀，是母爱的表现；可在孩子眼里，这是束缚，是压抑，是来自大人的管制。

面对这类情况，我们要如何应对和解决呢？接下来，我们就试着从大脑的这些特点入手，澄清交流中的那些"片面语言"，化解说话带来的各种问题和误会。

第二章　改变语言模式，才能改变人生

一、5种扭曲类语言模式引导技巧

会形成“扭曲类语言模式”主要有两个原因：

第一是我们大脑接收信息时，会无意识地进行扭曲化输入和记忆——这是输入端的“倾听扭曲”；

第二是我们表达时，会故意忽视感知到的信息，将语言中的信息扭曲——这是输出端的“表达扭曲”。

比如，朋友过生日，你送给他一个iPod。对方看到礼物露出很高兴的表情，表达了感谢，然后随口说了一句：“这礼物我真的很喜欢，只可惜三天前我自己买了一个。这样一来就余出来一个，实在有些可惜。”其实，朋友这番话的意思，不过是在为自己多了一个iPod而表达“快乐的烦恼”。不过，这话传到你的耳朵里，或许就会变味：他是不是在抱怨我送的礼物不称心？他是不是在暗示我对他的了解不够？他是不是在向我显摆？

扭曲别人的意思，是我们在交流时最常遇到的问题，这是输入扭曲。除此之外，我们也会向外传达我们大脑“扭曲”过的意思，形成输出扭曲。

比如，你下班回家，一头栽到沙发上。妻子从厨房里走出来，对你说：“孩子有几道题不会，你快去辅导一下，他做完作业，我们就开饭！”

刚回家就听见妻子对你“吆五喝六”，你有些不耐烦，于是说：“我可是整个家里最辛苦的人！我整天在外面跑，刚一回家你就让我干这干那，就不能让我休息一会儿吗？”

妻子也气呼呼地说：“哼，你累！我就不累吗？我整天忙里忙外，接孩子放学、辅导作业，还要做饭、打扫卫生……我就不累，我就不辛苦吗？你考虑过我的感受吗？”

显然，在和妻子交流时，丈夫用了“扭曲”的信息，将自己定义为全家最辛苦的人，只看到自己的付出，却忽视了妻子的付出。在这种状态下，丈夫并没有客观地认识到妻子为家庭的付出是巨大的。站在“我最辛苦，我付出最多”这一“扭曲”的观点上，夫妻两人无法相互体谅，更无法站在彼此的角度为对方着想，家庭矛盾自然会被放大和激化。

“扭曲类”的语言在生活中十分常见，尤其是在感情问题上，男女双方会对彼此的话浮想联翩，设想各种情况和可能，产生各种猜测。这种情况下，他们更有可能“扭曲”彼此的本意，造成交流障碍或者产生各种误会。**常见的“扭曲类”语言模式有5种，分别是：猜臆式、因果式、相等式、假设式、虚泛词式。**

在面对这些“扭曲类”语言模式时，我们需要在心中询问自己：我的真实意图和想法是什么？我的表达是否到位？

当我们发现自己存在“扭曲类”语言模式时，就需要进行引导，打开彼此的思路，化解对方在理解上的分歧和误会。

1. 猜臆式语言及其引导技巧

猜臆式语言往往源自表达者的“自作聪明”，即认为自己窥探到对方的内心，了解了对方的想法，于是产生了主观臆测。所以，它最明显的特点就是，表达者无依据地臆想和猜测别人的想法。

简单来说，**就是表达者主观地帮助对方表达感受和看法**。比如，男子陪女友逛街，女友走进一家服装店，试穿了一件衣服，男子一看，很不屑地来了一句：“买这件衣服，你一定会后悔死的！”女友听完很不高兴，回了一句：“那你说，我买什么衣服不后悔？”显然，男子这句话就是一种猜臆式语言，是用自己的眼光和判断去猜测女友的喜好，并迫切地替女友表达。

这时候，如果是女子，我们可以尝试着询问男友：“你为什么觉得我会后悔？”男子很可能顺着你的问题，说出他猜测的原因，比如“衣服太丑了”“款式不适合你”“颜色和你不搭”。这样一来，就可以避免你们之间的误会了。

当然，如果是男子，我们在说出“买这件衣服，你一定会后悔死的”这句话之后，需要及早意识到这句话只是我们的猜臆，需要做进一步的解释，比如“这件衣服款式太老土，配不上你”，从而避免和女友发生误会。总之，在遭遇猜臆式语言时，我们有责任找到问题的根源，并努力引导双方打开思路、讲明问题，将猜臆的话语表达清楚。

关于猜臆式语言的例子，生活中比比皆是，比如下面这些话：“你根本不喜欢我送的礼物！”“你不关心我！”“你就是想追求我！”……面对这类话语，我们需要进行相应的引导，比如：“你是怎么知道我不喜欢你送的礼物呢？”“我为什么会觉得他不关心我呢？”“什么事情让我有‘他想追我’的感觉呢？……猜臆式语言很容易辨认。在猜臆式语言中，表达者往往会通过自己臆想出来的结果进行主观判断，并做出表达。

他们会声称自己了解对方的思维和内在感受，知道对方是怎么想的。这时候，我们需要引导他（她）说出猜臆的依据。

但很多时候，猜测就像无源之水、无本之木，根本找不到可靠的客观依据，完全凭借表达者的猜臆。这种情况下，我们需要让双方都冷静下来，思考表达者的主观判断是否基于事实真相，了解其表达的真实动机。这样更有助于我们避免臆想、猜测带来的负面影响。

2. 因果式语言及其引导技巧

有时候，我们会把一件事情错误的原因归结到另一件事情上。但很多情况下，这样的归结并不准确，经常让人摸不着头脑。尤其是在说话时，这种情况尤为明显。

比如，女孩和男友分手了。朋友问她分手的原因，女孩气呼呼地对朋友说：“天底下的男人都是渣男。”

显然，女孩因分手而得出“天底下的男人都是渣男”这个观点。这种“扭曲类”的语言，就是典型的因果式语言。

因果式语言，是指表达者认为一件事情的发生都是因为另外一件事情，即使二者之间可能根本毫无关系。

因果式语言并非都是不好的，正确的因果关系有助于梳理我们的语言逻辑，有助于我们交流和沟通。问题出现在那些扭曲的因果式语言上，它们经常将我们带入错误的理解中，给表达的双方带来苦恼。

造成这种因果式语言的原因，主要有两个：一是我们找错了问题的根源，二是我们试图推卸责任。

比如，有人遇到问题，经常会说："你说话的方式真叫人来气！"这句话显然是把问题归结到对方说话的方式上，认为自己的愤怒完全是由对方不当的说法、态度引起的。

但其实，这只是表象。大多数说这话的人，其愤怒的根源都不在对方的说话态度上，往往是自己积怒已久，或者是遭遇了让自己气愤不已的事情抑或某些无力解决的问题。"对方的态度"只不过是我们为自己的愤怒找的借口而已。

面对这种情况，我们也要学会引导，让说话者勇敢地面对问题，不要推卸责任，同时找到问题的真正根源。比如，在上面的例子中，我们可以引导自己、询问自己："怒不可遏"的真正根源何在？真的是因为对方的说话态度吗？

因果式语言，往往可以通过以下这些字眼识别，比如：因为、所以、故此、于是、使、令，等等。

当然，有时候无须这些连接词，仅凭句子本身的意思，我们就能察觉，比如下面这些例子：

"我迟到都是因为你！""这该死的天气真叫我无心工作。""我没有迁就她，导致她不快乐。""你本来是能够成功的，可是你太不听话了。"……面对这类话语，我们需要进行相应的自我引导，比如："到底是我的什么问题令你迟到呢？""天气和工作之间，怎么会有关系呢？""我是如何不迁就她，才叫她这么不快乐的呢？""为什么我不听话，就不能成功呢？"

…………

因果式语言，是最常见的"扭曲类"语言。在这种语言模式中，表达者会将某些不相干的原因和结果联系在一起，自我发挥，创造出一个因果关系，来满足自己的表达需求，但大多数时候，这类因果关系其实并不成立，或并非关键。

因此，我们在面对扭曲的因果式语言时，需要找出连接假设，以及导致问题发生的真实原因，让表达者或自己意识到表达逻辑上的不合理。

3. 相等式语言及其引导技巧

“沉默就是纵容”“爱哭就是软弱”“爱情就是毒药”，这样的话相信你一定听过不少。这类话语，总是把两种事物等同起来，放在一起讨论，这就是相等式语言。

相等式语言也是生活中非常常见的类型。当说话者想要发泄情绪，或绑架他人想法时，就很有可能造成扭曲的相等式语言模式。

比如，妻子认为孩子玩手机耽误学习，于是和丈夫讨论要不要没收孩子的手机。丈夫陷入思考，一时间沉默不语。妻子看到他犹豫不定，于是断然道：“你不反对，那就是同意咯？”

显然，妻子在没有得到丈夫的看法之前，就断然做出了判断，“绑架”了丈夫的想法。其实，丈夫此时正在思考孩子玩手机的利弊，一方面玩手机确实影响学习，但另一方面丈夫也在担心，没收孩子的手机可能会让孩子与外界脱节，不了解外面的世界。

面对相等式语言，我们需要认识到，被我们等同看待的事物双方是否具有真正的相似性，我们的判断是否具备充分的根据？

比如上面的例子，妻子可以询问丈夫沉默的原因：“你是不是在顾虑什么？”“你是不是有其他想法？”

在相等式语言中，往往会伴随这些字眼：**就是、等于、即是、是……就……，或者干脆不用连接词**。比如：

“沉默就是纵容。”“爱哭就是软弱。”“我倒的酒你不喝，就是不给我面子。”“今天没有给我打电话，你一定是不再爱我了！”

…………

面对这类话语，我们需要进行相应的自我引导，比如：

“除了纵容，他的沉默就没有别的意思吗？”或者“为何‘沉默’与‘纵容’一样呢？”

“经常哭，会不会也有生理上的原因呢？”或者“爱哭为什么一定等于软弱呢？”

“‘不喝酒’和‘不给面子’，为什么是等同的呢？”或者“他不喝我倒的酒，也许存在别的原因。”

“为什么只有打电话，才能证明他爱我？”或者“他没给我打电话，会不会是因为工作太忙？其实，他心里始终想着我！”

…………

这些句子都包含两个意思，说话者认为它们是相等的。通常来说，这两个意思中，一个是可见的行为，另一个则是不可见的感觉或意义。

在相等式语言中，说话者试图将这两种不同的经历、意义和感觉看成等同的东西。而事实上，二者之间或许并非等同关系，中间还会有细微的差别。所以，我们需要做的，就是通过提问的方式，让我们松动这样不合理的执念。

4. 假设式语言及其引导技巧

生活中，我们一定听过类似的话：父母对孩子说："现在不好好学习，以后就只能去工地搬砖！"女生对男友说："我和她，你只能选一个！"妻子问丈夫："我和你妈掉进河里，你会先救谁？"

诸如此类的问题，**都有一个很明显的特点，那就是它们都基于一个没有完全表达清楚的假设基础**。这类问题往往有很强的迷惑性，在交流时也会给彼此带来巨大的障碍。

比如，女生对男生说："你要是爱我，就不会这么对我！"这句话的背后，是女生希望男生提供充足的证据来表明对她的爱意。然而，这个问题本身会使男生掉进"不断找寻爱的证明，以表明自己真心"的误区。但其实，我们需要觉察到，这句话存在一个明显的假设条件：如果你爱我的话。这就意味着，女生打心底里可能已经对男生的爱意感到怀疑。作为男生，我们需要思考的是：我到底做了什么，让她认为我不爱她？我要如何补救？而作为女生，我们也需要明白：他到底是怎么对我的？这种态度是否真的意味着不爱我？

在把"有效的沟通和交流"作为前提条件的情况下，化解这种假设式语言的正确方法，就是找到假设的基础，从话语中发掘说话人潜在的信念，然后引导双方走出误解的执念。

当然，就像我们开头举的例子一样，生活中很多假设式语言往往都很隐蔽，不易察觉。比如，"啤酒和可乐，你要哪一瓶？"这句话潜在的假设是：如果你需要买一瓶饮料的话，请在啤酒和可乐中二选一。

除此之外，很多假设式语言还喜欢用“为什么……”的句式开始，这是典型的埋怨型说法。比如：“你为什么不搞卫生？”“你为什么还不去上班？”

面对这种问题，我们首先需要把对话者语气中的埋怨、责问，转化成态度亲和的对话，即把“为什么”变成“是什么”。比如：“是什么情况让你现在还没有搞卫生？”“是什么事情，让你到现在还没有去上班？”类似的例子还有很多，比如下面这几个：

“为什么你不吃这盘烧鸡？”“为什么你不好好照顾我？”“你不会又在骗我吧？”

…………

面对这类话语，我们需要进行相应的引导，比如：

“是什么理由，让你认为我不吃它？”

“是什么理由，让你认为我非照顾你不可？”或者“是什么理由，让你认为我没有照顾好你呢？”

“是什么让你觉得我过去骗过你？”或者“是什么让你觉得我这次在骗你？”

…………

其实，隐蔽的假设式语言还经常出现在商业性话术里，尤其是商业广告。

“请挑选你最喜欢的款式。”它的前提假设是：“里面有你喜欢的款式。”

“为你带来全网最低价，请尽快下单。”它的前提假设是：“最低价是你所追求的。”

“没有杂费，你大可安心享用。”它的前提假设是：“你只担心杂费这一项。”

当我们掉进假设式语言中时，会在不知不觉中被对方的语言所迷惑，很容易被说服。

比如：为了扬长避短，很多商品的广告经常会使用假设式语言，让消费者注意到商品的优点，忽略不足。

例如一些手机广告，会打出“最强相机，拍出最美的你”这一类口号，其实就是假设消费者在选择手机时，将相机拍摄效果作为唯一标准或核心标准。在此基础上，这些手机品牌再对消费者展开话术进攻。

其实，影响手机体验的因素有很多，拍摄效果只是其中之一。但在这类广告的影响下，部分消费者会在潜意识中只关注手机的拍摄能力，而忽略其他方面的功能。

面对这种语言，我们可以用这种引导句式来提醒自己，或者化解对方的误解："是什么让人觉得……"，"是什么让人认为……"或者"我如何知道……"

5. 虚泛词式语言及其引导技巧

生活中，我们经常遇到这种情况：你费尽口舌，吧啦吧啦讲了半天，可到头来，对方一脸问号，根本不知道你想表达什么。

出现这种情况，很可能是我们说的话"太虚了"。这里说的"虚"，不是指虚情假意，而是指用了太多的虚泛词。

所谓虚泛词，就是指没有实质意义，或者实质意义不够明确的词。例如：尊重、成功、善良、自由、沟通、联系、智慧、突破、友谊等，这一类词语，跟树木花草、鸟兽虫鱼相比，是一类更难被感知的名词，无法在我们大脑中产生具体形象，它们就是典型的虚泛词。

比如，你对朋友说："我想要自由！"朋友多半会反问你："什么自由？"然后，你还需要对"自由"进行解释，说："就是那种不被老婆管的感觉啊！"朋友这时候才恍然，你说的自由其实就是"不想被管着，不想被约束"。

虚泛的词，总是令对方摸不着头脑，所以往往需要我们进行具体的解释、描述和说明。否则的话，这些词只会成为理解彼此的障碍，阻碍交流的流畅性，起不到实质性作用。

通常来说，**虚泛词代表一些"人生必须面对但往往难以定义"的抽象事物**，背后是说话者的某些局限性的信念、价值观和规条，没有经过深入和清晰的思考，但又被自己认为理所当然会得到别人支持的词语。

比如，两个朋友坐在酒桌上，讨论"成功"的重要性。第一个人说："成功对一个男人来说太重要了，不成功的男人，在家里都抬不起头来。”第二个男人听了，连连点头，说：“兄弟，你说得太对了。如果男人不成功，就没有和谐的家庭。”

结果，两人越说越投机，叽叽喳喳讲了半天。到最后，第二个男人问：“兄弟，你觉得什么是成功？”

第一个男人说：“成功当然是赚很多很多的钱，在外面风光无限，让所有人都看得起我啊！你以为呢？”

第二个男人说：“我还以为你说的成功是让妻子幸福，让孩子开心，拥有一个和谐美满的家庭呢！”

你瞧，两个人对“成功”的理解都不在一个层面上，讲了半天全都是“酒后废话”，并没有什么实质性的交流。这就是虚泛词带来的问题，很容易让我们掉进“自说自话”里，让说话者进入“自嗨”模式，根本不考虑对方是否真正明白我们的表达意图。

在面对这种“虚泛式语言”时，我们所要做的是想办法让虚泛的词、句子和话语变得清晰明确，让我们获得准确的信息。比如下面这几个例子：

“夫妻的沟通很重要，我们缺乏沟通。”“我得了胃溃疡。”“自由最宝贵。”“做人一定要善良。”……

面对这类话语，我们需要进行相应的引导，比如：“我希望夫妻之间可以进行怎么样的沟通？”“哦，真是不幸！你是怎样患上胃溃疡的？是不注意饮食吗？”“你想要怎样的自由？有了自由后要做什么？”“当然，那你是如何定义善良的呢？”……

作为回应，我们可以这样回答：“我希望我们俩每天都有时间坐下来谈谈心。”“我每天工作14小时，没有按时吃饭，才患上了胃溃疡。”“我想选自己喜欢做的工作，可以不为钱而烦恼。”“善良的人，最起码应该做到‘己所不欲，勿施于人’。”……

还有一类虚泛词，善于用“华丽的外衣”来隐藏自己，说服那些不谙世事、不善于思考的人，例如：“科学认为，……”“专家说，……”

面对这类话语，我们需要明确地知道所谓的“科学”和“专家”到底是什么，毕竟在现代社会，有太多欺世盗名的噱头了。我们不能迷信权威，而应该了解背后的真相到底如何。

引导的方式是提醒自己：“这个‘科学’，是根据什么标准和理论制定出来的？”或者“这里说的‘科学’到底是什么科学？”“所谓‘专家’，指的到底是什么人？他们在这方面真的是权威吗？”

同时，由于其虚泛的概念，虚泛词往往能融合众人对同一件事情的不同看法和期望。因此，算命先生和政客们也特别喜欢使用。喜欢说教和讲大道理的人，也热衷使用虚泛词。这都是利用了虚泛词宽广的内涵与外延。判断一个词是不是虚泛词，除了可以根据“是否能被把握和感知”，还可以尝试在该名词前面加上“绝无”或“无比”这两个词。如果某个词前面可以加上这两个词，就说明这个名词是虚泛词，比如绝无自由、绝无智慧、无比成功、无比善良等。

二、4 种删减类语言模式引导技巧

我们的大脑，总是希望用最简单的方式来解决问题。即便在说话的时候，大脑也倾向于用较为简洁明了的语言去表达它所掌握的信息。

为此，大脑会故意删减某些“它认为不重要的信息”。这样做，当然是为了尽可能节省能量。但是，用这种“被大脑删减过后”的话语来交流，往往会让我们遭遇沟通障碍，陷入交流困境。

比如，在向朋友或家人倾诉时，我们常常会说：“唉，我真的后悔死了！”

这是一句非常情绪化的表达，说话者为了传递当时的情绪，让自己的表达更有冲击力，删减了大量的信息，比如这句话所对应的事件、对象、背景、经历等。这些信息的缺失，往往导致聆听者不知所云，只能在说话者悲愤、悔恨、懊恼的情绪中“煎熬”，不知所措。

面对类似的情况，我们所要做的就是尽可能多地搜集信息，补充对方语言描述的完整性，构建起“被删减掉”的关键信息，让我们重新掌握话语主动权，化解沟通障碍，走出交流困境。

通常来说，删减类语言模式主要有4类：名词不明确、动词不明确、简单式删减和比较式删减。

1. 名词不明确式语言及其引导技巧

有时候，我们会听到如下的话："他们都巴不得我倒霉！""我真希望他们能顺利完成任务！""他可是这个时代最成功的人啊！""你是个好男人。"

这一类话语也时常令聆听者搞不清状况：谁巴不得你倒霉？你希望谁完成任务？他到底干了什么，可以被称为"这个时代最成功的人"？他为什么是好男人，好男人的定义是什么？

类似这些令人迷糊的表达，被称作"名词不明确式语言"。名词不明确式语言，往往是由表达者删减了话语中一些重要的名词造成的。一般来说，这种语言模式主要分为3种：**主语不明确、宾语不明确、名词定义不明确。**

（1）主语不明确

简单来说，主语不明确，就是表达者没有说清事件的主角是谁，导致聆听者陷入迷糊不清的状态。

比如，小李向老师举报："他们在考试时作弊。"这句话中出现了主语"他们"，可"他们"的指代过于模糊，会让老师摸不着头脑，迷惑地揣测：他们到底是谁？

这时候，小李就需要对"他们"稍加说明：他们是班上的哪些同学。这样，老师才能真正理解小李说的话，也才能知道谁是作弊者。

面对类似这样的话语，为了避免认知的模糊，我们需要引导表达者说明那个被忽视的主体到底是谁。比如下面的例子：

"谁都会这样想啦！""这生意有的做！""某些人会说好！"

面对这类话语，我们需要引导表达者说清主语是谁，比如：

"你说的'谁'是指什么人？""你指的是什么生意？""'某些人'是指谁？"

（2）宾语不明确

"你不应该有这种想法""你不能用这种态度工作""错过了她，是我一辈子的痛！"类似这样的话，我们会发现，它们的宾语"这种想法""这种态度""她"，都是一些指代不明确的词。它们所指的对象是模糊的，很容易让读者产生疑惑。

面对这类表达，我们需要引导对方指明宾语的具体内涵。比如下面的例子："不要吃太多水果。""快点找个人来！""这是一个不太方便的时候！""找份工作吧！"

面对这类表达，我们可以引导对方说清宾语的具体内涵，比如："你指的是哪些水果？""快点找什么人来？""对谁不太方便？""找份怎样的工作？"

（3）名词定义不明确

一位妈妈对女儿说："将来结婚，你一定要找一个好老公。"女儿问妈妈："什么样的人才是好老公？到底是顾家爱家的算好老公呢，还是事业成功的算好老公，抑或是充满爱心和正义感的人才算好老公呢？"

妈妈一时也拿不准，陷入了沉默。

显然，关于"好老公"这个词，这位妈妈并没有明确的定义。在她心里，"好老公"可能只是一个抽象的概念，一个道听途说的大概轮廓，或者自己感受到的模糊形象。

类似这种由名词定义不明确而造成的困惑，也会给我们的日常交流带来困扰。在这个时候，我们就需要像这位女儿一样，引导表达者讲清词语的明确意思，避免我们在理解上产生分歧。比如：

"你不能做和事佬！""他是一个庸人！""我是和平使者！""他是一个胜利者！""这会吸引一些聪明人来！"……

面对这类表达，我们需要引导表达者说清楚词语的明确内涵，比如："'和事佬'指的具体是什么呢？""你说的'庸人'是什么意思？""你做了什么能表现出'和平使者'的身份？""他的什么成就，使他成为一个'胜利者'呢？""你所说的'聪明人'，是指拥有哪些特质的人呢？"……

不管是针对主语、宾语不明确的引导，还是针对名词定义模糊的提问，我们都需要抓住核心问题，尽可能地搜集信息，以弥补"删减类"语言在交流过程中的信息缺失，避免重要信息遗漏带来的交流双方的误解、分歧，甚至矛盾。

2. 动词不明确式语言及其引导技巧

在生活或工作中，我们总是发现，自己想要表达的意思到了嘴边却怎么也说不清楚，自己明明想表达这个，可说出来却成了那个。尤其是在向领导汇报工作，向客户介绍情况，或者隔着电话向别人解释的时候，表达不清的感觉真叫人痛苦。

表达不清、词不达意，多半是因为我们在说话时，大脑中捕捉不到我们迫切需要使用的词语，尤其是精确的动词、形容词和副词，这是我们精确表达的关键。它们的缺失或者不到位，不仅会让我们的表达变得干瘪、无力，还会影响我们说话的准确性。

或许你还记得2001年春晚，赵本山、范伟和高秀敏表演的小品《卖拐》。小品刚开始，高秀敏高喊着："拐啦，拐啦！"骑车路过的范伟听岔了，误以为喊他拐弯，于是脚下的车子跟着高秀敏的话就拐弯了。

这个画面引人发笑，成为许多人记忆里的经典。其实，小品在这里就巧妙地借助了动词不明确式语言，用来给艺术作品制造矛盾和笑点。

生活中，我们可不想因为说不清话而导致彼此发生矛盾，或者变成笑柄。所以，我们在表达时需要格外注意准确地表达语句中的动词部分，尤其是一些概念较为虚泛、理解起来存在偏差的动词。

需要注意的是，这里的"动词"，不是仅仅指表示动作的词，而是指在话语中充当动词部分的词，这就包括我们常见的动词、形容词两个部分，比如：伤害、处理、关心、照顾、自私、舒服……对于这类情况，我们需要引导自己尽可能清晰地描述这些词的明确含义。

（1）动词不明确

无论日常的说话、工作中的谈话还是书面文字，"动词"都扮演着一个极为重要的角色。动词的背后，往往隐藏着某个行为、动作，或者一些场景、画面，甚至整个事件的来龙去脉。所以，想要清楚地了解说话者真正的表达目的，理解他所说的动词就成了关键。

还记得朱自清《背影》里的一段描述吗？朱自清看到父亲穿过月台去买橘子时，这样写道："蹒跚地走到铁道边，慢慢探下身子……他用两手攀着上面，两脚再向上缩，他肥胖的身子向左微倾，显出努力的样子……这时，我看见他的背影，我的眼泪流了下来。"

简简单单几个动词，就让父亲的形象跃然纸上，让我们一下子联想到父亲的样子，以及父子之间离别时的场景。

生活中，我们也希望自己的表达能充分被人理解，希望我们讲的故事足够吸引人，也希望我们在讲话时能有更多人驻足聆听。

可往往事与愿违，大多数时候，我们自己吧啦吧啦讲了很多，别人却毫无感觉，大多数人听你说上几句话就失去了耐性，急着找各种借口逃避，说话者和聆听者很难产生共鸣，这一切都是因为我们使用的动词出了问题。

当你在讲话时大量使用模糊的、抽象的、不容易让人产生画面感的动词时，事情往往就会变得糟糕。试想一下，当有人给你提建议时说“你要先这样这样，再那样那样，最后这样这样”的时候，你的心里是否早已不胜其烦呢？

因为你根本不知道他在说什么，也很难想象他描述的画面是什么。失去了画面，你的大脑接收不到有效的信息，就会陷入停滞。结果，他滔滔不绝，口若悬河，你却傻傻愣在那里，不知该如何是好。

所以，模糊的动词是我们交流和理解的“头号杀手”，我们需要尽可能地规避它们，或者将它们尽可能清晰地展示出来，寻找它们背后的“真相”，了解事情的真实情况。生活中，我们经常用到大量不清晰的动词，比如摆平、调动抹黑、强出头。我们不妨看一看下面这几个例子：

“他伤害了我的自尊心！”“这件事很难处理！”“他们应该交代一下！”

面对这类话语，我们需要提醒自己说清动词背后的具体情况，比如：“他怎样伤害了我的自尊心？”“这件事怎样难处理？”“他们应该怎样交代呢？”

（2）形容词不明确

形容词几乎是我们生活中最常使用到的词语类型，比如我们常说：“干得漂亮！”“这首歌真好听！”“这电影真刺激！”“这人废话真多！”“这事儿真够烦人的！”

诸如此类的话经常出现在我们对人或事物的评价中，或者和好友的聊天八卦、暇谈闲叙中。但有时候，形容词由于经过引用、延伸和变化，在说话时往往会变得空洞和虚泛，很难让聆听者确切地理解和领悟，给交流带来障碍。

比如网络热词“yyds（永远的神）”就是一个典型的虚泛形容词。妈妈做饭好吃，孩子会说“妈妈的饭yyds”；爸爸开车技术好，孩子会说“爸爸车技yyds”；爷爷当过兵，保家卫国，为国家做出过贡献，孩子会说“爷爷yyds”。

显然，在不同的情况下，“yyds”这个词的内涵是在变化的，如果我们把握不到它背后的含义，就根本无法理解说话者的具体意思。比如，孩子一回家，高兴地喊：“我今天yyds。”

妈妈一脸茫然，问：“到底怎么了？”

孩子从书包里拿出考试卷子，上面写着100分。这时候，妈妈才清楚，儿子这么说是因为考了100分。

所以，面对这类含有模糊含义的形容词的话语，我们需要引导说话者将形容词的含义表述清楚，或者搞清楚说话者使用这个形容词背后的根由是什么，也就是说，是什么让说话者发出这样的感叹。比如下面的例子，我们就可以对其“寻根问底”：

“他很自私！”“他不够积极！”“这件衣服难看死了！”

面对这类话语，我们需要引导说话者说明形容词背后的“隐藏剧情”，比如：“他的什么行为，让你觉得他很自私？”“他有怎样的表现，让你认为他不够积极呢？”“这件衣服什么地方难看死了？”

3. 简单删减式语言及其引导技巧

很多时候，我们的语言都是精简的，精简到什么程度呢？比如：一对年轻男女去相亲。相亲结束后，女孩回到家，母亲问男方怎么样。女孩瘪了瘪嘴巴，说了一句：“反正不太好就是了！”

瞧瞧，简简单单几个字就算回答。可是母亲不甘心啊，于是接着问：“你觉得他哪里不好？”

女儿又说：“单独来看，哪里都还行，但总体上就是不行，感觉不行！”

母亲叹了口气，一时说不出话来。

显然，这个女孩在回答母亲的问题时，语言过于简单了，无意之间将话语进行了大量的删减，导致母亲一时不能理解她具体的意思，造成了母女两人交流的障碍。

面对这类信息被大量删减、语言过于简单的情况，我们需要循循善诱，引导说话者吐露问题的核心。在上面这个例子里，母亲可以把问题细化，问一下女儿对男方的具体感受，比如：对男方的长相是什么感觉，对男方的工作了解了多少，对男方的性格、品行、举止和态度有什么感受，等等。

细化问题，是为了让我们掌握足够的信息，补充“被删减”部分的内容。不过，有时候说话者之所以删减信息，或故意长话短说，可能是想尽快结束聊天。这时候也不可以强求，不能没完没了地细化问题，问个没完！我们可以通过下面几个例子来尝试着进行练习，比如：“我不明白！”“我很不甘心！”“我害怕！”

面对这类话语，我们需要引导对方，将删掉的内容补充完整，比如：“你不明白什么？”“你不甘心什么？”“你在害怕什么？”

4. 比较删减式语言及其引导技巧

生活中，我们常听见这类话：“他的身体更差了。”“我考得最差。”“他还稍微强点儿。”“这段时间还可以。”

这些话都有一个共同点，那就是每句话里都暗含着一个比较和衡量的标准。比如：“他的身体更差了”，这句话暗含的比较标准很可能是与“过去一段时间”对比；“我考得最差”，这句话暗含的比较标准很可能是与“全班同学”对比；“他还稍微强点儿”，这句话暗含的比较标准很可能是与其他人对比；“这段时间还可以”，这句话暗含的比较标准也很可能是与“过去某一段时间”对比。

像这样，在说话时隐藏了比较对象，但实际上是与某个标准进行比较的语言，就叫比较删减式语言。

这类语言，由于删掉了比较的对象和标准，往往会让聆听者搞不懂这句话的真实性和客观性。面对这类说话者，我们在交流时要尽量引导他们表明话语中潜在的“比较对象”，厘清客观事实，让我们清楚其衡量和比较的标准。比如下面这几个例子，我们就需要搞清楚它们各自的比较标准或比较对象：

“我表现得很差！”“不做更好！”“×牌洗衣粉最耐用！”“我受的教育不多。”

面对这类话语，我们需要提醒自己，对忽略的比较对象进行补充和解释，比如：

“是跟谁比较的？”“跟什么事情比较？”“跟什么品牌比较？”“跟谁比较呢？”

三、3种归纳类语言模式引导技巧

我们在前面提到过，归纳是从许多个性化的数据里，推导出一般化规律，将个性化的经验普遍化，这是大脑的一种天赋。

这种天赋，不仅给每个人带来了强大的学习能力和总结能力，还帮助人类社会不断发展和进步。但是，它也同时给我们带来了一个副作用，那就是大脑在总结规律和经验的同时，也总结出了一些“有毒”的信念和价值观。

有些在爱情中受到伤害的女性，会偏执地归纳出“天底下男人没一个是好东西”“这个世界根本就没有真爱”“爱情都是骗人的”这类信念。她们将自己在爱情中受到的伤害，全都归纳为爱情的错，认为爱情往往伴随着伤害和痛苦。

然而，事实或许并非像她们想的那么糟糕。她们只是将自己的爱情经验，当成了爱情的全部信念和规律。因此，在这类女性的话语中，我们往往会感受到对爱情和男性的强烈排斥与否定。

所以，在面对这类“归纳类”语言时，我们要觉察对方归纳的经验是否存在某种限制，判断是否存在漏洞，或者是不是像上面“天底下男人没一个是好东西”这类明显带有偏见的“有毒”的信念和价值观。

一般来说，限制性的“归纳”语言主要有3类：以偏概全式、能力限制式和价值判断式。面对这类语言，我们需要引导自己，通过一些更加具体的、专业的问题，让自己意识到问题所在，并适时调整。

1. 以偏概全式及其引导技巧

很多年前，我和一位朋友曾一同旅游。在一个景区，朋友想要试试骑马的感觉，于是雇了景区一位马夫，骑着马在景区里逛了一圈。等到结束时，马夫说超过了约定的时间，需要额外付50块钱。朋友很不乐意，想要与他争辩，可是一想自己是个外地人，人生地不熟的，多一事不如少一事，也就忍了。

后来，我们在景区游玩结束，回到景区休息区附近。在那里，有许多卖特色小吃和饮料的商铺，朋友忍不住想要买一些特色食物尝尝。结果正当他付钱的时候，老板告知他，价格比宣传的高了一些。朋友无奈地付了钱，转头就走了。

离开景区时，我问朋友这次旅行如何。朋友很生气地说："这个景区全都是骗子！我的体验糟糕透了！"

但其实，我们在这个景区游玩的大部分时间都是开心的，遇到的大部分景区工作人员也都是诚实的、友好的、热情的。可因为这两次不愉快的经历，我的这位朋友就"以偏概全"，对整个景区产生了一种极端厌恶的情绪。

生活中，类似的情况有很多。比如：孩子一旦不听话，有的父母就会断然地说："你从来不肯听妈妈的话！"父母之间吵架，会说："你从来就没想着听我说话！"孩子和妈妈吵架，也会说："这个世界再也没有人爱我了！"

这类话都是"以偏概全"的典型例子。其实，这些话都忽视了其他可能性的存在，排除了其他情况，形成了一种极端经验总结，这就是典型的以偏概全式语言。

这种语言模式，往往伴随着强烈的情绪化，以及一些极端的词语，例如：所有、永远、每一个、没有一个、总是、从来、向来、经常、完全、绝对、时时、日日、常常等。

在以偏概全式语言中，表达者会以自身经验去认定所有类似情况，认为所有事情都是这样。

比如，很多年轻的情侣，在和对象发生矛盾后，就会向朋友吐槽：“天底下没有一个人爱我，我太可怜了！”可事实上，他只是和对象吵架了，只是认为对象现在不爱他而已。

同样，很多人在工作中挨了部门领导的批评，也会说：“唉，反正领导都是这个样子，有问题就喜欢找下级出气！”

显然，这些情况都是将某一件事情的特殊经验，扩大化到所有群体身上，形成一种绝对的信念。

抱着这种心态和看法的人，往往很难想出解决问题的办法，也无法从自身的语言和行为中寻找突破。

面对这种情况，我们需要引导我们自己觉察到信念与现实的真实差别，破除信念上的偏见。比如下面这些例子，我们就可以尝试着进行自我引导：

“他从来都不能好好地和我谈谈。”“你就没有一次做好过。”“法官没有一个是好人！”……

面对这类话语，我们需要提醒自己，找到话语背后的信念与现实的差别，比如：

“真的从来没有过吗？甚至在结婚的时候也没有吗？”或者“我在想，既然他从来都不能好好和你谈谈，你俩是怎样相识、恋爱、结婚的？”“在你的眼中，我真的没有一次做得好的吗？”或者“照你这样说，我未来的几次也不会做得好了，对吗？”“真的没有吗？从来都没有过好的法官出现？”或者“所以，现在关在监狱中的都是好人，而在社会上自由行动的都是坏人了，你是这个意思吗？”

当然，以偏概全式语言不只体现在一些极端的话语中，很多已经深入到大众的观念里，形成了根深蒂固的认知。

比如：很多人认为广东人什么都敢吃，四川人都很能吃辣，山西人吃什么都爱拌醋，山东人顿顿饭要配大葱，东北人一拿碗手里就攥一把蒜……当我们说话时也要注意，避免这些“以偏概全”的想法不知不觉钻进我们的语言里，成为我们交际的刻板印象。

2. 能力限制式语言及其引导技巧

你的身边是否有这样的人，他们张口闭口都离不开“必须”“不能”“应该”这类词？比如：“在30岁之前，我必须攒够50万！”“我不能放弃！”“你应该时刻努力！”

和这类人说话的时候，我们有一种强烈的感觉，就像穿着棉袄坐在火炉旁烤火，让我们很不舒服，巴不得快点结束。

这类语言，就是能力限制式语言。在这种语言模式中，说话者往往会对事情的合理性或者可能性有一些错误的信念，内心筑起一道“高墙”，去限制自己，并在语言中表现出来。

有学生曾对我说：“我不能放松。”短短5个字，我就感受到这名学生内心承受的巨大压力，她将自己困在狭窄的高墙之内，阻绝了墙外的“放松”进入，也不允许自己攀过高墙，眺望墙外的世界。

我告诉她，你可以试想一下：正因为你以前体验过放松的感觉，所以才能知道什么是放松。还有，你需要清楚，你到底做了些什么让自己长时间蹲在了那个小圈子里出不来呢？

只有想清楚这些问题，才能帮助一个人走出限制自己的“高墙”。能力限制式语言有两种：一种是可能性限制；另一种是需要性限制。面对这两类“限制性”语言，我们都要意识到限制自己能力发挥的问题所在。

（1）可能性限制

“可能性限制”语言，就是说话者通过话语将自己限制在一个不惬意的“高墙”之内。这种语言模式常使用这些词汇：不能、不可以、不可能。

“可能性”，其实有两个意思：一是我们有没有一份能力；二是我们拥有这份能力，但我们选择用或不用这份能力。在“可能性限制”的语言中，我们可以引导自己去发现“围墙”之外的种种可能性。比如下面这几个例子，就是典型的“可能性限制”语言：

“我不能就这样放弃。”“我不可以放松。”“我不能让自己静下来。”“你不可以带他走。”

面对这类表达，我们需要提醒自己，寻找更多的可能性，比如：“放弃了会有什么情况发生？”“什么阻止你放松？”“你是怎么令自己静不下来的？”“我带他走会有什么情况出现？”

（2）需要性限制

“需要性限制”语言，往往是在表达一些规条的存在，这些规条通常限制了实现信念价值的最佳可能的出现。“需要性限制”语言常用的词汇有：一定、不应该、必须、必须不。

类似“你应该……”这种话语，往往被认为在指责别人，企图给对方制造罪恶感。

常用这类话语的人，大多内心的自我价值不足，能力不强，很容易产生不满情绪，企图通过埋怨和控制他人来获得满足。比如下面这几个例子，就是一些“需要性限制”语言：

“你必须保持沉默。”“我一定要看电视才能睡觉。”“他应该先问问我再做。”

面对这类表达，我们需要提醒自己，寻找更多的可能性，比如：“不保持沉默会有什么情况出现？”“你怎样令自己睡觉前总想看电视？”“不先问你就做会有什么坏处呢？”

3. 价值判断式语言及其引导技巧

我们经常会听到这样一类话：“乱世出英雄”“无事献殷勤，非奸即盗”“苍蝇不叮无缝的蛋”。这类“不知出处，但总错不了”的话，在我们的俗语谚语中还有不少例子。在这类语言中，我们可以明显地发现其中包含对某种价值的判断，但是却没有说明判断的来源，这就是典型的价值判断式语言。

面对这类含有强烈价值判断的语言，我们需要引导自己找出判断的来源和依据，并确认语言的真实性和客观性，从而走出思维和判断的误区。比如下面这几个例子，就可以采取类似的方法：

“男子汉不应该表露感情！”“这是很笨的行为！”“谦虚只会招来欺负！”

面对这类话语，我们需要提醒自己找到来源，确定真实性，走出思维误区，比如：

“表露感情又会如何呢？”或者“谁说男子汉不能哭？”“谁说的？”“这是谁定的标准？”“由谁来决定？”或者“凭什么这样说？”

在价值判断式语言中，表达者会表现出自己的限制性信念，认为某些事物是绝对的、不容争辩的，以此来对聆听者施加影响。

例如，上面的第一个例子，“男子汉不应该表露感情。”这句话将男人贴上了不该表露感情的标签。然而事实上，这句话并没有切实的根据和标准。

因此，面对这种话语，我们需要引导表达者去思考，可以引导提问：“表露了感情又会如何呢？”这样会使表达者意识到自己判断的局限性，也有助于其突破思维的限制。

第三章　注重实践：从语言改变到提升沟通效果

说话是为了沟通，而沟通的方式却不仅仅只有说话。有时候，一张阳光的笑脸、一个真诚的眼神、一句轻松的问候、一个友好的动作、一副绅士的态度都会为人与人之间的交流带来更好的效果。

所以，在与人交流中，为了达到更好的沟通效果，我们不仅要充分调动自己的语言，还可以借助多种手段和方式，比如我们说话的语调、动作、表情和神态，甚至我们交流的环境和氛围。

首先，学会聆听。正所谓“己所不欲，勿施于人”。想要充分表达自己的意见，让别人认真聆听，就需要先学会聆听别人的话。

聆听的过程，是一个身心投入的状态，需要我们用耳朵、眼睛、嘴巴和心灵一起完成。有了足够的聆听，我们才能准确了解对方的意思，也才能帮助我们做出正确的分析和适当的回应。

同时，聆听的意义还在于了解说话者的信念、价值观、规条和对自我身份的定位。一般来说，引发双方矛盾、冲突和问题的根源，也往往集中在这类问题上。

通过聆听，我们还能了解说话者的语音语调和身体状态，掌握他的内心状态和情绪变化。一个人可能会用花言巧语欺骗别人，但身体和动作却会显露他最真实的内心立场。

其次，**构建和谐的交流氛围**。处于紧张状态的人，是没办法静下心来说话的。当你注意到对方游离的眼神、分散的精力和慌乱的神态时，就需要提醒自己，你们没有处于一个真正有利于交流的氛围之中。这时候，你需要想办法让彼此都放松下来，构建一个和谐的交流氛围。

和谐的氛围，可以使双方产生安全感，避免开启自己的保护机制。在这种状态下，人的大脑前额叶会更加活跃，更能发挥作用，调动一个人良好的状态。

有时候，和谐的氛围需要我们精心营造，比如恋人之间浪漫的状态、朋友之间惬意的状态、父子之间平和的状态，商务伙伴之间平等、轻松的状态等，都是有利于沟通的良好氛围。

再次，**有效表达自我**。当你留心观察，就会发现：人们传递不同信息的方式往往是大不相同的。亲切的微笑，往往意味着喜欢、接受；呢喃软语，传递的是亲密、爱意；高声疾呼，意味着对方很愤怒、不满；沉默不语，则意味着对方不愿与你沟通。

掌握这些表达方式，不仅可以帮助我们了解对方在交流时的状态，还可以帮助我们更加高效地表达和传递信息。

最后，**给对方留一些“空间”**。很多人在交流时，总是试图控制话语权，掌握交流的主动权，控制对方。这样会给交流带来压力，让对方逃避。

我们只能推动自己，不能推动另一个人。交流中，当别人发出明确的不想沟通的信号，或者不想就某一话题继续下去的时候，我们需要给对方留下足够的“空间”。强迫别人“待”在某个痛苦的话题中，会让对方厌倦与我们的交流，甚至对我们这个人产生厌恶。

若环境允许，我们可以让对方知悉我们的沟通意愿，让对方在适当的时候再与我们沟通，保留最大的机会。同时，我们也有权利为自己做些安排。

掌握了这些沟通技巧，我们在交流的过程中往往就会事半功倍，对方也会乐于与我们进行沟通。但是，在沟通过程中，我们仍然需要注意很多问题，比如让“不”字远离我们的交流，让语言技巧帮助我们沟通，让我们的身体也能“说话”等。

一、让“不”字远离我们的交流

当我们去听音乐会，刚踏进歌剧院，工作人员提醒：“音乐会期间，不要高声喧哗，不要交头接耳，不要来回走动。”

如果你是餐厅经理，顾客一进门就说：“我不吃牛肉，不吃油炸食物，不吃辣，不吃葱、姜、蒜。”

假如你新入职一家公司，去的第一天，HR就对你说：“公司要求很严，不许迟到、不许早退、不许旷工，更不许在上班期间玩手机。”

当你听到这些话的时候，产生的第一感觉是什么？是不是感觉这些人怎么“这么事儿”。你的内心是不是会冒出一股无名怒火，打心眼里想要逆着说话者的意思来？

其实，这很正常。**我们的大脑和语言之间，有一个奇特的规律，那就是不能接受“不”的指令。**

比如，现在有人对你说：“你不可以想老虎，绝对不可以想老虎，大老虎不可以想，小老虎也不可以想，就算是白色的老虎也不可以想。总而言之，你不可以想老虎，不可以想老虎！”

现在，检查一下你自己：你正在想什么？对！你是不是正在下意识地想“老虎”！

我们再来试一下，现在我对你说：“你不可以想老虎，但是可以想一只黑色长毛的猫；不可以想一条黑白相间的毒蛇，但是你可以想一条200斤的宠物大蟒蛇；你不可以想一只白色的南极企鹅，但是可以想一只黑色天鹅。”

回忆一下，对于我所描述的内容，你是否是可以想的想了，不可以想的也想了呢？这就是我们神奇的大脑：不喜欢带有“不”字的指令，它会天然地抗拒这类命令。

但是，在我们的成长和教育过程中，父母、老师却总喜欢用否定的话语来教训我们，说话时总会带着一个“不”字。

“不要碰火炉！”“不要把牛奶洒了！”“这么晚，不准出门玩了！”“不能看电视，不能玩游戏！”……这样的指令会引发孩子天然的抗拒心理。即便他们的身体屈服了，他们的内心也是抗拒的。这种抗拒，会在孩子心里萌芽。有朝一日，如果他们可以逃离父母的掌控，这种抗拒心理就会加倍地显露出来。

在日常的交流中，很多人一方面会不自觉地使用“否定式语言”，另一方面由于大脑特性，又无法接收“否定式指令”，于是沟通效率极其低下，尤其是亲子之间、师生之间的沟通。

面对这种情况，我们需要引导自己，尽可能避免“不”字的出现，或者将含有“不”字的话转化成正面的语言，比如下面的例子：

“我不要紧张。”“我不要生气。”“他总是不合作。”“不要老是想着失败。”

面对这类话语，我们需要引导自己，将否定的语言转化成正面的语言，比如：

“我需要放松。”“我先让自己平静一点。”“他是可以合作的。”“我需要想想，如何能够成功。”

在沟通交流中，我们需要巧用大脑接收语言的规律，恰当使用正面词语，避开否定词，让我们的交流变得明确、清晰、拥有力量，充满阳光和活力。这一点，父母、长辈和老师们尤其需要谨记。

二、让语言技巧帮助我们沟通

神经语言程序学创始人理查德·班德勒曾说过，当你在和人说话时，要么是在传递信息，要么就是在改变他。

无论一个人有没有意识到自己交流的真正目的是什么，只要身处一场沟通之中，只要你扮演着说话者或聆听者的角色，你都会有意或无意地卷入这场“信息传递”或“相互改变”的风暴中。

大多数人尚未意识到沟通的这两个目的，也不知道交流的真正意义何在。当我们在说话、在表达自己时，我们就需要意识到，我们在做两件事：传递我们的想法，或者试图改变眼前这个人。

林小姐是一名保险销售人员，是大家公认的“很会说话”的人。无论是工作中还是生活中，身边的人都乐意跟她交流，把心里话说给她听，也很愿意听她的意见。

在工作中，经常有人毫不留情地对她说：“保险就是浪费金钱！”有时候，她会这样回答：“看来你是同意为家庭设置保障的，你现在用什么方法呢？”

有时候，她也会这样回应：“浪费金钱是不对的，尤其是在今天这个经济压力很大的社会环境中，我看你需要不浪费金钱且物有所值的家庭保障计划！”

还有的时候，她会说：“我的很多朋友也都这么说过，直到他们听了我的解释，才知道原来保险可以花这么少的钱买到这么大的一份保障，可以解除后顾之忧，让自己活得更放心、轻松、开心。他们现在都买了，而且还介绍了很多朋友给我！”

不管用哪种方式回应，她总有办法让对方听她把话说完，且大多数时候都能成功达成自己的目的，将保险卖出去。

当然，我在这里并不是变相推销保险，而是用林小姐的例子向你说明，在说话时正确应对别人的话，并有效地传达出我们的意思，在一场“沟通的风暴”中是多么的重要。每当有人向她请教“说话的艺术”，她都会说：“其实很简单，只需要注意以下几点就行了。”

1. 学会复述

有意识地重复对方刚说过的话，再加上一个“开场白”，这会让对方知道，你很专注地听了他的发言，且你很在乎他说的是什么。如果你可以用简要的语言清晰地转述他的意思，或精准地抓住对方的关键想法，那么你们的交流往往会事半功倍、效果显著。比如：“你是说……”“你刚才说……”“如果我没有理解错，你的意思是……”“看看我是否听得清楚，你说……”

诸如此类的话语，表面看来简单、平凡、朴实无华，效果却出奇的好。如果你可以在复述中，强化对方的语气，表达一种肯定的态度，那么对方会倍感亲切，你们的关系会在交流中“更上一层楼”。

同样，你也可以通过复述，在无意之间修正对方在说话时的困境。比如，对方说："我不会游泳！"你可以复述为："你是说，你以前不会游泳？"或者"你是说，你现在不会游泳？"复述的话看似与原话差别不大，但我们的意思已经转变，我们试图传递给对方的信息是"你的未来大有可能！"

2. 学会感性地回应

理性是人类的智慧明灯，对于人类来说是进步的关键，但是对于人与人的交流来说，过于理性就会显得冰冷且不近人情。所以，在说话时我们要学会运用感性的力量，增加我们话语间的人情味。具体的做法是，在对方的话语后加上自己的感受，然后说出来。比如，对方说："吃早餐对身体很重要。"你可以回应："我吃了早餐，肚子暖暖的，这样一天工作才有干劲嘛！"

感性的回应是把我们的感受提出来，与对方分享。如果对方接受，也会与我们分享他的感受。分享感受，是一个人接受对方的重要表现。

3. 学会假借

有时候，我们在说话过程中不便直接表达个人观点，可以把想说的话转化成另一个人的故事，比如"有个朋友……""听说有个人……""去年，我有一个朋友去美国……"

假借另一个人的故事，把我们心里的话说出来，会使对方完全感受不到威胁性和压迫感，让对方更容易接受，也使你们的交流更轻松。

4. 学会先跟后带

先附和对方的观点，然后"顺坡下驴"地说出自己的想法，将说话的方向朝着自己预期的目标引导。

附和对方的方式有两种：可以提取双方意见一致的内容，作为我们的切入点，这种办法叫"取同"；也可以提取双方交流中意见不一致的地方，作为切入点，这种办法叫作"取异"。比如，下面的例子就可以采用这两种方法。

你说："我认为吃早餐的习惯对身体健康很重要，所以我每天早上都吃两个鸡蛋。"

对方："鸡蛋的胆固醇含量太高了，我早餐绝不吃鸡蛋。"

回应1："哦，原来你也有吃早餐的习惯，你觉得早餐对一个人一天的工作重要吗？"——这就是"取同"。

回应2："你觉得鸡蛋中的胆固醇对身体不好，你不会把它当成早餐。那么，你每天早上吃什么呢？"——这就是"取异"。

回应3："不单你这么说，我以前也是这么理解的，直到去年我看到一篇科学新知的文章，发现胆固醇也有好坏之分，鸡蛋给我们提供的胆固醇好处多坏处少，有一些营养更是其他食物很少能提供的呢！你有兴趣看一看这篇文章吗？"——这是同时采用了"取同"与"取异"两种附和方式。

5. 学会隐喻

在交流中，我们可以借用完全不同的背景和角色，去含蓄地暗示对方，从而表达我们的意思。

比如，对方说："我真的太软弱了，所以才会事事不如意！"你可以回答："你让我想到了流水。流水看起来总是一副很软弱的样子，好像什么东西都能阻挡流水。可是，流水总是无孔不入，最终都能到达自己想去的地方！"

再比如，对方说："这两项工作，我都很喜欢，不知道该怎么选。"你可以回答："苹果和梨各有各的滋味，你到底喜欢苹果还是梨，想清楚就不难选择了。"

善于运用这五种说话技巧的人，总是让我们在说话时直达对方心灵，让交流变得更加轻松自如、妙趣横生、回味悠长。

三、让我们的身体也能"说话"

阿龙和女朋友相处已经有好几年了。几年下来，两人在各方面都很包容对方，相处得也很不错。只是有一点让阿龙很烦恼，那就是女朋友总是不听自己的话。

阿龙认为，自己的意见每次都很好，可女朋友就是不听。有时候，阿龙讲大道理讲得正来劲，女朋友就转过脸，捂着耳朵，不听他说话。如果阿龙还要讲，女朋友就会跟他大吵一顿。

这样的事情已经发生过好几次，不仅伤害了两人的感情，还给阿龙带来极大的困扰。

实际上，大多数失败的沟通，都发生在阿龙这样的人身上。他们过于强调自己在交流中说得有多么正确、多么不容置喙，认为只是对方听不入耳罢了。

可问题真就如此吗？如果一位外科医生走出手术室，摘下手套，然后很自信地对你说："我的手术很完美，步骤一步也没错，不过病人死了。"

你听完的第一感受是什么？是不是觉得这位医生脑子有病？手术的目的就是救人，结果病人死了，你的手术做得再好有什么用呢？

我们在沟通时，往往都是带有一定"目的"的，比如阿龙希望女友听取自己的意见。**如果沟通的目的没有达到，没有取得好的效果，那么话讲得再有道理，又有什么意义呢？**沟通是两个人的事。如果对方转过身去不愿听，你还在没完没了地说；如果对方已经离开，你还追上去想要大谈特谈，显然是无法收到效果的。

如果交流无法取得期望的效果，对方没有给予你期望的回应，那么，我们就需要检讨一下，自己的沟通方式是不是出现了问题。

绝大多数人在沟通过程中，都会把注意力集中在自己的语言上：我的话组织得有没有条理？我讲的是不是有道理？我有没有什么遗漏的地方？

可是，很少有人注意到该用什么语调、语气去说话，该用什么表情去传达自己的态度，该用什么肢体动作去协助自己表达。

一位美国心理学家多年前曾发表了他的一份研究心得。他认为，**一场有效的沟通，其效果源于：7%的文字意义，38%的语音语调，55%的身体语言。**

虽然我们不清楚他是如何获取到如此确切的比例关系的，但有一点却得到了大家的认可，那就是：身体在沟通中的作用被我们严重低估了。我们都认为沟通的关键在于，彼此能否准确接收对方从语言、文字中传达的信息，并正确分析和提取其中的含义。而现在，我们需要关注自身的语调变化和身体动作。

众所周知，我们的大脑分为左右两个部分。其中，左脑负责理性运转，右脑负责感性感知。左脑负责从我们交流的语言中抓取有效信息，右脑则会在交流中统筹全局，试图更全面地掌握说话的全部内容。也就是说，除了从语言中获取信息，我们的右脑还会让我们从说话的语音语调、言行举止、肢体动作中尽可能地提炼信息。

我的研究显示，人和人之间的沟通，发言的一方所表达的信息极多，但本人意识到的部分却极少，绝大部分都是说话者在无意之间传递出来的。

同时，聆听的一方，意识到的信息也极为有限，其余的部分都是由潜意识接收的。双方在传达和接收信息的过程中都会产生遗漏、曲解、误读，极大地影响沟通的效果。

因此，我们可以有意识地提升意识层面，更多地从潜意识中洞察、提炼和运用有效信息，增强我们的沟通效果。

在这方面，身体所能做的往往比语言更高一级。试想一下，一个人对你说："你这个人哪儿都好，就是心眼儿太实，不够机灵！"此时，你感受到的是什么？获取的信息又是什么？

现在，我们把场景转变一下：一个人眉头紧锁、面部紧绷，怒目而视地对你说："你这个人哪儿都好，就是心眼儿太实，不够机灵！"此刻，你所接收到的信息是不是更多？你是不是有一种受到批评、责骂的感觉？

好，我们再转变一下：这时候，一个人面带笑容、语调温和、慈眉善目地对你说："你这个人哪儿都好，就是心眼儿太实，不够机灵！"此刻，你接收到的信息是不是大不相同呢？你是不是觉得，眼前这个人是在变相夸你为人诚实呢？

瞧瞧，同一句话，由于语音语调和身体动作发生了改变，你对它的感觉完全不同了。其实，我们都是视觉动物，我们都热衷于从视觉中捕捉信息。当我们的耳朵在聆听别人说话时，我们的眼睛也绝不会闲着，它会想尽办法从对方的身体语言中捕捉更多信息，帮助我们了解对方。

所以，在沟通时，我们要充分调动身体，让它帮助我们传递更多信息。同时，在聆听时，我们也可以从对方的身体动作中了解对方真实的感受，避免沟通过程中的误会和分歧。

真相5　亲子

亲子关系，

是育儿的基础，

也是每个人人生的源头关系。

亲子关系，也是一个解锁三代人的幸福课题，

以“我”为枢纽：往上，需要重塑与父母的关系；

往下，需要重塑与孩子的关系。如何成为孩子眼中的好父母？

决定孩子一生的亲子关系，你做对了，孩子的成长就对了。

第一章　懂孩子：才能因时因地因材施教

我还在香港居住的时候，经常和妈妈一起去拜访她的朋友。有一次，妈妈要去朋友家打麻将，我也一起去了。

在打麻将的时候，妈妈的朋友谈到自己的儿子，骄傲地说："那小子是个神童，记忆力出奇的好，无论多复杂的事情，只需要讲一遍，他就不会记错。"

看到在座的人颇有些怀疑，妈妈的朋友决定在众人面前测试一下，于是叫来孩子，对他说："我待会儿要做饭，你去帮妈妈买一些东西回来。"

那孩子大概9～10岁的模样，两只眼睛很灵光，看起来十分机灵，说："好，我有时间，你要买什么？"

妈妈的朋友说："先去王大哥那里帮我取一本书，是我上个礼拜借给他的，说好今天归还；然后去天零路的店里买一些杂货，包括一瓶南乳、一瓶金龙鱼牌酱油，还有6个花生皮蛋；接着到菜市场买两斤活虾、3只红蟹……"

她一口气说了十几样东西，然后故意对孩子说："记住了吗，要不要我重复一遍？"

孩子摇了摇头，重复了妈妈刚才提到的东西，然后自信满满地说："行啦，给钱吧！"他拿了钱，就跑出房间了。

这时候，房间里的人已经感到惊讶，因为孩子只是听了一遍，便能把妈妈说的一字不落地重复出来。可是，人的记忆力总是会出错的，说不定孩子出门就会忘记呢？所以，众人还是很怀疑："这样能行吗？他会不会记错啊，待会儿买回来的东西恐怕对不上。"

一个小时后，孩子从外面回来，将一大堆东西放在桌子上，抱怨道："这些东西也太沉了，累死我了！"

妈妈的朋友接过东西，一件一件检验，结果一件不差。大家都很惊讶，好奇地问孩子："这么多东西，你是怎么一次就记住的呢？"

孩子说："这很简单，妈妈说要去王大哥那里拿书，我就想到王大哥的模样，他有一个很大的鼻子，我就记住王大哥的大鼻子。去他那里拿书，我就把他的大鼻孔想成一本书上的两个圈。妈妈说要去天零路买杂货，我就把王大哥的大鼻梁想成一根棍子，加上书上的两个鼻孔，想成一个天平，天平的两个托盘里放着两个‘零’，这样就是‘天零路’。在‘零’里面，我看到一个男人，正泡在牛奶里洗澡，那就是‘南乳’；牛奶里突然跳出一个东西，把那男人吓个半死，仔细一看，是一条金色的龙，它跳进‘零’里面，变成了一条鱼。此时，‘零’的模样已经变成一口大锅，里面全是油，那鱼就变成了水煮鱼，这个就是‘金龙鱼酱油’啦……”

听完孩子天马行空的联想后，众人露出惊讶的目光，感叹这孩子竟然可以把枯燥乏味、难以记忆的话，变成如此生动形象的电影故事。

后来，当我们问起妈妈的朋友，她是如何培养出这么个小天才的时候。妈妈的朋友说："在他小时候，我很喜欢和他玩游戏。在他三四岁的时候，我就跟他一起比赛记车牌号，看谁一口气记住的车牌号多。每个车牌号都是一串数字，记多了就会混淆。我告诉他，试着把数字变成他喜欢的动画片，比如把‘1’想成一根棍子，把‘2’想成一只白天鹅……他慢慢地学会了这个方法，然后我就再也比不过他了。"

"后来，我们一起出去逛街，经过每家店，我们就比赛看谁能记住店里更多的东西。他的记忆力好过我，我们就约定，我要是记住12样，他就需要记住20样才能赢我。就是这样，我们不仅一起度过了很多愉快的周末，他的记忆力也越来越好。"

很多家长认为，孩子玩游戏是在浪费时间。他们认为，孩子的学习和成长都是在学校里完成的，所以给孩子堆积大量的学习任务，让孩子没时间玩游戏。这是一个错得不能再错的想法了。**没有任何活动可以代替游戏带给孩子的学习意义，尤其是和父母一起参与的游戏，往往能带给孩子更多启发。**

显然，上面这位妈妈就意识到游戏带给孩子的益处，她在和孩子的游戏与比赛中，帮助孩子提升记忆的技巧和能力，并在这个过程中让孩子感受到学习与成长的乐趣。

其实不仅是游戏，孩子成长和学习的每个阶段，都需要父母参与其中，或作为领路人，或作为参与者，或作为“朋友”，给他提供支持和帮助。

一、孩子的成长，家长要把握这5个黄金期

发展心理学家埃里克·埃里克森通过研究发现，人的一生可以分为8个不同的发展阶段，每一个阶段都有独特的心智成长目标。其中，前5个阶段对于孩子的成长来说，可谓“黄金期”。

在黄金期，孩子如果不能正常发展，达到其心智成长目标，那么在接下来的成长中往往会在某些方面出现一些问题，并不得不在接下来的人生阶段中弥补这种“缺失”。

这5个黄金期是：第一阶段：0~1岁，信任与不信任；第二阶段：2~3岁，自主与羞愧；第三阶段：4~5岁，主动性与内疚；第四阶段：6~11岁，勤勉与自卑；第五阶段：12~21岁，身份（角色）的困惑。

1.“0~1岁”黄金期

这是人生的第一个阶段。在这个阶段中，孩子的主要需求是生存，饥饿时需要被喂养食物，受到惊吓时需要拥抱，哭泣时需要安慰。在这个过程中，父母需要用喂食、拥抱和安慰这类具体的行动来表明孩子在他们心中是多么重要，让孩子在襁褓中安心成长。

如果孩子在这一阶段感受不到父母的爱，他们就会感到不安，对外界的事物充满担忧。在这种环境中成长的孩子，在之后的人生阶段会表现出很强的依赖感，患得患失，并且对身边的人和事物产生不信任感。因为，他们内心有着对“被遗忘、被遗弃”的担忧。久而久之，他们可能会出现一定程度的偏执倾向，并竭力维持毁灭性的感情关系，即使长大之后，也需要用别人的夸耀来填补自己内心的空缺。

相反，如果在这一阶段，孩子得到父母充足的爱和关怀，会感受到家的安全，对外界事物变得放心。之后的人生中，他会越发自信和开朗，敢于信任别人，在社交上也会很有建树。

2. “2~3岁”黄金期

这是人生的第二个阶段。在这个阶段中，孩子的主要需求是控制身体机能，父母需要给予其足够的支持和尊重，这会让孩子感受到自己的力量，让他觉得自己拥有改变自身和影响这个世界的能力。

如果在这一阶段，尤其是在学习控制大小便的时候，孩子未能得到父母的鼓励，或者受到外界的“粗暴干预”和批评嘲讽，很容易产生害羞、惭愧的感受。在之后的人生阶段，孩子会产生强烈的自我怀疑，认为自己没用、不可爱，产生自卑情绪。极端情况下，他们甚至会怀疑自己存在的价值，认为自己失去依赖将一事无成、毫无作用。面对外界的压力，他们也无力抗争，只能乖乖屈服。一看见父母或别人生气，他们就会马上低头，不敢说话。

相反，如果在这一阶段，孩子得到父母充足的支持和鼓励，就会感受到强烈的自主性，对自己的能力保持自信。之后的人生中，他会相信自己有足以改变外部环境和影响他人的力量，在面对问题和苦难的时候也不会轻易地屈服。

3. “4~5岁”黄金期

这是人生的第三个阶段。在这个阶段中，孩子对这个世界已经有了一个基本认知，开始有自己的想法，想要按照自己的意愿做事，想要主动出击。所以，你会发现他们更加积极和主动。在面对事情时，他们的第一反应就是“让我也来试试看”，他会对你说：“妈妈，我也要试！”“爸爸，我也要来！”

如果在这一阶段，孩子未能得到父母的支持，或者因为做错而被惩罚，那么孩子人生中的第一次“主动出击”就会受挫。这种挫败，会让孩子变得内疚、自责、有犯罪感，从此再也不敢主动尝试新的事物。即使在未来的成长中他敢于迈出尝试的脚步，也会担心遭到父母的“阻挠”和惩罚，而不敢和父母沟通。在接下来的人生阶段中，孩子会小心翼翼，害怕犯错，一旦遭遇问题，就会担惊受怕、充满无助感，并且在犯错后会刻意隐瞒，不敢告诉父母。即便在平日里，他们也会格外小心，不愿意表达自己，而是把一切都埋在肚子里，变成自己心里的秘密，从而成为压在自己心里沉重的负担。

相反，如果在这一阶段，孩子得到父母充足的支持，他会变得更加积极乐观，敢于表达自我，敢于尝试新鲜事物，敢于创新，并按照自己的意愿行事，凡事充满主见。

4.“6~11岁”黄金期

这是人生的第四个阶段。在这个阶段中，孩子开始融入周围的环境，寻找势均力敌的“对手”进行竞争和比较。如果你留心观察，会发现小区里那些扎堆比这比那的孩子，大多是这个年龄段的。他们会讨论谁跑得更快，谁跳得更高，谁今天得到了老师的夸奖，谁第一个到学校，谁第一个完成作业。他们喜欢比较和竞争，这是天性。

如果在这一阶段，父母不能给孩子树立正确的“比较和竞争”观念，或者经常严厉地批评孩子、忽略孩子，孩子会在比较中迷失自我，变得不自信。他会有一种强烈的心理感受：我没有别人做得好，我不配做这件事！这种心理很糟糕。它会让孩子在将来的人生道路上变得畏首畏尾，不敢与别人竞争，甚至一遇到较量，就想要逃避和退缩。或者，为了能在比较和竞争中取得优势，他会对自己吹毛求疵、过分苛刻。

相反，如果在这一阶段，父母可以鼓励孩子学习，并表达他拥有和其他孩子一样的能力，那么，孩子会因此而变得更有活力，同时也能在未来可能的竞争中摆正心态，树立良好的竞争观念。

5.“12~21岁”黄金期

这是人生的第五个阶段，也就是“青春期”前后。在这个阶段中，孩子会迎来“翻天覆地”的变化，他们要接受自己在生理上的变化，要界定同性、异性的身份，要改变“以自我为中心”的观念，找到适应这个世界的方法，明白自己的人生要如何度过……

孩子会发现，几乎一瞬间，他的脑袋就塞满了各种各样的问题和烦恼。在这个阶段，父母不能再“高高在上”地指手画脚了，而是要以平等的姿态，以“朋友”的身份，鼓励孩子们去探索人生的未知和变化，去追寻梦想，尝试新的方向和道路，激励孩子解决问题和烦恼。

如果在这一阶段，父母不能给予孩子支持和引导，容易激发孩子的叛逆心，让他变得反叛和浮躁，从而导致各种青春期的问题。在之后的人生中，孩子会更加茫然无措，对人生充满困惑。有时候，这类孩子甚至需要用一生来弥补自己在“青春期”的缺失。

相反，如果在这一阶段，父母可以正确地鼓励孩子去探索和尝试，给予孩子正面的疏导，帮助他解决人生中这次“重大转折”，不仅会让孩子更加勇敢地接受自己，还会赢得孩子一生的信任。

二、4 个不同阶段，父母要因材施教

在我所接触的家长中，有不少父母都抱着这样一种心态，那就是想尽办法，让孩子尽早地学会某些能力，比如更早地让孩子断奶，更早地让孩子学习走路，更早地让孩子上幼儿园，更早地让孩子读书识字。

几年前，我遇到这样一对母子。那位母亲对孩子的事情总是“操之过急”，巴不得孩子做什么都能赶在别人前面。为此，她特意“修改”了孩子的年龄信息，让孩子早了两岁读小学。

结果刚读完一年级，孩子的各项成绩就远远落后于其他人。孩子的自信心受到很大打击，产生了厌学情绪，经常逃课不去上学。这位母亲知道后，就对孩子实行“打骂教育”。一年后，这个孩子性情大变，变得沉默寡言，消极自卑，不敢说话。

孩子从一出生，会经历婴儿、幼年、少年、青年等各个年龄阶段，在每个年龄段，都需要得到充分的成长，实现这个年龄段的“成长目标”。

这个成长过程，绝非机缘巧合下形成，而是在我们的遗传基因里早已“编好了程序”。当我们忽略孩子某一阶段的成长，这个程序就会暴露问题。一些父母总是喜欢用“人工的方式”，取代“自然的程序”，认为自己比老天更聪明，产生的结果却往往是糟糕透顶的。

比如，当孩子还处于婴儿期时，很多父母希望孩子早点学会走路，想尽办法让孩子“站起来”。可是，家长们完全忽略了爬行对孩子的重要

意义。人的大脑由左右两个半球构成，中间有大约1亿个神经元连接。孩子在爬行过程中，会通过左手的爬行动作激活右脑半球，通过右手的爬行动作激活左脑半球。在不断地爬行中，孩子左右半球连接的神经元会更有活力，能帮助他完成早期的大脑开发。

如果孩子没能完成“爬行动作”对大脑的开发，就会过早地进入到站立行走阶段。在未来的日子里，你会发现孩子在其他方面的学习能力要远逊色于同龄人。将来，他需要花费更多的时间和精力来弥补这项“缺失”。

因此，对于不同年龄段的孩子来说，父母必须“因材施教”，针对不同时期的成长情况，对孩子进行培养、教育和引导。

1. 0~6岁，在感性中培养兴趣

近年来，科学研究不断证明，孩子越小学习能力越强。比如在学习外语这件事情上，20岁的成人往往比不过12岁的少年，而12岁的少年又比不过6岁的孩童，6岁的孩童则无法与3岁的幼儿相提并论。

这是因为，人的学习能力是受脑神经网络制约的，脑神经网络需要通过外界刺激来生长。成年人的脑神经网络早已形成并难以改变。但孩子不同，他们的脑神经网络可以根据所需要学习的内容生长，所以他们在学习外语时，就可以相应地生长出适合外语学习的脑神经网络。

孩子在6岁前，通过感性学习，也就是直觉式学习，可以更好地帮助他们完成这种脑神经网络的构建。

如果你观察得足够仔细，会发现一个有意思的现象：6岁后的孩子，如果你给他们看曾经看过的动画片，或者讲曾经听过的故事，他们会下意识地打断你，提醒你：“这个动画片，我已经看过好几次了！”“这个故事，你已经讲过很多遍了！”

而6岁前的孩子呢？他们不在乎重复和单调，一个讲过无数遍的故事，他们照样不厌其烦，听得津津有味。这是因为，他们本身拥有超强的想象力，可以将重复的故事在脑海中“衍生”出更多有趣的内容。所以，他们完全不介意你给他们讲50遍《灰姑娘》，或者讲100遍《白雪公主》。因为每一次，他们对故事的理解都会是全新的。

这就是孩子的感性学习能力。大人看来乏味的事情，在他们丰富的感知能力下，往往会赋予与我们不同的价值和意义。

2. 6~10岁，在顽皮中培养智力

我总是听到家长抱怨，6~10岁的孩子太过顽皮，一点也不听话。叫他往东，他偏偏往西；叫他往西，他又故意往东。有时候，让他安静地坐一会儿，他却故意东张西望、嘻嘻哈哈、吵吵闹闹。

这样的事情，总是让父母不胜其烦。很多家长被孩子的这种行为折磨得快要疯掉，一些家长甚至误以为孩子得了某种奇怪的"病"，送孩子去医院治疗。

可是，父母们很少思考孩子为什么会这么"顽皮"。要解释这个问题，我们需要了解孩子的脑神经系统发育过程。孩子在刚出生时，大脑和身体的各项能力虽然已经具备，可是大脑里却一片空白，需要"编入程序"，让他们在生理和心理上发展出所需的各项能力。

为了尽可能"编好程序"，大脑会想尽办法从外界接受刺激因素，来激活脑神经网络。在这个过程中，大脑的发育需要孩子身体各部分的协助，去不断感知周围的环境和事物。身体接收的信息越丰富、越不同，大脑的发育也就越完善。

很多科学研究表明，童年时越"顽皮"、越爱玩耍的孩子，其智商越是比不爱玩耍的孩子要高。

所以，处于6~10岁的孩子，顽皮并不是问题，这只不过是他们学习的方式罢了。他们之所以爱跑、爱动、爱搞新花样，只是想更好地了解这个世界，从周围环境中学到更多东西，收获更多启迪。

被动地接受环境带来的刺激，所能获得的信息非常有限，有时根本无法满足孩子学习的需求。所以，很多孩子会选择主动出击，不断寻找新的事物，尝试新的行为，对每一件事情都充满兴趣和好奇。如此，他们才能获得更多刺激，他们的大脑才能获得最好的发展。

因此，孩子爱搞新花样，其实并不是"顽皮捣蛋"，而是在努力学习，只是身为父母的我们没有意识到这一点而对孩子产生了误解。

在这个时期，父母需要清楚，对于孩子而言，他们无法将注意力长

时间放在同一件事情上，强迫他们也不会收到更好的效果。因此，需要缩短“事件”的时间，比如和孩子说话时，将时间控制在一个较短的范围内，在他注意力消耗殆尽之前将我们的意思表达清楚。

同时，父母要为孩子提供足够的活动空间，容许他有大量的活动，包括玩耍和游戏。当然，最好鼓励他积极地参与到户外活动中去，与更多的孩子玩耍和交流。在与同龄人的相处中，孩子会更快地学习如何与人沟通、获取支持、化解冲突、照顾自己，以及建立和谐的人际关系。

最后，**顽皮不代表无礼。父母需要教导孩子如何礼貌地开展自己的活动。**在这方面，很多家长陷入误区。他们认为，让孩子“学习礼貌”，就是让孩子规规矩矩，减少活动。这显然是不对的，父母真正要做的是，让孩子懂得礼貌的同时，保持孩子“活动的动力”。

3. 10～12岁，在交流中塑造关系

很多父母向我反映，说自己的孩子到了十三四岁的年纪，突然就性情大变，变得完全不认识了。那个曾经跟在自己身边十分顺从的孩子，突然之间变得叛逆、冷漠，经常与父母争执、吵架，甚至一言不合就夺门而出，离家出走。

其实，孩子到了十三四岁的年龄，大脑的发育已经基本完成，具备了成人的思维，成了一个“准大人”。在他们的思维里，自己是和父母完全一样的人，应该得到成年人一样的尊重。很多父母没有意识到这一转变，还继续沿用“教育小孩”的思维来处理亲子关系，导致父母与孩子的关系急剧恶化，直到不可收拾的地步。

然而，当父母意识到与孩子关系恶化时，可能已经晚了。因为这种转变早在孩子10～12岁就已经开始进行。**10～12岁，是孩子向着“准大人”转型的过渡期，也是亲子关系最脆弱的时期。**

在这个时期，你会发现孩子很多细微的变化。比如：孩子凡事都有自己的主意，即便再拙劣，他也会坚持；不爱跟父母一起出门，不让父母来学校接送；喜欢营造自己的“小空间”，和朋友待在一起的时间越来越长……这是因为，孩子的大脑有一个“预设程序”，到了这个年纪，就需要为成为大人做准备。为此，他们会主动松开父母的手，开始按照自

己的想法处理事情。

很多父母不明白孩子迈出这一步的意义，认为这是孩子不听话、爱顶嘴的表现，于是横加干预，对孩子重重施压，霸道地沿用以往的教育方式。在与父母“霸权”的对抗中，受伤的往往都是孩子。这也是为什么叛逆期的孩子最容易受到伤害。他们在人生的转型期，没有获得父母的支持和认可；想要变得更加独立，却首先受到来自父母（自己最信赖的人）的反对。很多孩子因此而变得反叛、暴躁、极端、性格孤僻，甚至因此走上错误的道路。

如果父母们明白了这一步对孩子的重要性，就不会蛮横地干预孩子的成长，不会坚持让孩子妥协和“投降”，更不会想尽办法掌控孩子的一切，试图将孩子牢牢据为己有。毕竟，亲子之爱是世界上唯一指向“分离”的爱，父母要懂得在这个时候给予孩子“迈出这一步”的支持和鼓励，给予他们勇气和信心，让他们开始自我锻炼。同时，对于孩子的想法、看法和意见，我们也应当认真地聆听和充分地理解。

在10～12岁时，亲子关系变得最弱的另一个原因在于，孩子对友谊的认知变得深刻和固执了，而父母却丝毫没有察觉。

在很多父母的眼中，孩子要以学业为重，所以总是防范孩子误交“损友”，对孩子的交友加以限制：这个人学习差，少接触；那个人不听老师的话，也别来往。

10岁之前，父母们的干预是奏效的，孩子会全然接受父母的指令。

可是在10岁之后，孩子会对这样的指令产生强烈的反应，出现很强的抗拒心理。

同时，在孩子眼中，“某个人是朋友”所代表的价值观往往与家长不同。在家长眼中，他的朋友可能是学习不好、不长进、没出息的代表，可是在孩子眼里却是机智、教条主义的反抗者、勇敢的斗士，这些都是孩子十分向往的。

所以，想要在“关系最为脆弱”的时期处理好亲子关系，我们就必须了解孩子内心的价值观。

对于此类问题，我建议父母适当地放宽限制，同时与孩子订立规则，比如：和某个朋友一起玩耍的时间，一周不超过2次；和某个朋友一起外出玩耍时，不能晚于9点回家；可以邀请朋友来家里玩耍（可趁机深入地观察和了解）等。

更有效的方法是，改变自己对待孩子的态度。**孩子已经跨入一个新的阶段，迎来新的人生，身为父母的我们也需要及时调整，改变自己的角色认知。**以前，我们可能是扮演一个领路人、指导者、权威者的角色；现在，我们要学会做孩子的朋友，用平等的、信任的视角看待孩子这个“准大人”。

这种“关系转型”非常重要，因为它将奠定你们一生的亲子关系。很多时候，我们看见一些父子或母女，年纪加起来都超过100岁了，可相处时关系依旧十分融洽、亲密，就像忘年交。很可能是因为父母在孩子10~12岁这个时期的转型中，及时调整了自己的角色，重新建立起可靠的亲子关系。

如果你的孩子恰好处于这个时期，而你们的关系又闹得很僵，那么不妨试试下面的改善方式。

找一个轻松的时刻，主动跟孩子讲讲你的烦心事，比如工作中出现的困难。在言语中，着重强调内心（情绪）的困扰。前两次，这种方法或许收效不大。因为你突然的改变，会让孩子摸不着头脑。不过慢慢地，他会习惯你的改变。多尝试几次，孩子最终会接受你的行为，也会向你倾诉自己的困扰。

主动说出自己内心的困扰，是邀请孩子走进你的内心，让他成为你朋友的方式。父母有困难找孩子倾诉，是联络感情、沟通关系，建立信任的重要手段。

4. 12岁以上，帮助孩子树立信念

几年前，我遇到一个14岁的女孩。这个女孩学习很努力，做事很认真，在和别人交流时也很有礼貌，看上去和同龄的普通孩子差不多。可是，她的妈妈却告诉我，自从12岁以后，这个女孩已经两年没有主动和她说过一句话了。

我对此表示惊讶，问她日常交流怎么进行。妈妈说，我喊她吃饭，

她就“哦”一声；我问她考试成绩，她就把试卷拿出来让我看，但是一句话都不说；我要是说她骂她，她也不还嘴，只是站着让我说，然后就回房间里自己哭……妈妈一边说，一边泣不成声：“也不知道我怎么得罪了这个孩子，她要用这种方式来对待我。”

后来，我找到这个女孩，问及她对妈妈这么冷漠的原因。百般纠结下，女孩还是将心里的秘密吐露了出来。

原来，在她6岁那年，爸爸外出打工，把她交给妈妈一个人抚养。那时候，妈妈喜欢打麻将，经常溜到麻将馆玩，一玩就是一天，有时候甚至忘记去接上幼儿园的小女儿。有一次，妈妈打麻将到晚上8点钟才想起女儿，跑到幼儿园门口时，小女孩已经在保安室坐了4个多小时。

每次看到其他孩子快快乐乐地跟父母回家，而自己却只能坐在保安室，等到很晚才能有人来接，小女孩渐渐就与妈妈产生了“隔阂”。

有时，妈妈打麻将输了钱，还会拿她撒气，臭骂她一顿。爸爸每次回家，小女孩都会鼓起勇气向爸爸说：“妈妈又打牌，不管我。”可是，每次换来的都是一顿争吵。等爸爸走后，等待她的就是妈妈的冷漠和责骂。

渐渐地，小女孩对妈妈产生了厌恶。小时候，这种厌恶的情绪并没有表现出来。直到12岁那年，这位妈妈才突然发现自己的女儿再也不和自己说话了。

12岁是个神奇的年龄。很多父母发现，孩子的改变往往都发生在这个时期。之前，家里的孩子还是可爱的乖乖女、听话的小男孩。可是一过12岁，所有问题都来了。

我们说过，12岁以后的孩子会慢慢步入青少年阶段，成为一个“准大人”。在他们的思想里，自己已经长大成人，可以去“大干一番”了；或者，自己已经长大了，可以勇敢地站起来，跟高高在上的父母“一较高下”了。

这样的想法在大人看来有些可笑，可在孩子眼中，却是严肃认真的。父母和孩子在想法上的落差，导致双方产生了前所未有的矛盾。

所以，在面对青少年阶段的孩子时，父母首先要学会正视孩子，承认孩子的改变，不能强迫孩子（当然，孩子也不能强迫家长）。

同时，当我们发现自己的亲子关系出现危机时，父母要做出改变，寻找和孩子相处的新方法。只有家长改变了，孩子才能跟着改变。

以下是一些孩子“不良行为”背后的心理动机，了解了孩子为什么会做出这些“不良行为”，我们才能真正设身处地地为他们着想，也才能适时地对教育方法进行调整。

其一，青春期的孩子总喜欢特立独行，男孩子异常顽皮，爱搞恶作剧，女孩子会尝试很多浮夸的、出格的打扮。有的孩子甚至会模仿大人的行为举止，比如男孩模仿爸爸抽烟，女孩模仿妈妈化妆，等等。这类行为的背后，其实是孩子希望引起别人的注意，试图让别人看见自己迈向成熟的转变。

针对这类问题，我们不必对孩子的行为“有求必应”，只需要密切地关注，并适时地鼓励其积极正面的行为，就能起到很好的引导作用。

其二，青春期的孩子最令父母头疼的事情，莫过于叛逆、反抗、不服从，总喜欢顶嘴，对父母的话总是抱着某种敌意，有时候甚至还对父母使用“冷暴力”。这类行为的背后，其实是孩子对父母权力的反抗，是在争取自己“作为准大人”的权利。

针对这类问题，父母需要“有所退步”，不与孩子正面较量，而是保持平静和大度；在做家庭决议时，让孩子参与其中，让他感受到自己被重视的感觉。

其三，很多迈入青春期的孩子，希望寻求极端刺激，常常做出“出格”的事情，比如参与各种危险运动、赛车、饮酒等。出现这类情况，是因为孩子对自己能力的不自信，当他们迈进“准大人”的门槛，又对自己“是否有能力应对新的人生阶段”产生怀疑时，往往会通过这类刺激性十足的事情来“证明”自己。当然，一部分心态消极的孩子，在意识到自己能力不足时，会选择逃避现实，比如逃学、不愿尝试新鲜事物、喜欢放弃、甘心落后，等等。

面对这种情况，我们不能一味地批评和打骂，而应引导孩子多参与到更多积极、正面且容易展现自己力量的活动中，尤其是能增强责任感的活动。

其四，在一些极端的例子中，我们发现孩子会刻意报复父母。这类孩子往往会故意做出一些令父母伤心的事情，或者通过暴力破坏、大发脾气等方式，来达到报复父母的目的。比如前面讲到的14岁女孩，就是利用“冷暴力”报复母亲。

面对孩子的“报复”，我们不能想着如何打压和惩罚，而是要想办法表达一种态度：你是受到父母关心的，是被父母爱着的。通过这种方式，重新建立起亲子间的牢靠的信任。

除此之外，一些孩子还会表现出看不起父母、看不起别人，或者花费大量时间来做某些自己不喜欢的事情。前者是孩子表达优越感的表现，后者则是孩子无条件寻求认同和接纳的表现。

针对孩子“表达优越感”的行为，我们要引导他明白，真正的优越来自对自我的不断超越，而非贬低父母和打压别人。而在面对孩子“无条件寻求认同和接纳”的行为时，我们要引导孩子认识到自我价值，让他树立起自信、自爱、自尊的人生信念。

其实，孩子在青春期显露出来的问题，其根源大多可以追溯到童年时代，甚至更早。因此，当我们发现孩子出现青春期问题时，不能简单地期望一蹴而就，一下子就改善亲子关系，而是要下定决心改变我们的教育方法，坚持正确的做法，做出积极的引导，让孩子树立正确的信念，引导孩子对“自我”“群体”“别人”等观念产生明确的认知。

对“自我”的认知，让孩子知道他可以对自己做主，但也要对自己负责，引导他主动自觉地去完成某些事情，并承担相应的责任。

对“群体”的认知，让孩子知道自己是有归属的，对某个群体（例如家庭、班级）是有积极贡献的，让孩子敢于在群体中承担更多的责任，参与更多的合作。

对“别人”的认知，让孩子学会与人配合，学会平等待人，学会寻求自己的权利与义务，学会尊重别人。

总之，在孩子的成长与学习过程中，家长不能操之过急，不能抱着揠苗助长的心态来“帮助”孩子成长，而是需要抓住孩子各阶段的黄金期，有针对性地培养和教育孩子。

在遭遇“亲子问题”时，父母也不能急于求成，迫切想要改变孩子的行为，而是应该冷静下来，从根源上找到孩子的“问题”，再通过自我的改变与调整，鼓励和引导孩子摆脱问题的旋涡。

第二章 懂沟通：打开与孩子相处的正确方式

很多人成为父母后，最大的焦虑就是来自家里的熊孩子，孩子的自卑问题、学习问题、沟通问题、自理能力、叛逆问题等让他们陷入焦虑的深渊，实际上其中多数问题的根源在于亲子关系问题，一旦亲子关系问题解决了，很多问题将自动消失。

李秀英是成都市青羊区一家建筑工地上专门为工人做饭的厨师。在儿子9岁那年，她和丈夫离婚，之后与儿子相依为命。

2009年，14岁的儿子考上本地一所有名的高中。可是，到了2012年，即将参加高考的儿子却突然告诉她，自己不想考大学，想去学动画。李秀英平时工作很忙，需要给工地上近200名工人做饭，完全无暇顾及孩子的生活和学习。这时突然听到儿子不想考大学的想法，她感觉天都要塌了。在她的想象中，儿子认认真真学习，安安稳稳考个大学，毕业后找个稳定的工作，娶妻生子，然后像普通人一样度过一生就好，完全没有想过其他的可能。可是，孩子的想法却与她大相径庭，这使李秀英非常生气：“我独自一人辛辛苦苦把你拉扯大，就是为了让你不务正业吗？”

儿子并没有因为她的责骂和训斥而改变。半个月后的模拟考试，儿子的成绩一落千丈，在全校的排名退步了400多位。李秀英更加生气，狠狠地骂了儿子一顿。

两天后，当李秀英从工地回来，发现儿子倒在厕所，左手手腕不断冒出殷红的血。她慌乱中拨打了119。幸亏医治及时，孩子才保住了性命。不过正因为这件事，李秀英不仅明白了孩子想学动画的决心，同时也意识到自己在教育孩子上犯了巨大的错误。

此后，李秀英开始主动和儿子交流。在聊天中，她会不经意地问起关于动画的事情。一提到动画，她发现儿子的两只眼睛就冒出金光，和她有说不完的话。渐渐地，李秀英的态度发生了转变，开始从网上了解关于“动画制作”的信息。随着了解的深入，她明白了儿子为什么喜欢动画，也知道了“动画制作”并非不务正业。

她开始支持儿子的想法，鼓励儿子朝着“动画制作”的梦想前进。但是，她也提醒儿子，想要吃“动画制作”这碗饭，只有高中文凭是不够的，所以考大学和动画制作并不矛盾。

由于李秀英的转变，儿子也更愿意听她的话。于是，母子二人约定，儿子可以学习动画，但前提是要考上大学。在这个约定下，儿子端正了学习态度，开始认真学习。半年后，儿子考上了当地一所大学。在大学里，李秀英也信守承诺，支持儿子学习动画制作。

李秀英对待孩子的态度，大多数父母也都有。他们总是保持一种居高临下的强硬姿态，用命令的口吻与孩子对话，希望孩子能“听话”，能“懂事”，能按照他们的人生经验来做事。

这些父母忽略了“孩子也是一个独立的、有思想的人”这件事，他们没有找到与孩子相处的正确方法。一般来说，父母只需要遵守以下“十条要诀”，就能避免80%的亲子问题，打开与孩子相处的正确方式。

第一，没有两个人是一样的。哪怕亲如母女、父子，我们也不是同一个人，我们有各自的性格、各自的思想、各自的信念、各自的行为方式，所以不能苛求孩子总是与我们保持一致。

第二，一个人不能控制另一个人。哪怕只是一个小孩，父母也不能抱着控制他的心态，与孩子相处。要求别人放弃自己的信念、价值观和行为准则而去接受你的，这既是困难的，也是不可取的。即便我们是父母，也不能这样做！一旦我们这样做，势必激起孩子的反抗。我们控制得越紧，孩子的反抗就来得越凶猛。

第三，沟通的意义取决于对方的回应。我们说的是什么不重要，孩子听到的是什么才重要。父母总是强调自己说得有道理、说得很对，可孩子听不进去，那么再有道理的话也是废话。所以，沟通的重点是有效，而不是有道理。

第四，孩子的学习来自父母的行为和情绪，而不是指令。语言和文字，在孩子的脑海里很难产生立竿见影的效果，而行为和情绪却很容易激起他们的反应。所以，家长单单用语言来命令孩子，往往收效甚微，用行动和情绪去引导孩子，反倒能收获很好的效果。所以，身体力行才是教育孩子的最佳方式。

第五，孩子的所有行为都必有其正面动机。孩子的行为不是无目的的，行为的背后往往隐藏着孩子的某种需求。家长需要发掘孩子行为背后的动机，并寻找到它的正面意义。很多时候，家长与孩子的矛盾，就源自父母无法察觉孩子的动机，因而认为孩子是故意捣蛋，或不听话。

第六，有更好的方法，孩子必定跟随。还多父母在教育孩子时，总是感觉乏力，感觉孩子不听话，不按照自己的意思来。这是因为你的方法不足以吸引孩子。如果你有好的方法，孩子必定跟随你。毕竟孩子也是人，哪个人不想用最省力的方式，最有效地解决问题呢？当然，预想好必须使用某种教育方法，表明了我们试图操纵孩子，这往往会导致孩子的抗拒和反叛。所以，我们需要给孩子提供更多的方法，让他做出选择。这样，你的孩子就会欢迎你，而不是抵抗你。

第七，凡事总有三个解决办法。无论什么事情，我们至少要保证有三个选择。因为只有一个或者两个选择的情况下就容易陷入困境；但有第三个选择出现，第四个、第五个及更好的选择也能随之而来。

第八，成长过程是一个学习过程。孩子在成长过程中会不断从周围的人物、环境，以及发生的事情中收获知识。成长的过程，就是孩子认知世界、学习世界的过程。在这个过程中，父母不要制止孩子的探索，而应让他勇敢地去尝试新事物、新方法，让他知道哪一个才是最好的。只有在不断探索和尝试中，孩子才能学习和掌握更多的方法。

第九，帮助孩子成长，而不是替他成长。很多父母将孩子分内的事情也包揽到自己身上，比如替孩子背书包、替孩子检查作业、替孩子收拾书包。这类行为的实质，是父母用自己的方式在替代孩子成长。这种行为是危险的，它会让孩子在成长过程中缺失某些能力。长大后，孩子很可能因此付出沉重的代价。父母需要记住，我们唯一能帮到孩子的，就是鼓励和引导孩子学会照顾自己，而不是想尽办法替孩子完成任务。

第十，把“爱你”作为筹码。父母对孩子的爱是永远不会消失的，是超越一切的，是孩子信心与活力的源泉。因此，父母不应随意地用它来要挟孩子，或把它作为与孩子交换的筹码。

父母若以“爱”为条件，把这份“爱”当作筹码，那么在孩子心里，这份最伟大、最无私的“爱”也就变得可衡量、有价格标准了。有朝一日，他们也可能以同样的标准，来计算与父母之间的感情。

这“十条要诀”，是父母与孩子相处的“良方”，能帮助父母解决绝大多数“亲子问题”。当然，在日常生活中，除了以上十条需要注意，我们在与孩子相处时，也可以有针对性地掌握一些“相处小妙招”，躲避一些不必要的“亲子误区”。

一、学会“加减法”，让亲子沟通更简单高效

在亲子沟通中，父母说话的状态对孩子影响很大。在与孩子沟通时，你是什么样的说话状态呢？我们不妨来做一个小测试，试着回想一下与孩子沟通时自己的状态，然后回答下面的问题：

意思表达不清晰、不明确	（有/无）
喋喋不休	（有/无）
离题	（有/无）
答非所问	（有/无）
无心聆听	（有/无）
打断孩子说话	（有/无）
否定孩子	（有/无）
高声吵叫	（有/无）
不断抱怨	（有/无）
相互指责	（有/无）

晦气恶声　　　　　　　　（有/无）

人身攻击　　　　　　　　（有/无）

测试完毕后，试着数一数，上述问题的答案中，是“有”的状态多，还是“无”的状态多。

如果你的选项中，存在“有”的状态，就说明你和孩子的沟通出现了问题。当你选择的“有”越多，说明你与孩子的沟通问题越严重。

父母一旦出现上面描述的这些状况，会让孩子无心沟通，并对接下来的沟通失去兴趣，甚至可能与父母产生冲突。

怎么办呢?

父母可以独自看着下面的“沟通20条”，对自己与孩子的沟通情况做出检讨。在下一次与孩子沟通时，可以尝试按“多一些”的内容去做加法，按“少一些”的内容去做减法。

“多一些，少一些”的方法，是亲子关系中十分重要的方法，它可以帮助父母找到与孩子交流的正确方式。做一个有趣的比喻，如果父母按照“多一些”的方法做，就像是在往孩子内心这个银行不断“存款”，存得越多，你们的沟通越顺畅，你们的关系也越好；如果按“少一些”的方法做，就像是在从孩子内心这个银行里不断“取款”。存款行为越多，亲子关系越好；取款行为越多，越会透支亲子感情，亲子关系就会越来越糟。

亲子关系的“沟通20条”如下。

（1）少一些长篇大论和说教；多一些简短句子，最好在15字以内。

（2）少一些埋怨，比如：“都是你不好，你本来就不该，是你让我……”多一些用“我”开始的句子，对自己的行为负责，比如：“每次你发火，我都觉得很担心。”

（3）少一些不清晰、不明确的句子，比如：“乖一点，不要这样，好不好？”多一些直接、具体、确切的句子，比如：“我想让你停止说激怒妹妹的话。”

（4）少一些“以偏概全”的询问，比如：“为什么你总是这样，你从来没有听过一次话。”多一些描述的方式来直接说出事情，比如：“听到你这样说，我觉得你没有做到最好。”

（5）少一些聆听时看其他地方、双手抱胸等状态；多一些专注地聆听，眼神放在孩子脸上，身体前倾、点头。

（6）少一些打断孩子说话的行为；多一些让孩子充分表达他的想法，再说出自己的意见的行为。

（7）少一些不确定自己是否真的明白孩子意思的表现；多一些肯定自己真的明白孩子的意思，用自己的话复述孩子意思的表现。

（8）少一些大喊大叫；多一些用平和、正常的声调与孩子谈话的状态。

（9）少一些频繁换主题，或者同时讨论多个主题的谈话方式；多一些讨论完一个主题再讨论下一个主题的谈话方式。

（10）少一些提旧事、算旧账或发出恐吓的说话方式，比如："现在不吃，晚上就不准说肚子饿"；多一些集中于此时此刻发生的事情的说话方式，比如："你不想吃饭，是不是身体不舒服？"

（11）少一些身体语言和所说的话不相符的行为表现；多一些身体语言和所说的话一致的行为表现。

（12）少一些将情绪隐藏在心里或不肯承认内心情绪的表现；多一些适当表露内心的情绪，使对方感受到自己的诚意的表现。

（13）少一些不良的面部表情，比如：嘲讽、不屑或使人生气的表情；多一些和善的面部表情。

（14）少一些片面猜测别人心里的想法、自以为是的行为；多一些真心听取别人的见解，提出问题以确保自己明白别人的意思的行为。

（15）少一些用使人泄气的话进行威胁的行为，比如："你这个人一点用都没有。""你真让人讨厌，你再这样，我就……"多一些高情商的用语，比如："我担心你的成绩，似乎有些事情让你不开心，可否和我聊一下？"

（16）少一些不理睬对方、不回答对方的行为；多一些真心诚意的对话。

（17）少一些一边说话一边做其他事的行为；多一些放下手中的事，诚恳地对话的行为。

（18）少一些永不认错的态度；多一些有错时承认错误的态度。

（19）少一些不理会别人是否接受而不断教导或训话的行为；多一些平等的对话，懂得适可而止。

（20）少一些对对方的讥讽、嘲笑；多一些直接、明确、诚恳的表态。

二、学会赞美的 2 个关键，会让孩子更爱你

一个人不一定喜欢自己欣赏的人，但一定喜欢欣赏自己的人，孩子也是一样。当父母学会欣赏孩子，孩子就会更加爱父母。所以，在日常生活中，身为父母的我们一定要学会适时地赞美自己的孩子。

在赞美孩子时，我们需要注意两点：一是在赞美时，我们要直接说出孩子受到赞赏的原因；二是赞美孩子要有过程与细节。

1. 直接说出孩子受到赞美的原因

很多父母不知道该如何赞扬自己的孩子，他们总是把“你真棒”“你好乖”“你很好”“你说得对”这类话挂在嘴边。

其实，这类话对于孩子来说太抽象了，它们只能反映父母内心的感觉，但在孩子那里往往起不了作用。

孩子没办法从这些抽象的赞美中理解和学习到正确的自觉行为，无法清晰地领悟父母的想法，更不清楚自己的哪些行为才能真正得到这样的赞美。

举个例子：家里来了客人，孩子将自己的糖果分享给大家。结果，你夸他：“真乖，真懂事！”孩子就会形成“把糖果分享给别人，是懂事的表现”这个认知。

第二次，他又把糖果分享给客人，结果你和客人正聊得开心，忽视了他的行为。此时，他的内心会对“把糖果分享给别人，是懂事的表现”这个认知产生怀疑。

第三次，他又把糖果分享给客人，结果却打扰了你和客人说话。于是，你对孩子说：“不要妨碍大人谈话！”此时，孩子的内心会充满失望、懊恼和疑惑：同样的行为，为什么父母的反应会如此不同？我的这

个行为，究竟是应该做的，还是不应该做的呢？

显然，在这个例子中，你的赞美太过模糊，让孩子摸不着头脑。所以，要想帮助孩子明白父母要表达的意思，并且学到正确的做法，父母应该避免使用抽象的赞美词，而是直接说出孩子受到赞美的原因，即孩子的行为。

比如在上面的例子中，孩子第一次与客人分享糖果，父母可以说："小明愿意与别人分享糖果，说明你是个大方、慷慨的孩子，真乖！"第二次时，父母可以说："我们都很喜欢小明的糖果，但是现在我们有重要的事要讨论，暂时不想吃糖果。等我们想吃的时候再向你要，好吗？"当孩子被父母接受、肯定，并受到尊重时，会更容易接受建议，并做出相应的良好行为，也就不会做出第三次时那种不恰当或不适时的事，更不会因此受到斥责，从而感到迷惘和委屈。这样的赞美，能够引导孩子做好自己的事。

父母可以运用上述方式赞美孩子，只是要注意在话语的表述中，说明孩子受赞美的原因。

2. 强调过程比成绩更为重要

很多时候，父母会发现：孩子没有耐性把事情做好，却想得到父母的称赞。这样的孩子，容易养成"走捷径"的心态，甚至会采用一些不恰当的方法来得到称赞。

这种性格的孩子，长大后会追求侥幸、不踏实的行事作风，做事华而不实，只求表面；不能吃苦，没有耐性，对事情不肯深入研究，为了追求效果甚至会去做一些违规的事。

避免孩子养成这种糟糕的性格，父母需要对孩子进行正确的赞美，比如在赞美中强调过程比结果更重要。例如，当孩子默写得到90分，或者画了一幅很好的图画，我们可以称赞他默写或绘画过程中认真、投入的状态或者其他细节，还可以向孩子强调过程比成绩更加重要。譬如，父母可以对孩子说："默写得到90分真是太好了，我看这全是因为你在默写前的晚上专心温习，没有看电视。你能集中精神把书读好，做好充分的准备，这就是最有价值的地方啊！""这幅画画得很好，听说你花了

3个小时耐心地画，想不到你能有这样的自制能力。其实做什么事都一样，肯花3个小时去做准备，结果一定会好。”

父母可以不断地表达出“只要有这样的过程，成绩倒不十分重要”的看法，这会令孩子慢慢建立注重过程的态度，肯用时间去研究和改进，更乐意一次又一次地认真对待类似的事。

当然，我的意思并不是说要否定孩子的成绩，而是要有“七分重过程，三分重成绩”的态度。如此，孩子才能累积较多的经验，成绩自然会更好。

强调孩子做事的过程，比称赞孩子的成就更为重要。因为人生道路上我们没法保证做每一件事都成功，但是没有恒心毅力去做，可能连成功的机会都没有。孩子能够锻炼出努力和踏实地完成一个事项的能力，是他拥有成功、快乐人生的保证。

三、学会说话的 3 个技巧，让孩子更愿意听

其实我并不倡导“听话教育”，但让孩子听话是绝大多数父母的诉求。这里介绍两类需要孩子听话的情况和3个让孩子愿意听的技巧。

父母必须让孩子听话的两类情况是：第一类是孩子还小，需要学习基本的生活技能，例如刷牙、喝水等的时候。在这类事情中，父母可以增添一些有趣的内容，让孩子更容易做到。第二类是在紧急的情况下，没有时间做出详细讨论的时候。此时，父母必须要求孩子绝对信任自己，就像一个士兵在战场上必须接受上级的指令一样。这是父母的特权，只在少数情况下才能使用。

如果父母经常使用这份特权，那么这份特权很快便会失去效果，孩子干脆就不听你的了。因此，平时没有特殊或紧急情况，父母最好避免用“强迫孩子听话”这一招。只有这样，在面对特别情况，例如遭遇危险时，父母才能有效地对孩子提出这个要求。

当然，让孩子听话，也是有技巧的。一般来说，父母运用下面3个技巧，可以让孩子更愿意听你的话。

1. 孩子很愿意听，但前提是你的指令必须简洁明确

虽然我们前面说孩子不一定要听话，但是在生活中，父母难免还是会对孩子发出各种指令，要求孩子遵守。很多时候，父母发出的指令，孩子完全理解不了，更别说遵照执行了。比如，当父母的指令存在以下这些问题时，孩子非但不会听从，而且很可能出现“抗拒心理”。

- **不清晰**。比如：“孩子，你要乖一点。”父母在说这句话时，孩子心里会想：“乖一点”是什么意思？怎么样才乖？孩子不明白，自然不知道如何做。
- **用询问的方式**。比如：“你可不可以早点起床？你可不可以帮妈妈做事？”用这种询问的方式发出指令。其实会让孩子潜意识中认为他有说“不”的权利。
- **附加道理**。很多父母在发布命令的时候，会附加道理。比如：“再不赶紧吃饭，就要迟到了。”这会让孩子从心底里觉得，任何事情只要有一个道理支撑就可以去做，于是努力寻找不同的道理来支持他的做法。
- **一次多个指令**。比如：“把东西整理好，把玩具摆放好，快点洗手，跑过来跟我们一起到桌子前吃晚餐。”向孩子发出一个又一个的指令，孩子容易混淆，会感到力不从心，于是索性放弃，甚至会抗拒！
- **重复指令**。同样的指令，父母一遍一遍地传达给孩子，会让孩子认为发出的指令可以不必遵守。

所以，父母在发出指令时，一定要保证指令的正确、清晰、明确和有效。一般来说，好的指令应该包含以下三个特点。

- **正面的语言**。父母在发出指令时，要尽可能避免“不”字的出现。比如：“把东西扔进垃圾桶”就比“不要乱扔东西”更清晰易做，更有推动力，更能让孩子遵照执行。
- **清晰明确的指令**。比如：父母对孩子说“不要太过火了”，孩子

往往不知道怎么做。如果父母说“安安静静吃饭”，那么孩子便知道该如何行动了。

- 一次一件事，字数不要超过15个字，简单易记。指令只发出一次是最有效果的，也能确保孩子集中注意力聆听。

2. 父母要学会有效的警告和适度的惩罚

对于有些调皮的孩子，父母发出指令后，他未必会遵从。这时候，父母需要同时发出警告。

有效的警告应该是简短清楚的。句式是：“如果你不（听从指令），你将会得到（什么样的惩罚）。”

警告也应该是一次性的。最初，当我们发出警告时，孩子会沿用以往抵抗的态度。这时候，父母可以从5倒数到1，如果孩子仍然没有听从，父母应该实行定下的惩罚。

如果孩子改变了以往抵抗的态度，父母可以让孩子在“喜欢的活动”中选出一项作为奖励。

如果孩子依然抵抗父母的命令，父母不应该让步或者和孩子进行谈判，而是要直接进行惩罚。

这个惩罚无须重大，只要轻微即可。目的只是教导孩子明白，他应该听话。切记，坚决地执行轻微的惩罚，比重的惩罚更有效果。比如，罚坐5分钟，或者当天不能看动画片，这对孩子来说效果好得多。

3. 父母要注意惩罚和沟通中的原则

在父母发出指令的时候，一定要保持一个心平气和的态度。不然孩子会以为父母是在发泄心中的不满和怒气，而不是做一些对孩子好的事。

孩子在10岁以后，经常尝试用各种方法去做事。这是成长过程中必然会出现的，也是孩子独立、自我思考的标志。

这个时候，父母不要认为这是孩子故意违抗自己的命令。父母要明白，孩子有一两次违抗父母的命令，并不构成重大的伤害，尤其是当父母看到孩子甘心接受惩罚时，更应该明白这个道理。父母在惩罚和沟通之前应认识到以下几点。

- 孩子违抗指令的习惯，从婴儿时期就开始了。通常在3岁左右，孩子会进入第一个叛逆期，父母应该明白孩子不会马上改掉这个习惯，要有耐心，并且做好要在经历10次或者20次以后才开始改变的准备。
- 父母要多多反省自己，是不是自己不停地给孩子下命令，让孩子有疲于应付的感觉，渐渐变得麻木。或者一个劲儿说孩子的不是，让孩子没有自信，不知道哪些话该听，哪些话不该听。惩罚完了，事情就结束了，不要旧事重提。
- 父母也要明白，孩子年龄越大，越不喜欢接受太多指令。尤其是10岁以后，孩子们会进入青春期，这一年龄阶段属于人生的第二个叛逆期。父母要注意，在这个年龄阶段，避免给孩子发出过多指令。
- 一个人做一件事，不是为了得到一些乐趣（正面价值），就是避开一些痛苦（负面价值）。如果孩子不听父母的指令而继续他自己的行为，是因为不听父母的话没有什么负面价值（父母以前的经验和习惯让他知道了这一点），而继续他本来的行为能够维持正面价值。如果有正面价值，孩子根本不会做出违抗指令的行为。

如果父母想要改变现状，就要改变对孩子的处理模式，比如语气、用词、表情、态度、行为等。如果过去的方法已经无效，父母就不能继续沿用且希望得到一个新的结果。重复用过去的方式，只会得到一个同样的结果。而只有做出改变，才能多出一个成功的机会。

但是要小心，不要以为一改变方法，孩子便会马上听命，他可能不相信你这次是真的改变了，而会看看你是否坚持。

如果孩子没有听令，但是孩子所进行的行为背后的价值是我们所认同的，比如运动、看书等，那么父母就可以帮助孩子安排更适当的时间和场所，更好地获得这些行为所带来的正面价值。

最后，我想再强调一点：**我们的上上策，不是要孩子听话，而是帮助孩子认识到什么行为才是应该做的，并且能从中获得很多乐趣。**

第三章　懂培养：孩子才有自信幸福的未来

一、从“听话教育”到独立教育

我发现很多父母在教育孩子时，都会把“孩子听话”作为一个重要的标准。如果问他们，孩子最大的问题是什么，他们会脱口而出：“孩子不听话！”对他们来说，“听话”就是好孩子的表现。很多时候，父母之间见面，挂在嘴边的第一句话也是：“你家孩子乖不乖，听不听话？”

前一章末尾，我讲到了让孩子听话的3个技巧，但我也强调，我并不倡导“听话教育”，为什么呢？

专注于让孩子“听话”的背后，其实是父母觉得自己的权威和尊严受到了挑战，自己的信念、价值观和规条受到了冒犯。

当然，父母们会为“孩子听话”寻找各种借口，比如在理性层次，他们会告诉自己：“孩子要是不听话，再这么下去，肯定无法成长为成功的人。”

或许，我们应该冷静下来，仔细思考一下：孩子真的必须听父母的话吗？答案或许并不一定。我并非鼓吹孩子无须听父母的话，而是认为真正需要听父母话的机会并不多。

首先，多听话便会少用脑，这是很自然且简单的道理。多动脑筋，一个人便会多想办法、多做突破。反之，凡事只要听话便解决了，没有运用大脑的机会，孩子便不能发展出更高的智力。

其次，听话是产生依赖型性格的温床。一些父母给孩子铺好了路，只要他听话就万事妥当。这样的孩子长大后很可能是一个软弱无能、没有主见的人，甚至容易上当受骗。

再次，太过听话会扼杀孩子的自主能力。孩子年龄小的时候缺乏足够的自主能力，父母也希望孩子在听话中长大，但成年后，父母又总是希望孩子立刻掌握照顾自己的自主能力。这是不现实的。父母的责任是帮助孩子成长，也就是发展出孩子的自主能力。父母如果习惯了享受孩子听话带来的安心和教育的方便，就是忘记了为人父母的使命和责任，也扼杀了孩子成长与独立所必须的自主能力。

最后，父母总是希望下一代比自己更好，但总是听话的孩子只是汲取父母的经验，而且未必能学到精髓，也没有在实践中转化为真正的能力。如果父母真的希望下一代比自己更好，必须容许孩子有不听自己话的时候，让孩子在实践、试错、反思中成长，提升自己。

世界上没有两个人是一样的。即使自己的孩子，也不可能在每一件事上都与你保持相同的看法。这其实也是使他长大后更有可能走向成功的保证。试问，在今天这个高速发展的社会中，有多少事情是可以用20年前的方法实现成功的呢？所以，父母的经验，对于孩子来说未必管用。

要使孩子在21世纪出人头地，灵活的头脑比事事听话更重要、更有用。

试问：当孩子能够独立观察、思考和分析，能够从一件事情中找寻到很多可能性，做出选择，并遵照自己的意愿去执行，对自己所做的事情肩负责任时，父母又何须担心孩子不听话呢？

二、爱孩子，就培养他这15项能力

我们教育孩子的目的，不是让他听话，而是让他懂得如何照顾自己，并在现在及未来成长的各个阶段中，收获成功快乐的人生。而这需要我们在亲子关系中，积极培养孩子的以下15项能力。

1. 帮助孩子建立自我意识

在“我”的人生中，“我”是最重要的。拥有“我”的概念，才能肯定自己的生命价值。“我”的生命来自父母，但“我”却是独立于父母而存在。“我”存在于这个世界，假如没有我，那么什么都没有。有“我”，才能有“我”的界限，才有“我”与社会的界限。从小树立自我意识，帮助孩子了解什么是“我”，是让孩子走向独立的基础和前提。

然而很多时候，父母不经意间的一句话，可能就会弱化孩子的自我意识，甚至误导孩子对“我”的认知。

比如，父母总是对孩子说“要乖，要听话”，这句话仿佛暗示孩子要听从别人的指令，这会让孩子忽略自我思考的价值。

同样，父母的批评、否定、指责，甚至让孩子心生犯罪感、羞愧感的话语，也会误导孩子，导致孩子在成长过程中产生对“自我”的排斥和贬低。

没有了“自我”的概念，孩子就无法明白独立、自主、自强、自信、自爱、自尊等一系列信念的价值和意义，也就无法持续地提升自己的能力，改变自己，更意识不到照顾自己的重要性。

培养孩子的自我意识，重点是让他明白“我”的含义。在生活中，我们可以多用含有“我”的话语，来对孩子进行潜移默化的影响。

比如：“去看电影好不好？”父母可以下意识地改成：“我想去看电影，好不好？”“这样做不对！”可以改成：“我认为这样做不对！”

不断对“我”的强调，会让孩子下意识地思考“我”到底是谁，“我”的界限在哪里，“我”的意义是什么。

2. 帮助孩子提升表达能力

让孩子有能力说出自己想说的话，有效地表达自己的想法、情绪、观点和态度，对一个孩子来说同样重要。它能让孩子在交际中保持自信，避免社交恐惧带来的自卑、自闭、退缩、忧郁、人格障碍等一系列问题。

然而，很多父母并没有意识到这一点。他们习惯用强硬的口吻命令孩子采取行动，并对孩子的行为进行训导、批判、呵斥和责骂，无法与孩子进行平等、有效的沟通。这种行为，会让孩子抗拒交流，无法说出自己的真实想法，更无法有效表达自我。

想要帮助孩子提升表达能力，一方面，父母要为孩子提供平等对话的机会，避免对孩子采取强硬的命令口吻和训导态度；另一方面，父母要积极引导孩子如实说出内心的想法和感受。

在引导孩子表达时，我们可以鼓励他，将复杂的内心想法写下来，整理好语言，然后用15~20个字来表达。前期，这种方式对孩子是困难的，我们可以适当放宽要求。通过这种方法，孩子在表达能力和逻辑思维能力上的进步，是神速且不可思议的。

3. 帮助孩子提升“感觉”能力

“感觉”，来自我们的潜意识。它在生活中的作用和影响，远比我们的意识大得多，只是它应对事情的方式十分隐秘，我们难以察觉而已。

在我们生活的任何角落，潜意识几乎都发挥着不可思议的作用。它有着巨大的影响力，以至于我们不得不接受它、配合它，才能将我们的能力更好地发挥出来。

在孩子成长的过程中，“感觉”的力量一直扮演着重要的作用，它让孩子从外部感受这个世界，感受周围的一切，为孩子提供最原始的“认知”材料。

然而，很多父母在教育孩子时，会过早地用其他能力去取代孩子的“感觉”。比如，父母对孩子说：“你不能啥事儿都凭感觉！”“你要学会判断、分析！”

让孩子失去“感觉”的力量，会让孩子过于理性。当孩子面对困难、压力，或令人纠结的事情时，会因为无法解开心头的烦恼而痛苦，会活得比别人更累。

培养孩子“感受”的能力，父母要提醒孩子，关注来自身体各部位以及各感官的感觉，比如：“你走了这么多路，膝盖的感觉怎么样？”“你吃了冰激凌，肚子的感觉如何？”“那噪声太吵了，你感觉耳朵怎么样？”这类话语可以引导孩子，充分和身体连接，并时刻关注自己身体的感受。

4. 让孩子兼顾理性与感性

兼顾理性与感性，是指让孩子在成长过程中，注重身心合一。理性，会让孩子在成长中，照顾好“我”这个人（身体）。而感性，则会让孩子在成长中，呵护“我”这颗心。

理性帮助孩子寻找事情的方法和价值，感性则为孩子探索每一种情感、感受、情绪所隐藏的意义。兼顾好两者，不仅可以让孩子更好地体验人生，同时也能让孩子更加积极地探索“我”的生命意义，引导孩子提升自我，拥抱更美好的未来。

当理性和感性无法兼顾，不能联手为孩子的成长服务时，孩子的内心便会产生矛盾和冲突："理性"的力量告诉"我"应该去做，可是没有"感性"（内心的感觉）的力量推动我去做。最终的结果是，孩子要么犹豫不决，陷入延宕；要么没有足够的决心和毅力坚持下去，很容易放弃。

想要让孩子兼顾理性与感性，父母需要摒弃"理性重于感性"的观点，同时也要注意避免"感性做决定，理性找借口"的习惯，在生活中注重孩子的身心合一，同步发展。

同时，我们也可以引导孩子，跟我们一起做如下的练习。

第一步：（引导自己和孩子）我看见了……我听到了……我感受到了……

第二步：我认为……（某件事的意义、用途等）。

第三步：我现在有的情绪是……我内心有一种（……情绪）正在涌出来；它原本是……现在变成了……。

5. 让孩子拥有多线思维能力

多线思维能力，就是我们常说的"从多个角度看待事情"的能力。对于孩子来说，这是一个非常重要的能力，它可以帮助孩子寻找更多的可能，为孩子提供更多的方法，甚至为孩子创造更丰富的未来发展路径。

但是，生活中由于父母和老师习惯于让孩子思考所谓的正确方法、标准答案，让孩子认真听话、循规蹈矩，导致孩子在成长过程中丢失了这项能力，慢慢形成了单线思维。

单线思维，就是按照一个固定的方法去做事，凡事只有一招。这招用完了，就只能乖乖等待，束手就擒。当孩子面对困难时，单线思维经常让孩子陷入困境。因为他想不出更多解决困难的办法。

想要提升孩子的多线思维能力，父母的第一项工作就是打破束缚孩子的条条框框。身心语法程序学有一句名言：凡事总有至少3个解决办法。

这是一种典型的多线思维，可以将它用到孩子的教育里，让孩子在做每件事情时，都至少思考3种以上的方法。当孩子缺少思路时，我们可以提醒他跳出常规的框架和规条，比如提醒他："假如有可能，那个可能会在哪里：什么人？什么事？在哪里可以找到？"或者提醒他："哪怕那是一个匪夷所思的想法，或者绝对不可能的想法，那么有没有办法变成可能呢？途经是什么？我们要怎么做？”

6. 让孩子学会从别人的角度看自己

很多孩子在成长过程中，会慢慢变得目无尊长、目中无人、自以为是。很多人认为这是孩子太强的自我意识和以自我为中心造成的。

其实不然，这类孩子的内心其实缺乏自我意识。他们的内心没有建立起“我”的概念，也没有形成与“我”相对的“别人”的认知。所以，他们无法从“我”的状态中正确地认知“别人”的价值与意义，同样也无法设身处地地站在“别人”的角度，看待真正的“我”。

让孩子从“别人的角度看自己”，就像在自己和别人之间，竖起一面镜子，通过别人的视角来看到镜子里的自己，看到“我”的样子是什么。这样做，不仅可以强化孩子的自我意识，同时也能更好地理解他人、善待他人、感受他人。更重要的是，通过这种换位思考，孩子能够清晰地看到自己在别人眼中的模样，矫正孩子的自我认知。

生活中，我们可以引导孩子面对镜子中的“自我”，将双手放在胸前，真诚地面对镜子里的眼睛，对镜子里那个“我”说：“我看到你了，同时我也能够站在你的角度看到我自己了！”

7. 让孩子拥有解决问题的能力

如今，很多孩子做起作业来，方法一套接着一套。可是一遭遇生活中的问题，却往往束手无策。尤其是在遇到困难时，除了寻求父母和老师的帮助，再无他法。

这是因为，我们的日常教育过于强调“听话”这个概念，不断让孩子按照我们的指令行事，让他们遵守常规方式，寻找标准答案，使得孩子在成长中发展出单线思维能力，而失去了多线思维能力。再加上缺乏自我意识，没有独立的思考，一遭遇问题，孩子首先想到的就是“听父母的指令”，按照父母的方法来。久而久之，他们的脑海里只有一个主意：反正父母会有办法的，我又何必操心呢？

这是一种极为糟糕的成长状态，长此以往，孩子将失去照顾自己的能力。所以，父母在面对这种问题时，需要引导和鼓励孩子独立观察、思考和分析的能力，同时培养孩子的自信，让他敢于自己解决问题。

当然，解决问题的能力往往是一项要求极高的综合能力，它需要孩子具备前面所说的6项基本能力。如果孩子在这方面能力不足，家长不妨试着用“5W1H法”来引导孩子。

所谓“5W1H法”，就是通过Who（何人）、When（何时）、Where（何地）、What（何事）、Why（为何）、How（如何），即什么人，在什么时候，什么地方，遭遇什么事情，为什么会遭遇，他（需要）如何解决等这样的思维路径来解决问题。

“5W1H法”的6个问题，对应着身心语法程序学的6个理解层次：系统、身份、信念价值、能力、行为、环境。长期使用这种方法，可以让孩子的理解分析能力得到有效提升，帮助孩子理解问题的表里、深浅等各个层次。

8. 让孩子拥有解决冲突的能力

我们的传统观念里有着“以和为贵”的思想，很多家长心里也有“大事化小，小事化了”的想法，在教导孩子时，也经常抱着“多一事不如少一事”的心态，以此来换取和谐的状态。

这种心态，往往会让孩子掉进误区之中。在孩子的世界里，冲突的根源往往是对自己界限的模糊。

换言之，很多孩子不知道“我”的界限在哪里，也不知道“别人”的界限在哪里。因而时常将别人的东西视为自己的，时而又将自己的东西视为别人的。比如“责任”，很多孩子无法分清“我”和父母，也无法分清各自的责任是什么，往往犯了错就会归咎于父母。

缺乏清晰的界限认知，一方面会让孩子无法正确认知自己，也很难做到自尊、自爱；另一方面也会让孩子无法理解“别人”这个概念，无法尊重别人的界限，因而很容易引发与别人的冲突。

想要提升孩子处理冲突的能力，必须为孩子建立起清晰的“自我意识”，引导孩子“从别人的角度看待自己”，同时提升孩子的“感性力量”，让孩子学会将心比心，培养孩子的同理心。

当然，冲突有时并非孩子引发，而是外界导致。这时候，我们要鼓励孩子捍卫自我的界限。这种捍卫应该是坚定的，但也必须是冷静的、温和的、不伤害自己的。如果发现孩子处于一个极容易引发冲突的环境，那么父母就要引导孩子脱离这个环境，摆脱这个环境中的人。

9. 让孩子拥有正确面对挫折的能力

我曾经遇到一个孩子，考试考了98分，回家还会挨爸爸的训："怎么才98分，那两分是怎么扣的？你就不能仔细一点？下次再这样，你就不用拿回来给我看了！"

这种否定多、肯定少的教育方式，很容易让孩子不能承受失败和挫折带来的结果。长期处于父母的"高标准、严要求"下，孩子不仅会惧怕失败的滋味，从而固守原地，不敢尝试，逐渐将自己的活动范围缩小，渐渐落后于同辈，在人生中逐渐滑向更大的失败；还会长期处于压力之下，进一步耗损自己的能力。

有时候，父母过于苛刻的要求，甚至会让孩子对"成功"产生执念，偏执地认为自己的人生只能成功，不能失败。这会让孩子逐渐走向极端，甚至带来心理问题。一旦遭遇失败，孩子会因为无法接受而在未来的人生中选择自责、逃避、悔恨，没有担当。

面对这类情况，父母必须清楚孩子惧怕失败的原因。这个原因很可能来自外部，来自身为父母的我们。所以，我们要摆正自己的心态，明白任何人在学习任何能力时都需要一个从"无知"到"熟悉"的过程。这个过程中的每一步，我们都有可能给孩子贴上"失败"的标签，但我们也可以转变观念，把它看成孩子迈向成功的每一步。

当孩子真正遭遇挫折或失败时，例如在作文竞赛中失利，我们也要引导孩子坦然面对，减轻孩子的紧张、焦虑和无力感，同时鼓励孩子为下一次比赛做更充分的准备。

唯有这样，孩子在面对挫折时，才不至于丧失信心，才能将失败中的教训转变成人生积极的、正面的、有帮助的力量，为成功奠定基础。

父母切记，真正让孩子抗拒"失败"的原因，往往不是"失败"本身，而是我们对孩子的负面评价给孩子带来的资格感的缺失。

10. 让孩子拥有敢于面对分离的能力

“人有悲欢离合，月有阴晴圆缺，此事古难全。”在我们的观念里，“合”（团聚）意味着幸福、美满、喜悦，是一件积极、正面的事情。而相对的“离”（分离）就意味着不幸、缺失和悲伤，是一场“事故”。

在很多亲子关系中，父母不愿意承认“孩子终有一日会和自己分离”这个事实，拖延了孩子走向独立的时间。这样做带来的后果就是，孩子缺乏照顾自己的能力，更没有独立成长的机会，错失了人生重要的发展阶段。

当孩子长大，回首既往的人生，会发觉自己在某个阶段是“缺失”的，与同龄人有着明显的差异，从而感到与同龄人格格不入。

这种情况，并非孩子的问题，而是我们的错。**我们过分在意分离带来的感受，过分强调我们在孩子人生中的价值，过分地将焦点放在自己的情绪上，而忽视了孩子成长的真正意义。**

当孩子在我们的引导和帮助下，展开羽翼准备翱翔的时候，我们需要清楚自己身为父母的使命，是让他羽翼丰满、振翅高飞，而不是将他的翅膀捆住，囚禁在我们的“金丝笼”里。这一刻，我们才实现了作为父母的价值，让孩子成功、自信、勇敢地迈入人生的新阶段。

11. 让孩子常怀感恩之心

有位母亲给我分享了自己孩子成长的经历：小时候，儿子总是委屈巴巴地向她要这要那，得不到就哭哭啼啼、闹个没完；得到了就笑嘻嘻地跑着走了。直到有一年开学，她陪儿子去买文具，走出超市时，孩子郑重其事地向她说了一声“谢谢”。

这一声“谢谢”，让这位妈妈在原地愣了足足5秒钟。那一刻，她眼里噙满泪水。因为她突然感觉到，孩子是那么陌生，好像变成了另一个人。后来，她才知道这种“陌生感”是因为孩子“长大了”，她需要用新的眼光来看待了。

懂得感恩的孩子有着很强的自我意识，同时又能对“别人”进行准确认知，意识到“别人”为自己付出的一切，并珍惜这些付出。当孩子懂得感恩，首先会感恩父母，感谢他们为自己付出的一切。

想要让孩子常怀感恩之心，父母需要以身作则，在言行中表现出感恩的态度，从而引导孩子。比如吃饭时，引导孩子对播种粮食的农民表达感谢；在学到知识后，引导孩子对传道授业的老师表达感谢。

12. 让孩子树立正确的金钱观

古往今来，“金钱”的价值都是不可估量的。尤其是在现代社会，金钱是每个人都必须面对的东西。如果孩子在“金钱”的理解上出现问题，往往会对之后的人生产生影响。

比如，在经济条件优越的家庭里，孩子从不为钱而苦恼。那么，他对钱的来源就缺乏了解，很难拥有正确的金钱观、收入观；而在一些宠溺孩子的家庭中，家长会想尽办法满足孩子，金钱来得太容易往往会让孩子养成铺张浪费的坏习惯，建立错误的消费观。

现如今，移动支付、电子支付、人脸识别支付等全新技术的出现，让孩子对金钱的观念越发淡薄。对很多孩子来说，金钱只不过是手机里那一串数字，却并不知道这串数字背后是父母的辛勤付出。

所以，从小让孩子树立正确的金钱观，是亲子关系中十分重要的课题。从孩子很小的时候开始，父母就需要引导孩子用好每一块钱；等到孩子逐渐长大，不仅要让孩子懂得如何花钱，还要教他学会如何管钱；等孩子迈入少年阶段，要教导孩子懂得如何赚钱，拥有“赚取金钱”的思维和意识；到了青少年阶段，需要把重点放在让孩子懂得自己与金钱的正确“身份定位”上，即让孩子明白：金钱是人生的重要东西，但绝不能成为“我”的主人，“我”绝不能成为金钱的奴隶。

13. 让孩子正确地看待事物

事物的存在，只有当你看到它、听到它，感受到它，与它产生连接，对我们来说它才有了意义。

事物对我们的意义，往往也来自我们的“看”“听”“感受”和“连接”之后的感性与理性分析。这个过程，将决定我们看待事物的态度。

比如，“父母从小就为自己无私地付出”这件事，在孩子的理解与分析中，可能会认为这是理所当然的，这是父母应该做的。那么，在这种认知下，孩子会将父母的给予视为应得的，如果哪天父母不继续付出了，他们便会主动索取。

相反，当孩子认为父母的付出不是理所当然的，而是源自父母的爱时，他会对父母的付出心怀感恩。在未来的人生中，他会用同样的爱和付出来回报父母。

这两种截然相反的情况的出现，正是因为孩子在观察、判断和看待事物的能力上存在差异。前一种情况中，孩子在这些能力上的缺乏，让他们无力感受到父母的爱；而后一种情况中，孩子的这种能力则十分强大，因此他们可以正确对待父母的付出。

想要让孩子树立良好的观念，正确看待周围的事物，需要让孩子具备前面提到的一些能力，尤其是前五项能力。同时，在生活中引导孩子，寻找事物的积极价值和正面影响。

14. 让孩子了解自己的学习模式

大多数父母都在不断告诫孩子，要好好学习。可是，极少有父母真正知道孩子如何才能好好学习，更不用说引导孩子了。

不断地劝诫和警告，只会让孩子倍感压力。找不到正确方法的孩子，就像迷航的船只，不知道如何才能走出困境。他们想要从父母那里获得更多的帮助，可父母所能提供的，也只是“你要好好学习”这句干瘪无力的话而已。

还有一些父母，在辅导孩子学习上费尽心思，可到头来孩子的学习能力并没有提升，反倒把自己累到半死。

这一系列情况都说明一件事：身为父母的我们，没有帮助孩子掌握属于他的学习模式。

学习模式的概念非常广泛，我们看到的、听到的、感觉到的，一切输入大脑的信息，都和我们的学习模式有关系。

不过，在学习过程中，最重要的还是让孩子掌握和运用自己的“内感官”能力。所谓“内感官”，是与我们的外部感官相对的，存在于我们大脑内部，用于储存和提取（回忆）的感官系统。它由内视觉、内听觉、内感觉三个部分构成。

比如，当你去海滩旅游，看到碧海蓝天，听见海鸥啼叫，感觉到海风吹拂，空气中充满潮湿的气息，这些经由外部感官得到的感觉，会被储存在大脑里。过了一段时间，当你回忆起这次旅行，你的脑海中会浮现出曾经的感觉。这时候，你的“内感官”就会启动，内视觉会帮助你回忆起蓝天白云的景象，内听觉会帮助你回忆起海鸥鸣叫的声音，内感觉会帮助你回忆起海风吹拂的感觉和空气潮湿的味道。

这就是内感官。**在孩子的学习中，内感官的价值就在于，帮助孩子强化那些储存于大脑中的“信息”，让孩子更充分地理解和体会这些“信息”，同时丰富“信息”的细节。**

比如，孩子学习“Apple（苹果）”这个词时，我们可以引导他不断串读“a-p-p-l-e”，以此调动他的内听觉系统进行记忆。但单靠这样还不行，孩子的眼睛还会东张西望，分散他的注意力。这时候，我们还要调动他的内视觉和内感觉系统。具体的做法是，让他在脑海中回想苹果是什么颜色的、什么形状的、什么滋味的，咬下去是什么感受。这样就能将孩子内感官系统的三个部分都调动起来，帮助他完成记忆的输入。

此后，当孩子再次看到“Apple”这个单词时，脑海中便会浮现它的颜色、样子和口感，对于“苹果”的理解自然会从大脑中冒出来。

除了要调动孩子的内感官进行学习，我们还要明确孩子的学习动机是强迫还是自愿，是避免痛苦还是追求快乐，从而引导孩子探索学习的积极意义。

15. 让孩子拥有融入“系统”的能力

我们每个人都是生活在社会中的，社会是人的系统。在所有亲子关系中，孩子都将与父母分离，而分离之后的归宿，就是进入到“社会”这个大系统中。

所以，如何让孩子更好地融入社会，更好地在社会中寻找到自己的身份、定位，更好地生活，对父母来说是一个极为重要的命题。

很多父母对这个命题嗤之以鼻，有的父母甚至反感谈论这个话题。他们认为，孩子还太小，不宜谈论这类话题。但事实上，从小培养孩子融入“系统”的能力是必要的，比如：在学校，引导孩子更好地融入

“班级”系统；在家里，更好地融入“家庭”系统；在某个活动中，更好地融入“团队”系统。

这一类引导，会让孩子在步入社会后感到轻松和熟悉，而不会让他们手足无措。当然，融入不意味着毫无条件、不择手段地妥协和退步。我们要鼓励孩子，在任何“系统”中都要坚守自己的原则和底线。这一点十分重要，否则当孩子进入社会后，很容易受到不良风气的影响，走上错误的道路，破坏自己的人生幸福。

对于孩子来说，以上15种能力，不仅可以帮助他在成长中得到更多收获，同时也能帮助他在未来的道路上生活得更加轻松自在、快乐幸福。但是，这并不意味着我们在教育孩子时，就要对他们进行强硬的灌输和教育，而是要在孩子的不同发展阶段中，潜移默化地引导和提升孩子的这些能力，避免孩子在成长过程中由于我们的疏忽而在某项能力上产生缺失，最终导致行为出现偏差。

三、有自信，孩子才能100%发挥自己的能力

小泽征尔是世界著名的音乐指挥家，一次他去欧洲参加指挥大赛，决赛时，他被安排在最后出场。

评委交给他一张乐谱，小泽征尔稍做准备便全神贯注地指挥起来。突然，他发现乐曲中出现了一点不和谐，开始他以为是演奏错了，就指挥乐队停下来重奏，但仍觉得不自然，他感到乐谱确实有问题。

可是，在场的作曲家和评委会权威人士都声明乐谱没有问题，是他的错觉。面对几百名国际音乐界权威，他不免对自己的判断产生了动摇。

但是，他考虑再三，坚信自己的判断是正确的。于是，他大声说：“不！一定是乐谱错了！”他的声音刚落，评判席上那些评委们立即站起来，向他报以热烈的掌声，祝贺他大赛夺魁。

原来，这是评委们精心设计的一个圈套，以试探指挥家们在发现错误而权威人士不承认的情况下，是否能够坚持自己的判断。因为只有具备这种素质的人，才真正称得上世界一流音乐指挥家。在三名选手中，

只有小泽征尔相信自己而不附和权威们的意见，从而夺得了这次世界音乐指挥家大赛的桂冠。

一个人能不能做好一件事情，除了看他是否具备能力，还要看他是否有足够的自信。

自信，就是信赖自己有足够的能力取得所追求的价值。对于孩子来说，自信是他们发挥能力的前提。当孩子信心十足时，就会有足够的勇气和决心去尝试更多的机会，挑战更多的可能；当孩子缺乏自信时，哪怕只是最简单的一件事情，他也会左右躲闪，不敢直面。

缺乏自信的孩子，会对自我产生怀疑，会打心底里认为自己是“能力匮乏的人”，会认为自己无法满足别人所期待的价值。这种糟糕的心态，会让孩子慢慢产生一种感觉，认为自己不重要，不值得被别人珍惜，因为自己没有能力去满足别人的价值期待。

当孩子认为自己不重要、没有足够价值时，就无法真正理解“自爱”（自己爱自己）的意义，更无法明白“自尊”（自己尊重自己）的真正价值。而自信、自爱、自尊恰好又是构成孩子“自我价值”，拥有成功快乐人生的关键。

所以，身为父母的我们，不仅要注重孩子能力的提升，同时还需要引导孩子建立自信。自信的建立，来自孩子一次次施展能力，并逐步积累起来的经验。有了这些经验，孩子就会产生自己的判断，认为自己有能力去完成这些事情。培养孩子自信的方法，归纳起来就是：鼓励孩子多做，多做到，多因做到而收获肯定。

比如，在孩子学习时，我们可以鼓励他尝试更多的方法，并在他成功后给予积极的肯定和表扬；在日常生活中，我们可以引导他做一些简单的家务，在他完成后给予夸奖和奖励；在和孩子一起参与活动或者玩耍时，我们可以寻找适当的机会，向孩子传递这种积极的信号，鼓励他建立自信。

当然，在漫长的成长岁月中，孩子不可能一帆风顺，他会一次次地面临挑战。有时候，孩子难免会信心不足，比如面对重要考试的焦虑、惶恐，面对新环境的胆怯、害怕，面对挫折的惶恐、羞愧。这时候，父母要及时站出来，帮助孩子增强内心的力量，让孩子从沮丧中走出来，尽快地渡过难关，重拾信心。这时候，父母可以采取以下3种方法。

1. 抽离法

当孩子因处于某种环境或遭遇某些挫折，导致其对未来不自信而产生某种不良情绪，例如害怕、担心、焦虑、反感、抗拒，甚至愤怒时，父母可以用“抽离法”，让孩子摆脱这份不良情绪。

抽离法，就是让一个人从当前的状态中抽离出去，换一个角度来看待这个“带有情绪的自己”。它的具体引导步骤如下。

父母让孩子坐在椅子上，然后在门口作势给他拍照（并非真的拍照），接着将这张“照片”（实际上是一张白纸）递给他，让他描述这张“照片”在他脑海中是什么样子的。例如，在他看来，“照片”中自己的坐姿是怎样的？神态表情是什么样的？旁边的物件是什么样的？

这一步可以反复进行。如果孩子在描述过程中存在困难，父母可以真的拍一张照片，让他进行描述，然后再渐渐摆脱真实的照片，发展孩子的抽离思考能力。

当孩子可以熟练地描述“照片中的自己”后，我们就可以适当提高练习的难度，比如在生活中，随手指一个方向，问孩子：“从那个方向看过来，你看到的‘照片’是什么样的？”

在孩子进行描述时，父母需要判断他所描述的立体景观是否正确。如果孩子表述不清，也可以用动作来表示。在询问孩子时，父母可以将问题细化，这样可以更好地引导孩子。比如，父母可以问：“从那个方向看过来，能看到你的右手吗？”或者“从那边看过来，你的身体会挡住什么？”

当孩子熟练掌握这两步之后，我们就可以鼓励孩子一边行动，一边练习抽离法。让孩子坐在椅子上，引导他想象自己正处于空中向下望，看见自己坐着的状态。然后，引导孩子站起来走动，同时让他继续想象自己正在上空，看着自己在地面上走动的景象。

当这一步也能收放自如，我们就可以帮助孩子完成第四步训练。先让孩子坐下，看着家长，再让孩子想象自己正在空中向下望。在这个过程中，提醒孩子一边想象，一边听你说话。

当你说完三两句话后，试着停下来，让孩子复述你的话。通过调整语句的长短，家长可以调节孩子练习的难度，帮助孩子慢慢掌握这种方法。

抽离法，可以有效地让孩子从某种消极、负面的情绪中摆脱出来，当孩子面对挫折或失败产生不良的情绪时，父母可以借助这种方法，让孩子快速走出阴影，恢复思考和行动的力量。

2. 未来景象制造法

当我们用抽离法，引导孩子从不良的情绪中走出来后，还需要为孩子提供一份强大的前进动力，去驱动他自信心的建立。这时候，我们就需要用到“未来景象制造法”。

未来景象制造法，就是引导孩子对未来获得成功时的景象进行想象和描述，从而驱动其积极主动和自信心的一种方法。对于刚遭受挫折的孩子来说，一幅成功的未来景象就像一剂强心针，是孩子最需要的。否则，他就会跌落到“失败的未来景象”的幻想中，让自己再次陷入灰心、却步、逃避的状态。而对成功的想象，则会引导他变得更加积极和主动。

未来景象制造法其实很简单，父母只需要引导孩子想象未来成功时的场景即可。比如，孩子考试失利，我们就引导孩子确定下一次的考试目标，例如80分（目标不能脱离实际）。然后，描述孩子在达到这个目标后的景象，比如获得老师的嘉许，获得父母的奖励，获得邻里的表扬等。在描述景象时，切记不能只言片语，要细化，让孩子对“成功”的想象更具体、丰满和真实。在这个过程中，可以让孩子闭上眼睛，在脑海中一点点构建起“考试目标达成”时的画面。

当这幅画面在孩子的脑海中形成，父母就需要引导孩子，将那幅画面放在孩子脑海中能够帮助他的位置。在这一步中，父母可借鉴下面的引导话语。

把景象图推向右上方，就像时钟上1：00的位置。（这是针对常用右手的孩子；在引导常用左手的孩子时，需要改为：把景象图推向左上方，就像时钟上10：00的位置。）

校正那幅画的颜色，它是彩色的、鲜明的、光亮的。把那幅画拉近一点，直到你的心里产生一种良好的感觉为止。

好的，做两三次深呼吸，想象每次吸气，那幅（未来成功的）景象都会在你内心凝固。

这时候，可以试着和孩子闲谈几句，然后测试一下孩子大力吸气多久之后，那幅（未来成功的）景象会浮现出来。做数次这样的练习，并教导孩子每次需要获得达到目标的动力时，都可以凭大力吸气来实现。

未来景象制造法不仅可以用来鼓励孩子的自信，还可以配合抽离法，让孩子在遭遇生病、手术或其他挫折时，更好地面对困境。

3. 借力法

自信心不强的孩子，在面对挑战时，内心会严重缺乏力量。这时候，父母可以利用“借力法”，在短时间内，为孩子添加一份力量。

（1）“借力法”之一：假设孩子完成一件十分令人自豪的事情，父母可以引导孩子在脑海中设计出成功的画面与声音。

比如：引导孩子想象当时的环境布置、灯光色彩、任务景象等，将它们连在一起，形成动画，再加上人物说话的声音、背景的声音和孩子的内心独白。

（2）“借力法”之二：当孩子认为自己没有能力做好一件事情时，父母可以引导孩子想象一个有此能力的人就站在他不远处，鼓励孩子去向“这个人”借取这份能力，并且向孩子保证，“这个人”的能力不会因为借出、分享而被削弱。

引导“借取力量”的过程需要很具体，父母可以引导孩子想象这个借给他力量的人在对他点头、招手。当力量借予他之后，“这个人”扬起手，撒下代表能力的光粉，这光粉如雨点般洒落在孩子身上，让孩子感受到力量在提升和聚集。

有时候，我们可以引导孩子，把借予力量的“这个人”想象成孩子的偶像。比如：当孩子缺乏勇气时，可以将“这个人”想象成孙悟空、奥特曼；如果孩子年纪稍大，也可以将“这个人”想象成其他具有这个能力的人。

（3）“借力法”之三：引导孩子想象一个拥有此能力的人，回想上次（或者幻想一次）见到他时的状态。

比如：当孩子因演讲而担忧时，我们可以鼓励孩子幻想一个演说天才站在讲台前的样子。他是如此自信，他的声音铿锵有力，他的语气镇定自若；他是如此引人注目，所有人都为之欢呼。然后，引导孩子想象自己慢慢站起来，走向他，和他并肩站在讲台上的景象：演说天才向他表示欢迎，台下的人投来期待的目光。你们一同面向台下的听众，他们看着你和演说天才并肩而立。你听见欢呼的声音，那是为你们而响起的。然后，你横移一步。没错，你站在了他的位置，你成为他，你现在是演说天才。语言从你心中产生，经由你的口而涌出，吸引了无数的听众，他们再一次为你欢呼喝彩。你内心产生了一种强烈的自信。现在，大力吸一口气，感受这份力量在你体内不断强化。

以上三种方法，可以为孩子内心注入强大的力量，帮助孩子走出挫折的困扰，建立起自信。

对于孩子来说，自信不仅是充分发挥能力的前提和保障，也是让孩子变得自爱、自尊，形成“自我意识”，过好这一生的重要“本钱”。

自信的人，会怀着一份积极的心态对待自己的人生，以及人生中的每个人和每件事。在面对困难时，他会选择相信自己，而不是指望别人。在遭遇挫折时，他会想着寻求办法，而不是满腹牢骚。

自信的人，总是希望通过自己的努力、自己的能力、自己的力量去做出改变，实现目标。由于这份自信，他也可以更加从容、坚定地应对人生中遭遇的问题。在收获人生的成功、快乐时，他的内心也更加饱满。因为他一直都怀着一个坚定的信念：我有能力实现自己成功快乐的人生！

第四章　懂关系：才能收获三代人的幸福

一、亲子关系真相 1：子亲之爱

1. 子亲之爱：重塑与上一代的关系

我的学生给我讲过这么一件真实的事情。她曾给一个中年男人做过心理疏导，那个中年男人名叫志强，他和妻子结婚后生有一个女儿。

据我的学生说，这个名叫志强的男人，心里其实很疼自己的女儿。平时，他会把最好的东西都给女儿，送女儿去最好的学校，给女儿买最好的衣服，带女儿去游乐园玩。

可就是在和女儿交流时，他总是控制不住自己的脾气。很多时候，他和女儿的交流总是以争吵收尾。尤其是在女儿的学习问题上，这种情况更是严重。

每次发完火，志强又懊悔不已，声称这不是自己的本心，他完全控制不住自己。这样的情况一直持续，直到女儿进入叛逆期，开始疏远他、逃避他。志强才意识到这种情况已经到了几乎难以挽回的地步。

于是，他抱着试一试的态度找到我的学生。在我的学生的询问下，真相一点点解开了。原来，志强很小的时候，曾和父母一起生活在北方。父亲喜欢喝酒，一喝醉了就对志强又打又骂。小时候，志强总会因为各种原因挨骂。

最令志强无法释怀的是，有一年冬天的傍晚，父亲因为喝了酒，脾气上来了，对刚从外面玩耍回家的小志强一顿臭骂。骂到一半，父亲拎着他的脖子，像逮小鸡一样，把他从房子里揪出来，扔到门外，大喝道："你爱玩，就在门外玩个够吧！"小志强被关在门外长达两个小时。

那个寒风刺骨的冬夜成为小志强童年经历的缩影，也成为他一生挥之不去的阴影。随着志强的成长，他的内心也逐渐刚强和偏执起来。然而，直到志强成为爸爸之后，这种由父亲那里"遗传"下来的特征才显露出来，并施加到女儿身上。

这是一个很特别的案例，志强的“原生家庭问题”隐藏得很深。他在无意间，将父亲对待自己的方式，用在了自己女儿的身上。

我们一生都注定要经历两个关系：一个是我们作为孩子，跟父母的关系，也就是“子亲关系”；另一个是我们作为父母，和子女的关系，也就是“亲子关系”。

无论是子亲关系，还是亲子关系，都有一个共同特征，那就是无从选择、不可抗拒。所以，它们是我们一生中最重要、最关键的关系，是我们的“铁三角”关系。

亲子关系如何相处，我们通过前面三章内容已经有充分的了解。

那怎么理解“子亲关系”？简单来说，子亲关系就是成年后我们跟父母的关系，它占据了我们人生70%以上的时间，子亲关系的重点在于我们如何看待父母、如何对待父母。如果我们内心是拒绝父母的，心中情感要么苍白无力，要么充满怨念的力量，这意味着我们跟上一代人的子亲关系处在中断状态，这会直接影响到我们的工作与社会关系，比如造成处理与上司关系、与同事关系、与财富关系、与亲朋关系的非理性姿态；也会造成多种多样的人生困惑，比如性格孤僻、赚钱困难、心理创伤、人际关系困惑等。这是亲子篇要深入理解的第一个真相。

重塑与上一代的关系，需要我们练习逐步与父母和解、与父母建立有效的联结。

关于我们与父母的联结，我们可以总结为以下几个方面。

（1）生命是由父母带给孩子的，如此代代相传，且只有一个方向：向前!

（2）父母给我们的生命，已经包含了父母的全部力量和爱，毫无保留，也不能更多。这是我们经营成功、快乐人生的最基本、最核心的资源。

（3）如果我们无法接受自己的父母，就缺乏足够的力量和爱去过好自己的一生。

（4）既然接受了生命，就无从抗拒。我们不能接受的，只是出生之后父母没有做某些“该做”的事，或者做了一些“不该做”的事。

（5）孩子资格感的根本来源是父母。

（6）力量与爱不足的人会生活得很辛苦，婚姻和事业都不会幸福。

（7）不接受父母的人，也难以建立好的亲子关系。

（8）父母、子女构成的“铁三角”关系，不能否定、不能拒绝、不能代替、不能改变，只能无条件接受。

（9）血缘上，每个人只有一个父亲、一个母亲，那就是我们的生父生母。

（10）学问修行再高也不能消除不接受父母的内心困境。

2. 子亲关系的3种状态

有一个女生，总是抱怨自己的男友说话难听。女生随口问一句：“你在吃饭啊？”男友想也不想，就甩回一句：“难道等你喂我啊？”

很长时间里，女生都为男友这样的说话方式而生气。直到女生第一次去男友家做客，无意间听到男友和妈妈的对话才恍然明白，这一切的根源在哪里。

男友问妈妈：“夹子在哪儿？”他妈妈反问：“夹子在哪儿你不知道？”男友又问：“是不是在阳台？”他妈妈又反问：“不在阳台还能在哪儿呢？”

很多时候，我们无意间说出的话，或某个下意识的习惯，其根源都可能追溯到自己的父母那里。

心理学大师米纽庆在《回家》里有一段话：“也许要走到世界的尽头，才会发现我们和父母是如此的亲密，仿佛从来没有分开过；也许要走到生命的终点，才会了解我们和父母是多么的相似。我们就是他们生命的延续。无论我们走到天涯海角，从心灵上说，都是走在回家的路上，都是在寻寻觅觅我们与父母之间那份遥远的亲密。”

全球著名身心灵导师奥南朵在《对生命说是》里也有类似的观点：“在你娶一个女人之前，要先了解她的母亲（或是在你嫁给一个男人之前，要先了解他的父亲），因为你这位身边人，将来可能也是那个模样！”

所以，在学会如何做父母之前，我们必须先了解自己的父母，明白如何做好一名子女。因为，父母是我们的根源，是我们对待亲子关系的潜在、深层因素。只有真正懂得我们的父母，在处理亲子关系时，才能避免许多问题。

我们只有一个亲生父亲和一个亲生母亲，我们是无法选择、无法抗拒、否定或者更换自己父母的，因此不能忽视这一份“子亲关系”。

前面我们提到，当我们的内心处于拒绝父母的状态时，我们的心灵也会感到苍白无力，或者充满怨念，一直活在“自我证明”之中。这就意味着两代子亲关系的中断，会造成多种多样的人生困惑，比如性格孤僻、赚钱困难、心理创伤、人际关系困惑等。

在我们的生命中，“子亲关系”可能呈现以下3种状态：拒绝、接纳、感恩。

（1）“拒绝”状态：就是拒绝承认父母，拒绝承认“我是他们的孩子”

这种情况通常是由我们的原生家庭引发的。在原生家庭中，当子亲关系呈现异化特征时，成年后的我们就会逃避子亲关系，难与父母实现联结。

在这种状态下，我们会觉得父母在我们成长的过程中，没有给予我们想要的爱与力量，或者觉得他们是不称职的父母，甚至根本没有资格做父母。

不论是在理性上还是情感上，我们都无法说服自己接受父母。我们会认为，父母的某些行为是让我们感到羞耻的，我们会为“自己是他们的孩子”而感到羞耻。当内在和外在都拒绝父母时，我们也许会暗暗发誓：如果有来生，下辈子绝对不再做他们的孩子。

（2）“接纳”状态：就是承认父母、接受父母，认为“自己是他们的孩子”，但并未与父母建立很强烈、很可靠的联结

出现这种情况，很可能是因为我们在早年时，并未与父母建立起安全可靠的亲子关系，也可能是父母的养育方式不够平衡，亲子关系没有进行有效的分化。当我们长大后，虽然接受了与父母的关系，但无法构建起可靠的联结。

在这种状态下，我们对父母的接纳往往是有限度的。首先是因为身份，不得不承认自己是父母的孩子；其次是长大后，通过学习获得自我

认知的觉醒。

这种情况下，孩子会被动地与父母建立情感联结，但是这种联结大多缺乏效果，父母与子女之间交流的话题也多是生活琐事，双方的交流“不痛不痒”，很难深入、很难交心。

（3）“感恩”状态：就是我们身为子女对父母充满感恩

一个人对父母的感恩，往往源自早年时父母对其正确的教养方式和无条件的爱。

成年后，孩子感觉自己在父母那里得到过足够的爱与力量，感受到了父母对他们的付出和奉献，感受到父母已经尽了最大努力来爱自己时，我们就会感恩父母，完全接纳父母，主动去联结父母。

我们会为今生能拥有这样的父母而感到庆幸，为自己有幸成为他们的孩子而感到自豪，我们会暗暗庆幸：如果有来生，希望自己还是他们的孩子。

父母与子女的关系，是绝对的，是无从选择的，是不可否定和拒绝的。拒接接纳父母，排斥父母，就等于排斥和否定我们自己。我们是通过他们而获得生命的，他们是我们的起源。

否定了他们，也就否定了我们的根本，否定了我们存在的身份。如此一来，我们人生的意义也会迷失，对于子女的抚养和教育也会失去根本。终有一天，你或许会发现，当你无法接纳父母，你所教育出来的孩子同样也会无法接纳你。因为从根本上，你和你的父母是如此相像，这一点不会因为你无法接受而改变。

3. 如何重塑与上一代的子亲关系

当我们出于某种原因而对父母产生拒绝和排斥心理的时候，我们如何转变自己，变得接纳父母、感恩父母呢？

那就是学会与父母和解，学会对父母说“是”。

其实，当我们内心产生排斥父母的心理时，我们会发现：那些施加在自己身上的诸多压力，其根源都可以追溯到这种不和谐的“子亲关系”中。在子亲关系中，事情往往就是这样：**你越是拒绝和排斥，那股“力量”就会变得越强大。**

我们可以试着对父母说“是”，想象自己对父亲和母亲说“我有点像你”。感受这句话带给你的释放与能量，努力看到这句话所呈现的积极和有趣的一面。

学会对父母说“是”，不是让我们对父母的品格或行为说长道短，而是单纯地站在子女的角度，认同他们是你的父母，他们给予你生命，没有他们也就没有你这一生命的真相。

建立良好互动的子亲关系，厘清头脑内你和父母的关系，对你生命的任何一方面都很重要。父母有着自己本来的样子，作为孩子，你有一半的部分来自父母。

当你说“我讨厌你”“我恨你”“我不承认你们是我父母”的时候，你就否定了一半的自己，放弃了一半的自己。

当你选择接纳父母、感恩父母，也就选择了成为自我，选择了完善自我。那么，你将不仅迎来一个全新的、感恩状态的子亲关系，还会帮助你在人生的下一阶段建立起更好的亲子关系。

二、亲子关系真相 2： 亲子之爱

很多年前，我的一名学生参加了国际级心理治疗大师李维榕的治疗工作坊。在工作坊里，他看到这样一对母女。

一位30多岁的女儿在爸妈陪伴下参加治疗工作坊，轮到她的时候，李维榕说：“你过来，坐在我的旁边吧。”

这个女儿不自觉地转过身，问一旁的妈妈：“妈妈，她叫我过去，我要不要过去？”

妈妈说：“过去过去，乖女儿，妈妈陪你过去。”然后，这位妈妈就挽着女儿，走到李维榕的身旁坐下了。

也许，你也和我一样惊讶：30多岁的女儿，做一个小小的决定，还需要问妈妈的意见，这样的女儿怎么可能过好自己的人生呢?

这位母亲看似慈爱的回答，却是在一点一滴地摧毁自己女儿的一生。在过去30多年的时光中，她没能帮助女儿成长、蜕变，以至于在这么小的一件事情上，女儿都无法照顾好自己。这样的母亲其实并不少见，越来越多“妈宝男”、巨婴现象的出现，说明这种情况正在演变成大家关心的社会问题。而这种现象的背后，其实是身为父母的我们，对亲子关系的理解陷入了误区。

在所有以“爱”为前提的关系中，亲子关系是唯一指向分离的。亲子关系的目标，是帮助孩子成长，让孩子思想成熟，让他能照顾自己，让他的能力不断提升。最终有一天，当他离开我们时，他可以更好地生活下去。这是亲子关系中要掌握的第二个真相，也是我们教养下一代的前提。

从人类生命系统的角度看，我们的生命是在不断传承中维持和延续的。每一代人都会经历从成长到恋爱，再到结婚，继而创造新的生命，进而成为父母（孩子在父母的照顾下成长），最后新的生命又开始成长的过程。我们的生命，就是在这种重复中不断循环、周而复始的。

其中，亲子关系就处于“我们成为父母，孩子在我们的照顾下成长”的阶段。它的先决条件是家庭的组建，它的后续阶段是孩子发展出足以照顾自己的本领，然后孩子会开始自己的循环，展开自己的生命传承过程。

一旦在“父母照顾孩子”的阶段出现问题，孩子在接下来其他阶段的生命活动中，会遭遇各种艰难险阻和人生困境。

因此，**亲子关系的目标十分简单，同时也非常明确，那就是帮助孩子培养出足够的能力，让他拥有照顾自己人生的本领。**

想要让孩子掌握“照顾自己人生的本领”，我们就需要让孩子了解这个世界，让孩子拥有成熟的思维能力，让孩子自信而独立。当他在面临抉择时，可以独立、自信地做出判断；当他处理与他人的关系时，可以不断收获别人的爱与尊重；当他离开我们，拥抱这个美好世界的时候，可以坚定而勇敢，不至于因为能力匮乏而犹豫不决、一步三回头。

我的另一位学生，常年生活在上海，认识了不少成功人士，这些人中不少人已为人父母。有一次，我的学生参加一个太太团的周末下午茶，其中有十来位母亲在叽叽喳喳地闲聊。

当她们聊到自己的孩子时，我的学生出于专业研究的好奇，听得格外仔细。其中有一位张太太，她的儿子刚满16岁，丈夫希望送他到美国读书。

陈太太说："我觉得孩子还太小，不应该离开父母！"李太太说："要是我，可舍不得让孩子离开我！"唐太太说："让孩子早一点出去是磨炼，我看挺好的！"

最后，所有人都把目光聚焦在我的学生身上，张太太问："你是这方面的专家，你有什么看法吗？"

我的学生说："张太太，你和儿子谈过这个话题吗？"张太太点点头："谈过了，他好像有些不情愿。"我的学生说："既然如此，那还有什么可考虑的呢？"

张太太急忙摇头："他爸爸说，男孩子不可以没出息。他越是不愿意，就越要送他出去，磨炼他的意志。"

我的学生问："那你孩子平时的生活怎么样啊？"

张太太说："他学习成绩很好的，而且我们还为他安排了各种活动，他在游泳上也很有天赋。至于其他的嘛，他学习太忙，我们就没让他操心了。"

我的学生又问："那他的饮食起居如何？"

张太太眉头一皱，露出不屑一顾的表情："这些琐事，当然不用他操心了。我们家里专门给他雇了三个保姆。"

我的学生说："这就是问题，你的孩子需要学会照顾自己的饮食起居，他缺少这些能力。要是以现在这样的状态去美国读书，即便同样雇佣三个保姆，他的生活只怕也会非常艰难。"

张太太申辩道："既然如此，正好趁这次机会送他去锻炼。反正他迟早也要面对的，早一点不是更好吗？"

我的学生说："早一点是很好。不过，这个'早一点'，最好是在离开父母之前。在与父母一起生活的时间里，他若是能够独立地生活和学习，那才是具备照顾自己的能力。否则，将一个没有照顾自己的能力的孩子单独放到国外，不用想也知道他在生活、社交等方面都会出现问题。久而久之，他在这些问题上会积攒大量压力，最终会影响他的学习、成长，甚至更多方面。”

在亲子关系中，父母的主体性和作用十分关键。要实现良好亲子关系的目标，父母需要做出更多努力。

1. 身为父母，要给自己一个正确的定位

几年前，我曾设计过一个“NLP卓越青少年活动课程”，目的是针对8～14岁的青少年，培养他们的自信、社交和协作能力。

在开幕仪式上，我们要求每位青少年站起来做自我介绍。轮到一个9岁的孩子时，他紧张得不敢站起来。

我走到他的身旁，试图给他勇气。可是，他却变得更加局促不安，低垂着脑袋，两只小手不停地抠着手心。最后，我给了他更多的时间，希望他能做好准备。

可是，等到仪式快结束了，他的紧张情绪一点都没有消退。助教走到他旁边辅导，吓得他额头渗出汗水，脸颊涨得通红。当他说出第一句话的时候，背后的衣服都已经湿透了。

开幕仪式结束后，我找到这个孩子，和他单独交流，才知道这个孩子从小就在严厉的家庭环境中长大，父母对他十分严格，甚至到了“凶狠”的地步。

在和他交流时，父母嘴边总是挂着“你必须……”“你应该……”“你不这样做怎么行”之类的话语，并且不许他顶嘴。这个孩子但凡敢顶嘴，必定被父母劈头盖脸骂上一顿。

所以，这个孩子从小就学会了服从，学会了垂头不语，学会了唯父母之命是从。即便到了需要自己发表看法的时候，他也没有勇气抬起头。得知孩子在开幕仪式上表现不好，这个孩子的母亲找到我，向我致歉，说：“很抱歉，孩子耽误您的课程了。他从小就这样，不太擅长交际，有时候一紧张甚至连话都不敢说。”

其实，这位母亲是该道歉的，不过不是对我，而是对她的孩子。她的孩子并非不擅交际，也并非不敢说话，只是在她的“教育”下变得胆怯和屈服了，没有学会“说话的能力”。

在那次课程中，我看到了太多这样的孩子。其中有一位孩子向我倾诉，他说："从小到大，我的爸妈总是否定我。无论我说什么，他们都说不行，说我没有这个能力，说我什么都做不好。到后来，我就什么也不敢做了！"

对于孩子来说，亲子关系是他们一生中的第一份关系，也是最重要的关系。他们从诞生以来，就像一张光洁无比的白纸，纯白无瑕，没有任何笔墨的痕迹。而我们身为父母，是最先和孩子接触的人，我们会在这张"白纸"上留下许多痕迹，会给他们的心理塑造添加浓墨重彩的一笔。

因此，在与孩子相处的过程中，我们必须用正确的态度看待自己的"父母"身份，必须用合适的眼光看待我们和孩子的关系。

首先，**父母并非超人，也并非十全十美的人，父母只是普通人**。我们必须承认，自己有心情好的时候，也有心情糟的时候；我们有自己的优点，也有自己的缺点；我们不可能永远正确，也不可能在任何事情上都做到完美。我们不是万能的，即便在培养孩子，和孩子相处的时候，也是如此。

其次，**父母和孩子有相同的、平等的需求，因为我们都是人**。在亲子关系中，有的父母过于强势，忽视了孩子的需求；有的父母又过于弱势，过度关注孩子，忽视了自己。显然，这两种状态都是不可取的。在亲子关系中，孩子需要获得尊重，家长也是；孩子需要获得平等的对待，家长也是；孩子做得不好时需要谅解和鼓励，家长也是。在亲子关系中，父母和子女是平等的，因为我们都是活生生的普通人，有着普通人都有的需求。

再次，**父母永远是孩子的父母，永远给孩子爱和支持**。这一点不言而喻，当过父母的人内心绝不可能抑制这种情感。当孩子获得成功时，父母永远是最高兴的人；当孩子收获喜悦时，父母永远是最开心的人；当孩子生活幸福时，父母永远是背后默默微笑的人；当孩子取得进步和成长时，父母永远在给予鼓励和嘉许；当孩子面临挫折时，父母永远会予以支持。

最后，家长需要用语言和行为来证明上面的道理，来表达自己的爱，所以必须言行一致。

在孩子面前，我们无须刻意端着架子，无须永远保持正确、成功和愉悦，无须害怕对孩子承认自己的错误，无须对孩子隐瞒自己的情绪，无须担心孩子会因此而变得脆弱。

我们需要做的是，在遇到事情时展现出自信、自爱、自尊的状态，展现出礼让谦和的处事姿态，展现出对事情的责任心。孩子看在眼里，也会模仿我们去做。同时，在与孩子相处的过程中，我们也要尽可能自然、轻松地表现自我，这样可以帮助孩子在未来的人生旅途中，培养一种自然、放松、自信、积极的人生态度。

2. 重塑与下一代关系的关键钥匙：打造温暖的家

所有父母都希望在各方面给孩子最好的，最好的教育条件、最好的生活水平条件、最好的物质条件……可是，到头来，他们总是忽略最重要的东西，那就是给孩子提供一个温暖的家。这是建设良好亲子关系的钥匙。

我亲眼见过太多的孩子，享受着优渥的家庭条件，但由于缺乏父母关爱，缺少一个温暖的家，而“误入歧途”，最终引发一系列家庭悲剧。

那些身处幸福家庭的孩子，由于获得了父母的爱与支持，在人生的旅途中，总是有取之不竭的力量去面对困难和挑战。他们更乐观、更自信、更有能力，在做事时也更能达到自己的目标、获得成功，也更能意识到自己的家庭责任和社会责任，并能拥有美满的生活。

想要给孩子打造一个温暖的家，父母就需要为孩子营造具备以下特质的家庭环境。

（1）**相互尊重**。每个成员都有自己的地位和生活空间，并且受到尊重，即便是孩子，也能得到每个人的尊重。

（2）**心态积极**。每个成员都有着积极、正面的态度，充满信心和活力。父母会努力帮助孩子，拥有这样的心态。

（3）**崇尚互爱**。每个成员都将信任、支持和爱视为最高价值。父母的行为和态度会表现出这些价值，并引导孩子重视这些价值。

（4）**各担己责**。每个成员都诚实，对自己的行为负责，父母从自身做起，用行动去引导孩子肩负责任。

（5）**容许差异**。父母容许孩子有不同的看法和做法，鼓励孩子去尝试，成员之间敢于承认问题和错误，不执着于自己的看法，更不苛求孩子与自己态度一致。

（6）**共同助人**。每个成员都富有爱心、乐于助人，父母会鼓励孩子，和孩子一起去做助人之事。

（7）**鼓励思考**。成员之间互相鼓励学习、独立思考。对孩子新颖的、独特的想法，父母会认真听取，然后找到正面的意义，做出肯定和鼓励，而不是孩子一开口就否定。

（8）**识己认人**。家庭成员认识到彼此之间的个体价值，敢于肯定自己和别人的优点、价值和贡献。

（9）**喜乐共享**。家庭成员之间，无论喜怒悲乐，都坦诚地和彼此分享。同时，父母也能倾听孩子分享的喜与悲，关心孩子的感受，与孩子共苦乐。

（10）**参与是金**。家庭成员之间能互相鼓励配合，共同参与到一件事情中，一起体验完成某件事情的快乐。注重家庭成员共同参与的过程和带来的意义，肯定一起做事的积极意义，无论结果如何，这样的过程都弥足珍贵。

在这样的家庭环境中，我们无须追求物质带来的价值，因为孩子会意识到，和自己最亲最爱的父母在一起，便是最大的价值。同时，父母也会发现，和孩子相处就是最大的享受。

这样的家庭环境能给孩子提供最好的生活动力和学习动力，能给孩子树立起正确的信念和价值观，能让孩子心中充满自信、自爱与自尊。同时，孩子也能在爱和鼓励中不断成长，走向成熟，变得独立和自强。

三、亲子关系真相 3：发现关系的源头

1. 依恋关系是亲子关系的源头

一个孩子出生后，他最早的人际关系就是和母亲的二人关系，后来父亲加入了，才变成三人的“亲子关系”，即父、母与孩子的“铁三角”关系。

建立亲子关系的第一步是建立依恋关系，依恋关系是健康亲子关系的源头。

依恋是婴儿和母亲之间存在的一种特殊的联结方式，是婴儿与母亲感情上的纽带，也是亲子关系的起点。这种联结方式一旦形成，就会变成孩子未来与人打交道或建立关系的一种模式。比如：在学校，他与同学和老师的关系；步入职场后，他与同事和上司的关系；恋爱时，他与恋人的关系；走进婚姻后，他与配偶和孩子的关系，等等。这是亲子关系要理解的第三个真相。

其实，我们的一生只有两种关系：父母与孩子的关系，以及其他关系。父母与孩子的关系，是其他一切关系的基础，它关系着我们每个人的身体和心灵。当我们在父母与孩子的关系中出现问题时，我们会发觉自己在其他任何关系里，都无法做到真正的联结，我们会深感无力，既无法真正理解别人，也无法获得别人的理解。

父母与孩子的依恋关系是怎么建立起来的？心理学家对此有深入研究，发现儿童依恋期的建立分为4个阶段。

第一阶段是婴儿3个月之前的“前依恋期”，婴儿会哭叫、微笑、咿呀学语，向周围发出需求信号，这些行为容易激发母亲的母性，母亲就会花更多的时间和婴儿待在一起。

第二阶段是婴儿3到6个月的“依恋关系初建期”，这一时期的婴儿会针对母亲发出信号，信号多表现为友好的，而且母亲的反应越来越频繁，表现出自发的喜悦，依恋关系在这种母子互动中初步形成。

第三阶段是婴儿6到18个月左右的“依恋关系的明确期”，这一时期的婴幼儿会通过身体移动发出信号向识别出的人表示亲近，遇到陌生人会躲开，以此表现出警戒和惧怕的情绪，这个时期婴儿会把母亲作为安全基地，并不断地向外探索。

第四阶段是幼儿3岁左右之后的“目标调节的伙伴关系期”，这一时期的幼儿能够对与母亲相关的行为的先后、因果做出认知推断，能洞察母亲的情感和动机，他们也能容忍与母亲的距离逐渐增大，并逐渐善于与同伴和不熟悉的人交往。

2. 建立稳定安全的依恋关系

什么样的依恋关系才有助于孩子健康成长？稳定安全的依恋关系最有利于孩子的身心健康。

稳定安全的依恋关系有四个特征。

第一，强烈的情感。在很多文学作品中，我们都看到，孩子被迫和妈妈分离时，会产生巨大的失落感，会克服千难万险去寻找妈妈。

第二，彼此的回应。我们都看到过这样的画面：妈妈抱着孩子，用温柔的目光看着她，对她微笑，孩子也报以同样的微笑。如果孩子看妈的时候，妈妈忽略了或者没有回应，孩子就会变得很失落，就好像跟妈妈失去了联系一样。

第三，依恋关系的唯一性。一旦母子间的依恋关系建立起来了，别人就很难代替妈妈的角色。同样，妈妈也很难随便找一个孩子来代替这个孩子。

第四，依恋关系是最纯粹的情感关系，而不是利益关系。虽然有“养儿防老”的说法，但是在依恋关系中，父母爱的是孩子本人，而不是孩子带来的用处。同样，孩子最看重的也是与父母的情感，而不是父母的养育功能。

有着稳定安全的依恋关系的人，长大后会非常有安全感，情绪比较稳定，有更强的社交能力、更好的同伴关系和更亲密的朋友。依恋关系也是婚恋关系的源头，对处理好婚姻关系也有着非常重要的作用。

除了健康安全的依恋关系，还有回避型和矛盾型两种不健康的依恋关系。回避型的依恋关系表现为：孩子在妈妈离去时没有紧张或忧虑感，妈妈回来后他们也毫不在意，表现出一种忽视和躲避行为，这类孩子在接受陌生人的安慰与妈妈的安慰上没有差别。矛盾型的依恋关系表现为：孩子对妈妈的离去表示强烈反抗，等妈妈回来后，既想与妈妈接触，但又表现出反抗，甚至发怒的情绪。

那么，怎么避免不健康的依恋关系，建立稳定安全的依恋关系呢？

人格心理学家卡罗尔·德维克提出了五种养育行为，可以帮助父母与孩子在婴儿时期就形成安全型依恋关系。

第一，父母对婴儿发出的各种信号和需要非常敏感，并迅速给予回应。

第二，主动调节自己的行为以适应婴儿，而不是以自己的个性、情绪去要求婴儿，或把自己的行为习惯强加给婴儿。

第三，用充满感情的、积极的情绪去表达，充满爱意地去与婴儿接触。

第四，积极鼓励婴儿探索周围的环境和事物，并在他们需要的时候对他们提供帮助和保护。

第五，常常和婴儿进行亲密的身体接触，如搂、抱、亲吻，并从中感到快乐和喜悦。

从德维克的观点可以看到，婴儿的安全型依恋的形成有赖于母亲对婴儿需要的恰当满足和积极对待。如果母亲能够发自内心地去爱这个婴儿，关注到婴儿的需要，并及时满足和回应，那么婴儿就会形成安全型依恋关系。

真相6　两性

处好两性关系，是过好一生的必修课。

两性关系包括爱情和婚姻：

其中爱情是人类永恒的话题，也是困扰最大的话题；

婚姻关系，是一个家庭最核心的关系，

没有婚姻也就无法构成家庭。

第一章　重建两性关系中“爱”的认知

一、两性关系中“爱”的3个真相

1，爱源于人的依恋本能

为什么说爱源于人类的依恋本能？上一个篇章我们讲到，亲子关系里依恋是健康亲子关系的源头。其实，成人亲密关系中的爱，也来源于人类同样的依恋本能。依恋关系是最纯粹的情感关系，而不是利益关系。在依恋关系中，父母爱的是孩子本人，而不是孩子带来的用处。同样，孩子最看重的也是与父母的情感，而不是父母的养育功能。

因为男女之间的爱，跟母子之间的依恋情感不仅有相似的生理基础，即产生令人愉悦的多巴胺和催产素，还有相似的体验和特征。所以，两性之爱也源于人类的依恋本能。

假如你正跟一个人交往，对方看起来对你不错，可也有些捉摸不定。你该怎么判断对方是真的爱你，还是逢场作戏呢？你可以通过依恋关系中的4个特征来判断。

（1）依恋中强烈的情感：你们之间是否有很强烈的情感联结

你会想知道，对方是不是真的在乎你，有多在乎。他会不会记得你们在一起时说过的一些话，记得一些对你而言有意义的重要日子，比如你的生日；他会不会知道你喜欢什么，不喜欢什么；你们会不会“一日不见如隔三秋”；如果你们要分手，他会痛不欲生，还是会满不在乎……这些都会提示你，你和他有没有强烈的情感联结。

（2）依恋中彼此的回应：当你们在一起的时候，对方是真的在回应你，还是在自说自话

你会思考，跟他说话愉快吗？能说到一起去吗？这不只是意味着对方符合你的理想，更重要的是，他能懂你，并对你说的东西有兴趣。如果你想跟他分享一件高兴的事，比如你今天涨工资了，他会替你高兴，而不是说就这么点钱有什么好高兴的；如果你跟他分享难过的事，比如你昨天做了一个噩梦，他会关心地问你什么梦，而不是很不屑地说噩梦

又不是真的；你们可以聊天气，聊今天吃了什么，聊看过的电影，分享彼此的工作和心情……在这种细碎的回应里，你们在滋润彼此，你们开始变得亲近。对彼此的有效回应在两性情感中显得非常重要。

（3）依恋中的唯一性：你在对方心里是不是特殊的、唯一的那个人

他对你的好有没有同样给予别人；他说过的感动你的话，会不会转头跟别人也说一遍。如果他对很多异性都很热情，而你只是其中一个，那你就会觉得被欺骗了，并觉得他可能不是真的爱你。当情侣对彼此表达爱慕时，经常会说的是："你是我心里最特别的那个人。"特别和唯一，就是真爱的标志。

（4）依恋中纯粹的情感：对方爱的究竟是你这个人，还是你对他有用

如果对方告诉你他很爱你，但坦承这种爱是因为你有好的家庭背景、你有高学历，或者你对他的事业有帮助，你就会觉得不舒服，并怀疑他对你的爱是不是可靠。真正爱你的人，爱的是你这个人的内在，而不是你附带的外在条件。

如果他符合上面的4个特征，那你就有很大的把握判断他是真的爱你。依恋的4个特征，既是维系亲子关系的情感纽带，也是维系亲密关系的情感纽带。

2，爱是一种对等的相似性

爱是一种对等的相似性，这句话有两层含义：第一层是讲两个人有非常多的相似性；第二层是讲两个人的付出和接受达到相对平衡时，才能长久地幸福下去。

（1）发现两个人的相似性

两个人从第一次认识到萌生爱情的过程中，最重要的关键词就是"相似"。这可能有点让人感到出乎意料，但是所有关于初期吸引的调查结果分析，都得出一个相同的结论，那就是当我们看到一个陌生人之后会不会产生好感，主要取决于那个人能让我们感觉到和自己具有相似性的多寡程度。

有个用于形容夫妻感情好的成语叫"琴瑟和鸣"，原指好的乐器能敏

锐地寻找能和自己产生共鸣的同类。另一个成语“一见如故”，是形容两个人第一次见面就感觉有很多共同语言，比如《红楼梦》里，贾宝玉第一次看见林黛玉，便脱口而出：“这个妹妹我曾见过的。”各种关于爱情的文艺作品里，都有这种一见如故的桥段，这也证明相似性在一段爱情中，确实有着非常重要的作用。

那么，怎样发现这种相似性呢？男女之间要想发现相似性，就要先了解都有哪些相似性。相似性一般有三个层次，随着人与人之间的了解，层层深入。

第一层相似性，就是你们俩的兴趣爱好。比如：爱听什么音乐，爱看什么电影，爱读什么书，周末的时候爱去哪里玩。

第二层相似性，就是一个人的三观。比如：你们俩的信念、价值观，如何看待这个世界与人生。

第三层相似性，是你们两个人的爱情观。比如：你们在内心深处认为爱情和婚姻应该是什么样子。

首先，探索第一层相似性，即了解两个人共同的兴趣爱好，你需要问自己一个问题：我喜欢和那个人一起做事吗？你们之间一起做的事情越多，两个人的兴趣爱好就越相似。有的人可能对恋爱、婚姻有一种误解，总想让对方看到自己的优秀，以为这样才能吸引对方。其实，两个人如果能有共同的兴趣爱好，经常在一起玩，其实更有可能走到一起。反过来，如果你释放出来的信号是不想和对方有共同的兴趣爱好，那也就关闭了接下来的可能性。

其次，探索第二层的相似性，也就是两个人三观的相似性，你就需要问自己：我们拥有相同的信念、价值观吗？曾经有一所大学做过这样的实验，研究人员举办了一个相亲活动，他们随机选几对男女，让他们在相亲活动结束之后，不管感觉如何，都要告诉对方，自己和对方有非常相似的人生观；其他的男女，则要在相亲活动结束之后，告诉对方，自己的人生观和对方不一样。结果表明，不管相亲中的真实感觉如何，只要你跟对方说，你们俩价值观相似，都会增进两个人的感情。这个实验说明，人们普遍偏爱价值观与自己一致的人。

还有一个有意思的例子：莉莉是个特别喜欢动物的女孩，她在一家动物收容所工作，还积极参加动物权利保护运动。莉莉和上一个男朋友分手，就是因为两个人聊到动物时男友说：“我也喜欢动物，尤其是鸽子汤和辣兔头。”后来莉莉又认识了一个人，他们第三次约会的时候，那个男生开车送她回家，发现路边躺着一只小狗，头上血迹斑斑，显然是被车撞到了。莉莉后来知道，那个男生开车送完自己，还要赶回公司参加一个重要会议，但就算是这样，他还是把车停下来，查看那只小狗的伤势，并且把狗送到附近的宠物医院。那一刻，莉莉觉得自己彻底爱上了那个人。

研究表明，能在男女之间制造强烈亲密感的，并非两个人共同价值观的数量，而是质量。只要两个人在价值观的一两个方面产生强烈共鸣，就可以促进亲密关系的建立。就像莉莉，正是约会对象爱护动物的态度，让她觉得两人非常亲近。

最后，在爱情中还要考察第三层相似性。你需要问自己，也需要问对方：对于你们来说，爱到底是什么？其实有很多人不愿意聊这个问题，甚至很多情侣和夫妻都不怎么聊，直到他们的感情出现问题时，才发现两个人对待爱情的态度实际上并不一样。所以建议你，对于这个问题要重视，早一点了解对方的爱情观，看看和自己是不是相似，这一点非常重要。

什么是爱情观呢？它就是我们对爱情应该是什么样或者不应该是什么样的一种期待。两个人应该有多亲密？要多少距离才合适？需要多少独立的空间？在一段爱情中，双方要付出多少？搞清楚这些问题，你才能搞清楚你们俩的爱情观。

有研究证明，你在婚恋关系中是否感到幸福，在很大程度上取决于现状和你心中的期待存在多大程度的差距。如果对你来说，爱情就是亲密无间和时刻相伴，那么内在性格淡漠的伴侣就会让你难以忍受。如果你认为理想的爱情就是两个相爱的人仍然保持独立感，那么太过黏人的伴侣也会让你难以忍受。早一点了解对方真实的爱情观，找到和自己相似的那个人，两个人才更容易享受爱情。

从相识、相知到相亲相爱，两个人的共同生活越来越密切。但“我”加“你”不一定构成共同的“我们”。“共同”这两个字是什么意思？两个人住在同一间屋子里面就是“共同”，还是指互相配合、互相支持的生活才是“共同”？在一辆公共汽车里，如果你看到两个人面对面坐着，但都是在自言自语，他俩构成了“我们”吗？没有。如果你看到他俩有共同的话题、兴趣和信念，都很投入地说话、聆听、分享，有共同的笑声，这才是“我们”！

两个人自说自话，只是“我”加“你”，未曾构成一个“我们”出来。每个人的信念系统都不同。如果两个人决定结婚，那说明他们的信念系统中有足够多的重叠部分。但两个人都必然有一些信念、价值观和规则与对方有所不同，如果重叠的部分够大，这些不同就不会使他们的婚姻出现问题；若重叠的部分已经磨损了很多，这些不同往往会成为引起关系不和的导火线。

（2）两个人的付出和接受相对平衡

爱的对等相似性的第二层意思，就是指两个人的付出和接受要达到相对平衡的状态。只有如此，爱才能持续，亲密关系才能长久、幸福。也就是说，在男女的长期相处中，双方都愿意给予对方爱、性、尊重、信任、支持、照顾等，同时也能接收到对方给予的这些，这样的两性相处才能够达成平衡。

男女关系中，真爱是无条件的。两个人相遇了，有了好感，总是有一方要先释放爱意。

例如，男方先给女方送上一束玫瑰。女方如果也有意思的话，可能会建议一起吃饭；男方看见女方释放善意，可能更进一步，吃晚饭后邀请女方一起看电影；女方如果还愿意，可能会说：“看完电影还早，一起喝杯红酒吧……”这样，一方付出多一点，对方接受，接受的一方觉得单方面接受不好意思，认为自己也得付出，且要付出更多一些，于是又反向释放多一些善意；接受的一方也有类似的心理，又进一步付出……

这样就形成一种两性交往的良性循环，双方都付出得越来越多，同时接受的也越来越多。可能某个小段落时间里一方接受的多一些，另一方付出的多一些，但不平衡处总会随着时间推移慢慢地趋近平衡。这样的两性关系处在付出和接受的对等平衡交替中，幸福感会越来越高。

你会说，这样的付出和接受也太简单了吧。确实，这还只是表面的平衡，如果到了谈婚论嫁的阶段，就需要进一步的平衡，比如物质上，男性需要承担赚钱养家的压力，女性要承担生儿育女的责任。

还有精神上的平衡：身份的确定——你是你伴侣的唯一的另一半，要在性关系上享受对方，还要在心理层面尊重、信任、理解、肯定、亲近、温暖、包容、支持对方。

3. 爱是一种行为能力

从先天形成角度来说，爱是源于人的依恋本能；

从关系互动的角度来说，爱是一种对等的相似性；

从后天技术的角度来说，爱就是一种行为能力。

经营好两性关系，离不开一个人爱的能力，这里的“爱”绝不是名词意义上的爱，而是作为动词的爱。有些人说自己多么爱对方，愿意为对方上刀山下火海，甚至可以去死，这不是爱，这种爱会给对方带来巨大压力，让对方想逃离，是不可取的。

很多口头上的“名词之爱”，对方不一定能感受得到，所以，我们需要从具体的行为上、言语上，给对方带去爱的体验和爱的感觉，这样才算有效的爱。

具体怎么发挥爱的行为能力呢？这里主要介绍6种爱的行为。

（1）爱是尊重的行为能力

尊重，是指尊重对方是一个独立的人。独立的人是指他有自己的使命和尊严，不是任何人的附属品。从原则上说，我们没有权利去命令对方按照自己的意愿行事，我们可以做的是尊重对方的目标和意图，鼓励对方去实现目标。

很多人之所以会烦躁、焦虑、纠结，都是因为想按照自己的意图掌控对方、改变对方，结果造成矛盾和冲突。只有平等地帮助对方获得他想要的快乐，才是尊重的爱。

（2）爱是倾听的行为能力

倾听通往理解。要理解对方，就要站在对方的角度，倾听对方的心声。在与对方进行语言沟通的时候，把握一些关键要素，有助于提高倾听的效率。

首先，要关注对方的情绪，听对方怎么说。即使对方觉得不高兴的事情在你看来根本不值一提，也需要予以重视，因为这是对方的心结。

其次，在倾听的过程中，尤其是面对问题时，千万不能急于否定对方的价值观或者嘲笑对方幼稚，而要放下身段，用同理心来理解对方。

再次，要用肢体或者语言向对方表示“我很重视你的想法”；跟对方进行互动，让他感觉到你能对他的情绪感同身受。

最后，不要忽略对方讲的每一件小事，认真倾听对方，真正理解对方，这样才是真的爱对方。

（3）爱是赞赏的行为能力

我们要学会赞赏对方，获取对方的好感，从而更好地进行沟通。

但是这里的“赞赏”不是简单的夸奖，更不是违心的奉承，它包含两层意思：一是要先识后赏，面对问题时不能只看结果，要看到事情的过程和发展，看到对方在事情发展过程中的闪光点；二是要从优点出发，帮助对方发现他的优点，并给予鼓励。

每个人都会喜欢经常赞赏自己的人，这是人性深处的需求。

（4）爱是提醒的行为能力

提醒不是唠叨，提醒是建立在尊重、理解、赞赏的态度之上的，是真诚地去提醒对方，适当地给予对方针对性的建议和鼓励。这样的提醒是最有效的陪伴，对对方的生活有莫大的帮助。

注意不要在公众场合或者外人面前大声提醒对方，不要带有批评语气，要正面表达和激励，不伤害对方的自尊。切记在外人面前给足对方面子。

（5）爱是包容的行为能力

爱他，就包容他！我们的生活都不是一帆风顺的，都充满了困难、挫折。对方的成长也正是通过克服一个个的困难、挫折而实现的。

缺乏智慧的人会无休止地指责伴侣的错误，有智慧的人会给伴侣犯错和改正的机会，并坚信对方能在错误中得到成长。当然，这里的“错误”，绝不能是原则性的错误和价值观层面的错误。

在对方犯错时，我们不要立刻指责对方，而应该先给予理解和包容，给予他们面对困难和错误的勇气和力量，使他们能及时改正错误。只有这样，双方才能在两性关系中共同成长。

（6）爱是等待的行为能力

等待是一种耐心，等待是一种信任。

两个人相处，不是我在等待你，就是你在等待我。很多伴侣会在等待的问题上发生矛盾，这是很不应该的。等待，本来就是爱的一部分。

当然，等待也是双向的、平衡的。如果变成单方面的要求，爱就丧失了信任。

总之，爱是一种平等地尊重、理解、包容、赞赏、提醒和等待的能力。牢记“平等”两个字很关键，没有了“平等”，爱就变味了，爱的天平就倾倒了。

二、别让这 3 种错误的“爱”影响你的两性关系

有一对夫妻，结婚时约定：结婚以后，不许和别的异性说话。结婚之后两年多，妻子一直不允许丈夫和别的女人说话，每次看到他和异性聊天，哪怕是在公共场合，她也会走上去，粗暴地打断，然后指责丈夫违背了当初的约定。

有一次，因为一项紧急工作需要处理，丈夫需要和一位异性同事联系，结果打电话时被妻子听见了。妻子因此心里不舒服，和丈夫“冷战”。

丈夫觉得妻子莫名其妙、不可理喻，妻子却认为丈夫不在意她的感受，违背了当初的约定。两人因此发生争执，妻子哭泣道：“你再也不是结婚前的那个人了，我后悔和你结婚！”说完，妻子夺门而出，回娘家去了！

很多婚姻出现问题，往往是夫妻二人对婚姻抱有某种“执念”，就像上面的妻子，坚决要求丈夫不和别的异性交流。这样的“执念”对夫妻感情往往有百害而无一利，是我们需要警惕的禁忌。如下3种错误的“爱”极易影响两性关系，应予以避免。

1. 爱就意味着占有

在一些人的观念里，爱一个人就要占有他，拥有他的全部。他们认为，自己有权力以“婚姻”的名义，对伴侣提出各种要求、条件和限制。这是一种“执念”，就是用一张写满“爱”的绳索，将对方牢牢绑起来，试图用“为了他好”“为了爱情”“为了我们的幸福”这类动机，来掩盖自己占有对方的欲望。

在一份美满的婚姻里，男女双方会发现，真正的爱是没有条件，也没有限制的。“爱一个人”只给予你为某人付出的动力，并没有给予你控制这个人的权力。

一个人不能控制另一个人，也不能改变另一个人。我们所能改变的，只有我们自己。但在某种情况下，我们的改变也能引导对方做出改变。

当夫妻双方在某件事情上取得一致看法，并采取符合一方意愿的某些行动时，我们很容易产生一种错觉，认为另一方正在按照你的意图行事，对方正在接受你的指令，对方正在受到你的控制。这是一种强烈的错觉。好比我们开车行驶在高速路上，当你从后视镜里看到其他车辆紧跟在你身后时，你会认为它们在紧跟你的“步伐”，按照你的方向行驶吗？当然不会。你很清楚，它们不过与你一样，恰巧也走这条路而已。

不过，很多人在“夫妻关系”中看不透这一点，他们会误以为对方依赖于自己的指令，因此自己有权力给对方下达指令。久而久之，他的内心就会产生一种错误的认知：对方需要按照我的想法行事，因此我有权力控制他，有权力对他指手画脚、吆五喝六。

这样的态度是对婚姻关系的极大伤害。它让我们在无意间把“爱”当作控制伴侣的工具，将一份崇高的感情变成一根廉价的绳索。这会让我们产生一种“高人一等”的错觉，错误地认为自己在婚姻中处于主导地位。

这种状态是令人窒息的，会让人感到强烈的不安。哪怕对方是你的伴侣，也会在你的“淫威”下心惊胆战，产生一种反抗心理，想要逃离你的控制和束缚。当对方拥有这种想法时，并非他不爱你，而是他本能地想要逃离你的掌控罢了。你们之间出现的这种“逃离”的状态，对于你们的婚姻来说是致命的，因为它正在让你的另一半离开你，让你们的婚姻产生裂痕。

我们需要明白：爱一个人，并不意味着对方也同样爱你，也没有给我们权力去命令对方做什么，或不做什么，更没有“要求对方照顾你快乐”的权力。

九成以上的婚姻问题都源自这种认知错误。他们认为，在爱情里是没有自由的。拥有这种想法的人，错误地认为自己在婚姻中拥有“占有对方”的权力。实际上，爱情与婚姻是让彼此甘愿为对方付出的，因此不会思考是否会失去自由，但这并不意味着爱情与婚姻是没有自由的。

明白了这一点，我们就无须把精力耗费在占有对方、控制对方的想法上，而是想着如何改变自己，从而引导对方做出改变，促使婚姻关系更加和谐美满。

2. 爱着心里理想化的“照片”

一位女士曾在我的课上，向我抱怨她的丈夫这里不好、那里不好。当我问她为什么和“这么不好”的人结婚时，这位女士说：“他当初可不是这个样子的。他年轻的时候很帅，很浪漫，也很会说话，很讨我开心。可是他现在完全是个油腻的中年人，平时不修边幅，也不浪漫了，笨嘴拙舌，连‘我爱你’也说不出口了。”

当我让她试着想一下丈夫现在的优点时，这位女士陷入了沉默。在我的引导下，女士一点点回忆起丈夫现在的优点：更踏实了，更稳重了，更会照顾人了，而且经常下厨做饭……

回忆到后来，这位女士自言自语道：“这么说来，他好像也没有我想的那么糟了！”

其实，这位女士遭遇的问题，也是很多人在婚姻关系中经常遇到的情况，那就是爱着自己心里理想化的某张“照片”，无法释怀。比如，这位女士就爱着结婚前丈夫英俊帅气、很浪漫、会讨她欢心的“照片”。

当她抱着这张“照片”不放，展开两人的婚姻时，就会下意识地将伴侣与“照片”中的形象进行对比，仿佛带着放大镜一般，搜寻伴侣的缺点和不足，然后不断放大。

更可怕的是，我们内心的“照片”往往在不断的“脑补”下，变得越发完美。与这样完美的“照片”对比，伴侣往往会相形见绌。于是，我们便下意识地认为，对方的缺点越来越多，优点越来越少，婚姻变得越来越糟。

还有一种情况，在我们成长的历程中，脑海中会幻想出“完美伴侣”的形象，慢慢形成我们内心的照片，比如把某些偶像的优点想象成伴侣的优点。久而久之，我们会打心底里认为“理想对象就应该是这个样子”。这种“完美形象”包括外貌、语言、行为、态度、个性、兴趣、习惯、家庭条件，以及对人生的期待等。

当我们带着“白马王子”或“白雪公主”的幻想，迈入婚姻的大门时，便会慢慢发觉理想和现实之间的巨大落差。

即便我们历经千辛万苦找到了心中的“完美伴侣”，但在婚姻生活中，还是会发现对方不断有缺点冒出来。于是，我们心中幻想的完美形象破灭了，因此认为自己的婚姻陷入糟糕的境地，想要脱离对方。其实，这不过是我们对心中“照片”的执念罢了。

所以，**内心的“照片”或许可以作为我们寻找婚恋对象的标准，但不能让它成为我们婚姻的绊脚石。**我们要学会放下心里的“照片”，冷静思考眼前这个人的真实条件：这些条件，是否能在漫长的岁月里和我配合，与我创造出成功、快乐的人生呢？

当我们学会放下心里的“照片”，将注意力转移到伴侣的身上，我们会慢慢发现那些伴侣身上曾经被我们忽略，却可以让我们感到满意的地方。甚至，我们可能还会找到伴侣身上比“照片”更好的、更有意义的东西。

不愿放下“照片”的人，很容易和现实脱节，活在自己幻想的世界里。结果，换来的只能是一次又一次的失望，从而消耗我们对婚姻的热情，在之后的婚姻生活中变得越发无力和无所适从。

换个角度想一想，当我们对伴侣提出完美要求时，自己又能否做到完美呢？

3. 爱会给我带来快乐的生活

我曾经遇到这样一个案例：一位男子对我说，他明明很爱自己的妻子，也能感受到妻子对他的爱，可是两人结婚十几年了，日子过得却并不算快乐。

有时候，丈夫想要给妻子一个惊喜，送一份礼物，妻子却指责他浪费；有时候，妻子在家里忙碌，他却说妻子是瞎操心……很多时候，他们甚至会因为类似的问题而吵架，争得面红耳赤、不可收拾。

最后，这位男士问我，他们之间的爱是不是已经变质了，他们的婚姻是否要继续下去？

爱让两个人迈入婚姻的殿堂，住在同一屋檐下，**但爱并不保证我们可以生活得快快乐乐**。一些人想当然地认为，相爱的两个人生活在一起，就应该是幸福的、快乐的。如果不幸福、不快乐，就说明他们不相爱了。

但我可以笃定，即便如白马王子和白雪公主般相爱的两个人，生活中也不乏烦恼和痛苦的时候。越是体会过深爱的人，越是能感受到生活中潜在的不快乐，以及这种不快乐带来的刻骨铭心的痛苦。

仅凭爱，很难保证婚姻生活一定收获多少乐趣，我们需要在这份“爱”之外，维持一种良好的心态，再加上一些相爱的技巧。

心态和技巧，是我们维系婚姻之爱，并保持快乐的关键。缺少了这两点，你会发现“爱”往往成为我们生活的负担，越多的爱带来的痛苦和伤害越强烈。

更可怜的是，如果你的伴侣也一样拥有对你的爱，却没有好的心态和婚姻相处技巧，你就会发现，他也会陷入痛苦、内疚、无力，甚至悔恨的困境。这样的“互馈机制”会将你们的婚姻推向深渊，让你们的爱变成彼此的伤害。

现实生活中，很多人还会把爱、性、共同生活这三件事情混为一谈，认为得其一，其他两件事情也水到渠成。

2001年，我在德国学习“系统排列”时，一位导师说：没有了性，婚姻中两人的感情就完蛋了。

当时，我立刻站起来表示不同意。我曾经接触过国内很多案例，夫妻即便在没有性生活的情况下，依然维持着深厚的感情，维持着生活的快乐和谐。因为伤病而失去性能力的情况自不必说，国内很多夫妻或恋人因工作而两地分居的情况亦很常见。他们依靠正确的心态和一些维系爱与婚姻的方法，同样收获了美满的婚姻生活或恋爱生活。

反之，即使两个人心里充满爱，且性生活满意，可是由于缺乏良好的心态和相处技巧，生活中也会有一大堆的冲突和矛盾。

爱是我们开启婚姻生活，和另一半同处一个屋檐下的前提，并不一定会为我们的婚姻带来快乐的生活。想要获得美满的婚姻生活，想要过得幸福、快乐，双方不仅需要一份真挚的“爱”，更需要一份“把‘给予对方所需要的’看得比‘获得自己所需要的’更重要”的心态，以及维护我们之间“爱与婚姻”的技巧，不断对婚姻生活进行摸索、研究、探讨和修整。如此，方能帮助我们获得美满的婚姻。

第二章　5个伤害两性婚恋情感的“陷阱”

几年前，一位女士找到我，说她和丈夫的关系十分恶劣，只要她一张口，丈夫就开门往外跑。

在详细询问下，我才知道这位女士很喜欢唠叨，经常因为丈夫的一些小问题而对丈夫抱怨不休。有时候，对于丈夫做出的一些努力，她也会横加指责，断然否定，甚至还会批评丈夫：“你没有这个本事，就别瞎操这份心了！”

我给她的建议是，希望她改变一下对丈夫的态度。但这位女士很反感，对我说：“我为什么要改？我说的都是对的！错的是他！”

后来，我让这位女士在“我是对的”和“有效解决婚姻问题”之间二选一。其实，夫妻之间的“对错”，往往是很难说清道明的。

在这个问题上，还有一对夫妻给我的印象也很深刻。这是一对很年轻的夫妻，两人结婚时，妻子定下规矩："不许把脾气带到家里来。"

在妻子看来，这是一个很好的"家规"，是维系他们感情的重要方式。可是出乎预料的是，这一招非但没有起到效果，反而让夫妻二人的关系越来越疏远。

不久之后，妻子发现丈夫迷恋上了网络聊天。在一番调查后，妻子发现丈夫竟然在网上爱上了另一个女人。每天，他们都会在网上相互分享自己的心情，把开心的事情和不开心的事情都告诉对方，从彼此那里获得安慰。

知道此事后，妻子曾和丈夫大吵过一架。后来，她向我寻求帮助。我给她的建议是："先把'家规'放到一边去，真正地去关心你的丈夫。"

就像上面这两对夫妻的婚姻关系一样，我们在婚姻中也常常会遭遇各种问题。很多时候，我们根本意识不到自己的婚姻到底出了什么问题，或者对婚姻问题后知后觉，甚至到了不可收拾的地步才意识到问题的严重性。可是，到了这个时候，我们再想解决情感问题，挽救我们的关系，往往需要付出巨大的努力，且效果往往不尽如人意。

因此，想要让两性关系"永葆青春"，我们就需要从根源上维系我们的情感关系，需要越过那些容易引发情感问题的"陷阱"，避开那些关系里的"致命伤"。

在大多数两性关系中，潜在的"陷阱"或"致命伤"主要有5种：坚持"我是对的"；托付心态；不愿分享彼此的情绪；维持"苹果皮式的和谐"；不会有效处理婚姻中的冲突。

一、坚持"我是对的"

我曾经遇到过这样一对夫妻，他们经常为一些琐事吵架。有一次，两人甚至因为冰箱果蔬的分类吵了起来。

事情是这样的，男子从市场买菜回来，将水果和蔬菜放在冰箱。可是，当妻子打开冰箱时，却发现葡萄放在了蔬菜区。于是，妻子生气地把丈夫叫过来，指着冰箱，质问他为什么没有把葡萄放到正确的地方。

丈夫有点不耐烦地说："这点小事情，发现之后，你自己处理一下就好了啊。"

妻子听完勃然大怒，对丈夫吼道："你自己犯的错，为什么非要我帮你处理？我跟你说过多少次，水果要放到水果区里！"

丈夫听完，气呼呼地把葡萄塞进水果区，然后走进房间，关上了门。妻子还是不依不饶，追着走进房间，对丈夫说："我哪里说错了？我每次讲的都是对的，可你从来都不听！"

后来，这对夫妻找到了我，希望我帮助他们解决感情问题。我告诉妻子：把你认为的对错与你的婚姻关系相比较，看看哪个更重要？

在每一件事上，都坚持"我是对的"的人，婚姻关系不会很好，只适宜独居，因为婚姻是两个人生活在一起，而世界上没有两个人对任何事都能有一致的看法。

一个人如果已经踏入婚姻的殿堂，希望与对方共度余生，却还是放不下自己的看法，始终坚持"我没错，我总是对的"，那么，他将无法与任何人共同生活。

也许，在结婚前和新婚时，对方还愿意迁就你。但是，这份迁就在婚姻中是无法长久维持的。很多人抱怨伴侣结婚后就像变了个人，不愿迁就自己了。其实，不是对方不愿迁就你，而是对方之前的迁就行为里，本就隐含着一种短暂的妥协和欺骗，而你却毫无察觉。

一些人对婚姻有着偏执的看法，认为婚姻里双方不就是该迁就彼此吗？那么，他为什么不能迁就我，不能按照我的意思来做呢？怀着这种看法的朋友，不妨试着换位思考一下：如果你的伴侣总是说"我是对的，你要按照我的意思来做"，那么你会是什么反应呢？

对遇到这一"致命伤"的朋友，我给你的建议是，在婚姻关系中，除了两三点绝对不能改变的要求（这些应该是比离婚更重要、更需要坚持的东西），在其他的事上需要马上降低你的标准。

就算对方的做法不是最好的，甚至只能符合最低的标准也要接受，这是给对方空间和爱的表现。尤其是在外人面前，哪怕对方的表现不符合你的期待，你也应该给予他积极的支持和肯定，而不是第一个站出来批评和指责。

“我是对的”，或许不是婚姻关系的“头等杀手”，但一定是导致其他众多婚姻问题的深层“致命伤”。有时候，它或许不是通过我们的语言直接表达，但在我们的态度和行为中却能明显地感受到。当我们有这种心态时，就需要扪心自问：为了我的婚姻幸福，是不是应该调整了？

二、托付心态

在导致两性婚姻危机的各类问题中，“托付心态”应该算是头等杀手了。怀有这种心态的人，在婚姻过程中，总是寄希望于对方，把照顾自己的责任和重担都交给伴侣，压在他的身上。实际上，这是一种注定会有悲惨结果的心态。

封建社会对女人的要求是遵从“三从四德”。那时的女人，就像男人的衣服，受到男人的随意摆布，对自己的人生毫无掌控力。如此过完一生，不是很可悲吗？

今天的女性，对自己的人生有了更积极的看法，不会轻易接受这样的摆布。事实上，女人跟男人的能力一样强，让女人屈居于男人之下既不公平，也是社会与国家的损失。看看今天社会上有多少成功的女性，便是最好的证明。

不过，在很多婚姻关系中，女性仍然没有摆脱这种将自己的幸福“托付给男人”的心态。一旦结婚，她们就会产生“我把今生今世都给你”“我整个人都属于你”“你要给我一生的幸福”这类心态。在很多父母眼中，嫁女儿就是把女儿托付给另一个男人，希望他好好照顾自己的女儿。因此，她们经常对女婿说：“我把女儿交给你了！”妈妈也经常对女儿说：“真希望你有一个好归宿啊！”这类话语背后，不乏将女性摆到婚姻的从属地位上，认为女性在婚姻中是需要依附于男人的。这种“托付心态”让女性在婚姻中处于一个相对弱势的地位，往往是导致各类婚姻问题的“致命伤”。

其实，“托付心态”在男人中亦很常见。很多人进入了一家企业，会期望企业“照顾”他一生。他们亦会把自己托付给一门手艺、一个行业……

此外，在一些男人心里，他们也认为女人把自己托付给男人是天经地义的，所以会义不容辞地负起这个责任。表面看来，这种负责任的态度对婚姻关系是有利的。但是，一旦男人无法承受这份责任带来的压力，他们就会陷入自责、愧疚、痛苦，甚至是想要逃避的情绪之中。在这种状态下，他们的婚姻就很难维持幸福、快乐的状态，夫妻双方都会深感无力，认为婚姻是一件十分辛苦的事情。

当我们把自己的幸福“托付”给另一个人时，我们必须思考一个问题：一个人真的可以给予另一个人一生的幸福或者快乐吗？世界上有多少人在自己的人生中能够感受到足够的幸福快乐？

当怀着“托付心态”的双方迈入婚姻的殿堂，发现生活并非自己所想的那样，便会相互埋怨，你指责我的不是，我指责你的不是。在不断的抱怨中，婚姻会变得“无力”。

更可怕的是，一些抱着“托付心态”的人，在婚姻中完全把自己当作孩子，需要对方不断提供无条件的关心和照顾。在这个过程中，我们的一切能力都会陷入停顿状态，无法获得进一步的成长。有朝一日，当我们幡然醒悟，才会明白事情的严重性。那时，你会发现，对方已经跑得太远，你早已望尘莫及。想要追赶伴侣的脚步，只怕已经迟了。你在婚姻中的被动局面已然注定。

“托付心态”不能有，因为这种期望往往会把你引入失望！不要把幸福的希望寄托在别人身上，哪怕是你最亲近的人。一旦希望破灭，越亲近的人带给你的伤害会越大。

在婚姻中，我们应该怀有的正确的心态是：**我有足够的能力照顾自己的人生，你也有足够的能力照顾自己的人生。我们在一起，拥有更大的力量照顾好“我们”的人生，经营好“我们”的婚姻。**

唯有如此，当两个人在一起的时候，才能摩擦出更大的火花，获得那些独自一个人无法获得的成功与快乐。在这样的婚姻关系中，夫妻二人才能形成“1+1=2”甚至“1+1＞2”的合力。

三、不愿分享彼此的情绪

我曾听过这样一个真实的案例。一对夫妻结婚3年，妻子发现丈夫回家越来越晚，怀疑丈夫有了外遇，于是偷偷跟踪。

后来，这位妻子发现，丈夫每天开车回到小区，都会在地下停车库待很长时间。她怀疑丈夫是和情人在车里约会。

可是，当她偷偷跟着丈夫的汽车来到地下车库，却发现丈夫一个人待在车里，正关上窗户，打开音乐，大发脾气。

发泄完，丈夫关掉音乐，锁好车，从地下车库回到家。在进入家门前，还会挤一挤脸上的肌肉，挂起一丝笑容，然后才跨进家门。

妻子回忆起，自从他们结婚后，丈夫没有发过一次脾气，也从没向她抱怨过什么，总是显出一副无忧无虑、开开心心的样子。现在，她才明白丈夫不是没有脾气，也不是没有怨言，只是在回家前就已经把脾气发泄完了。

这一天，丈夫跨进家门，妻子便送给他一个温暖的拥抱，问道："老公，你一直这样活着，一定很累吧？"

丈夫一句话也没说，在她怀里突然哭了。妻子此刻才明白，丈夫一个人承担了太多，他把一切都埋在心里，实在是太累了。

生活中，很多夫妻不喜欢和对方分享自己的情绪（或感受），无论是像上面这个案例中的丈夫一样，想要一个人承担，不想让妻子担心，还是认为没有必要分享情绪，抑或是出于某些夫妻的"约法三章"，比如不许把脾气带回家，其结果往往是让夫妻关系渐渐疏离，让夫妻感情逐渐冷淡。

人类对情绪的认识和研究少得可怜，很多人难以把控自己的情绪，很容易沦为情绪的"奴隶"：情绪来临时，没办法把控它，很容易被它牵着鼻子走，往往做出让自己后悔的事。有时候，夫妻之间害怕一方情绪失控会带来争吵，于是不希望彼此带着情绪回家，希望对方把情绪处理好再回家。

可事实是，很多人无法独自面对情绪，更没办法自己处理好情绪。

当他们向另一半寻求帮助无果，就会把注意力转移到婚姻之外，包括寻找另一个善解人意的人。当他们在外面找到一个能体谅自己、懂得疏导自己的情绪、明白自己感受的人，便会与这个人发展出更深的感情。这绝非危言耸听，很多有婚外情经历的人常常将自己的行为归咎于伴侣不了解自己、不体谅自己。

除了情感疏离、婚姻危机等负面影响，不愿分享彼此的情绪也是婚姻关系还不成熟的表现。夫妻如果要偕手白头，并肩面对世界，就应该坦然接受对方的情绪。可以对配偶说："请你把情绪带回家吧！"当自己有情绪问题时，也要主动对配偶坦白。

试想一下：如果准备甘苦与共、白头到老的伴侣，都不可以与你分享或分担情绪感受，那么这个世界还有谁可以呢?

很多人认为，不把情绪说出来，是为了不让配偶担心。事实上，不说出来反而会让配偶更加担心，并且似乎给对方传递了一个信息：我们还不能甘苦与共、白头到老。

这往往会给你们的婚姻造成更大的伤害。对方若是很关心你，他会感觉到你的情绪。但是，你不愿意说出来，对方便只能干着急。本来，你们两个人可以相互扶持、共同应对问题，结果却变成见面时强颜欢笑，背后却暗自担心。

当然，把情绪分享出来，与把情绪发泄在对方身上是两回事。分享彼此的情绪，并不意味着我们要无止境地承担对方情绪带来的后果，而是向伴侣表明：我愿意与你一起承担你所遭遇的问题，理解你的感受，包容你的情绪，与你同甘共苦，一起面对人生的种种境遇。

懂得与伴侣分享自己的情绪，往往是一段婚姻走向成熟的标志，也是夫妻二人感情状态良好的重要体现。

四、维持"苹果皮式的和谐"

20世纪90年代，我还在广东惠州工作。那时候，国内水果市场刚刚对外开放，进口水果很稀有，因而卖得很贵。

有一次，我很想吃美国进口的红苹果，于是在一家水果店，买了一个又红又大、果皮光鲜的红苹果。结果，回家切开一看，光鲜的果皮下，果肉却已经暗黑变质。

原来，在美丽的外表下，这颗苹果已经腐烂了！

后来，当我开始关注婚姻问题时，慢慢发现很多中国式婚姻关系，就像我当时买的那颗美国红苹果，外表光艳照人，可实际上内在已经开始变质。

中国人很重视家庭关系的和谐，亦重视谦让。结果是：我们不懂得如何面对冲突，有问题出现时我们只会忍让，不断地忍让，直到生活无法再进行下去，关系破裂为止。这种不惜任何代价、只求息事宁人的谦让所营造出的和谐，我称之为“苹果皮式的和谐”。

苹果皮式的和谐，在我们的生活中非常常见。很多人信奉“家和万事兴”“忍一时风平浪静”之类的话。他们会不惜一切代价维持所谓的“家庭和睦”“婚姻和谐”，尤其是在亲人朋友面前，更是装出一副幸福快乐的模样。他们错误地认为，既然是夫妻，都是一家人，相互忍让是应该的，不忍让是错误的。在这种心态下，他们会不顾一切地维持婚姻的表面和谐。

这样的和谐，其实是导致婚姻关系最终走向破裂的元凶。因为这样的忍让，不仅会助长对方的“气焰”，更会让自己心中萌生一份不满。看看那些中年夫妻，他们在感情破裂时，不都是对着彼此大吼“我忍了你几十年”这样的话语吗？

维持“苹果皮式的和谐”，只会让“没事变有事、小事变大事”。如果两人都不尝试做出改变，那么，你们的关系最终的走向只能是破裂。

事实上，夫妻之间应该建立一套讨论与解决矛盾的机制，比如：夫妻两人可以在心平气和、情深意浓的时候，约好一个双方可以讨论矛盾问题的机制。

在平等、尊重、给彼此足够空间的基础上，讨论婚姻中遭遇的问题，是婚姻关系走向成熟的重要表现。经常把对方的需要放在心里，经常进行这样的谈话，能防止婚姻中的小问题变成两人翻脸的导火索。想要维持两人稳定长远的关系，这种讨论是必不可少的。

五、不会有效处理婚姻中的冲突

孙晓嫁给李宏已经5年了。5年来，孙晓从没收到过一件像样的礼物。三八节那天，吃过晚饭，孙晓在厨房一边洗碗，一边唠叨：“今天我们同事全都收到了礼物，有人收到了玫瑰花，有人收到了漂亮的手表，还有人收到了丈夫送的漂亮衣服。”

一看李宏没有反应，孙晓又继续说：“我就没有这么好的福气咧，也不巴望什么礼物咯！”从李晓说话的语气中，李宏自然清楚她是在责怪自己没有准备礼物。可是，他觉得两人都结婚这么多年了，老夫老妻还要什么礼物呢？于是，他装作没有听到，想着让妻子唠叨几句就算了。

可是，妻子洗完碗，坐到客厅，继续说：“从我们谈恋爱开始，你就没有送过我什么像样的礼物。这么多年了，你瞧瞧我的手，洗碗都洗出老茧了。跟我一般大的同事，手却还像个小姑娘一样。唉，同样是女人，差距怎么这么大咧？”

听到这里，李宏有些不乐意了，猛地一拍桌子，吼道：“你烦不烦人，吃完饭就在这里唠唠叨叨、没完没了。不就是礼物吗，我明天就去给你买！”

孙晓吓得大惊失色，瞪大双眼死死盯着李宏，过了好一会儿才缓过劲儿来，然后默默地走回房间。

第二天，李宏买了礼物回来，可是孙晓没有开门。两人陷入了“冷战”，无论李宏怎么哄，孙晓也不愿原谅李宏。

孙晓和李宏的冲突，在生活中并不少见。或许你已经发现了，对于妻子的埋怨，李宏原本有更好、更积极、更有效的化解方式。可是，他却选择了最糟糕的一种方式，选择和妻子发生争吵。结果第二天买了礼物，妻子也不肯要了。夫妻两人的关系，因为一件小小的礼物而变得一团糟。

其实生活中，很多人也像李宏一样，不会处理夫妻之间的冲突和矛盾。很多夫妻面对矛盾的唯一方式就是争吵，吵得面红耳赤、不可开交。他们对吵架抱着一种不足为奇的态度，认为“夫妻床头吵架床尾和”，没有什么大不了的，不吵架的夫妻才奇怪咧！还有的人说，夫妻吵架就像用粉笔写字，写完随时都可以抹掉，就当没有发生过。

事实却并非如此，夫妻之间的争吵看似可以一笔勾销，但吵架导致的心理创伤、婚姻裂痕，却是无论如何也不可能恢复如初的。如果夫妻之间的争吵太多，婚姻冲突往往会在某个时间点集中爆发。那时，婚姻关系就像突如其来的泥石流，会瞬间跌落悬崖。

有的夫妻在面对矛盾时，会选择另一种处理方式，那就是“冷战”：互不理睬，不愿主动同对方开口说话，即使说话也是用一种冷冰冰的语气，懒得多说。

还有的夫妻喜欢“耗”，喜欢等，看谁更有耐心，看谁先服软，谁先找对方说话。服软的人往往会“承认错误”，而另一方则会摆出一副“原谅”的姿态，以一种很大度的样子，居高临下地处理双方的矛盾。

其实，这样的态度往往会给婚姻关系带来更大的伤害，因为“原谅”是把自己放在比对方优越的位置。这其实是在暗示对方，我对这段婚姻拥有无可置疑的控制权。

这种态度的潜台词就是：如果我“原谅”你，事情就可以解决；如果我不“原谅”你，事情就得不到解决。

这往往会让夫妻二人走向对立，让婚姻关系变得紧张。**其实大多数时候，夫妻之间的冲突并不严重，往往只是一些小事。导致夫妻感情破裂的原因往往是一方失去了申辩的权利。**

在婚姻关系中，夫妻二人的关系原本是平等的。可是不当的关系处理方式，往往会让双方关系滑入不平等的深渊，产生高下之分。这无疑是对婚姻关系判处了死刑。

有效解决夫妻冲突的前提，并不是如你所愿去解决冲突（因为你不能控制另一个人），而是我们能够清楚地表达自己，了解对方的看法，认识所有的选择，且在冷静、平和的状态下做出理智的判断和选择。

其中，最有效的方法就是在夫妻之间建立起有效的矛盾处理机制，在婚姻中培养出聆听彼此、愿意沟通的正确心态。关于这一点，我会在后面的“太空时间”部分，更进一步地介绍。

第三章　两性情感的12条幸福法则

李女士和钱先生原本是大学同学，毕业不久后，两人成为夫妻。

2012年前后，两人在家乡开了一家小公司，做茶叶的贸易代理。凭着勤恳努力，两人接下了当地几笔大订单，很快把公司发展起来。

后来，钱先生觉得只做茶叶代理没有多大的发展前途，于是他和妻子商量，希望自己能另外开一家公司，去经营别的生意。

李女士听了他的计划，觉得老公很有想法，同意从公司抽调一部分资金，去开一家新的公司。

在妻子的支持下，钱先生很快开了一家新公司。不过，最初的两年，这家新公司的经营效益并不好，完全靠妻子的扶持才勉强度日。这也导致他们原来的公司资金周转困难，钱先生因此深感愧疚。

2018年前后，在新公司经营最为困难的时候，钱先生找到妻子，告诉她自己不想再拖累她了，决定放弃新公司。李女士清楚，从他们大学认识开始，钱先生就是个要强的人。如今，他做出这个决定，一定非常艰难，毕竟这意味着丈夫几年的心血付诸东流。

于是，李女士鼓励丈夫："咱们再试一年，如果不成功，我们就不勉强了。到时候，你再回来，我们一起把老公司经营好！"

钱先生非常感动，回想起大学毕业后，两人结为夫妻，妻子不仅从没对自己有过任何怨言，而且总是支持自己的决定，哪怕这一次自己如此失败，妻子仍旧不遗余力地鼓励自己。他暗下决心，绝不能就此认输，不能辜负妻子对自己的支持。

此后，钱先生更加勤恳，对于新公司的事情也更加上心，有时为了拉新客户，钱先生甚至顶风冒雨自己去谈生意。也正是从2018年，钱先生的公司迎来转机，逐渐迈入正轨。

除了工作，李女士和钱先生在生活中也是一对模范夫妻。在一次交谈中，李女士告诉我，虽然两人都有自己的事业，但他们即便再忙再累，每周也会花很多时间一起去做一些小事，比如一起去晨跑、一起去公园遛弯、一起遛狗、周末一起去看电影……在这些属于夫妻的私人时间里，他们从来不谈工作，只是说说生活、聊聊日常、谈谈彼此。

对于这段婚姻，以及自己的伴侣，用李女士自己的话说："我从大学毕业的时候就认准了这个人，我从来都不是管着他，而是全力支持他，因为我信任他。我身边的人都说，你这样，男人迟早会从你身边溜走。但其实，我们的关系比任何夫妻都更亲密。"

李女士很聪明，她找到了婚姻关系的钥匙，知道如何对待自己的伴侣，如何让夫妻关系更加和睦，如何真正经营好自己的婚姻。

"经营"这个词，出现在婚姻关系中，往往受到很多人的排斥。在生活中，很多夫妻也很反感用一些方法来有意地经营、维系自己的婚姻关系。

他们认为，"经营"就是通过一些手段，来让夫妻关系变好。而婚姻是纯粹的，是不应掺杂"心机计谋"的。所以，如果一个人抱着"经营生意"一般的态度去对待婚姻，那就是对婚姻的不忠诚。

诚然，婚姻是纯粹的，绝不同于生意。但是，一辆车开久了，会老化，需要我们不断保养；一间屋子住久了，会变旧，需要我们不断维护。一份感情，一段婚姻，一个值得自己珍爱的人，难道就不需要好好地保养维护吗？

一段美满的婚姻，不是通过爱情实现的，而是通过经营得到的。

经营自己的婚姻，不是搞一些虚伪的手段来蒙骗自己的伴侣，而是找到一些正确的方法来改善你们的婚姻，提升你们的关系，让你们的爱情拥有更久的"保质期"，让你们的婚姻新鲜如初，让你们的生活幸福美满！接下来，给你介绍12则经营好两性婚恋情感的方法。

一、尊重夫妻间的资格感

我曾研究过一些婚姻出轨的案例，其中有一个十分典型的案例。这位丈夫出轨的对象，在各方面都比不上妻子。

当妻子得知这个情况后，又愤怒又伤心，质问自己的丈夫："她哪里比我好，你非要选择她？"

丈夫只是说了一句：“在她那里，我才算一个真正的男人，我才体会到了做丈夫的感觉！”

妻子这才明白了，他们结婚这么多年，丈夫一直被自己管着、压着、束缚着，从来没有体会过一个丈夫真正该有的感觉。

在很多婚姻关系中，此类问题十分典型。婚姻中的一方过于强势，他/她的爱也同样充满压迫感，让对方倍感压力、难以呼吸，甚至想要逃离婚姻。

还有一部分人，在婚姻中又过于弱势，甚至表现出某种自卑心态，老是在心里暗示自己：如果不为他/她做某件事情，我就不配做他的妻子/丈夫，我就配不上他/她。

这两类问题，其根源都在于婚姻关系不对等，夫妻地位不平等，因此导致一方失去资格感。其实，婚姻就像夫妻二人坐跷跷板，一方抬得太高，另一方就会跌下去；一方姿态放得太低，另一方就会被抬起来。当双方都在使劲往上跷的时候，夫妻关系就会变得动荡、混乱和不和谐。所以，**维系一段婚姻幸福美满的首要法则，就是注意夫妻二人的资格感，保证“跷跷板”的平衡，让两人在婚姻关系中感受到自己的身份和地位，让彼此在婚姻生活中变得安心、舒心、放松、快乐，而不是一方“居高临下”，另一方提心吊胆。**

二、学会感恩自己的伴侣

大多数面临婚姻问题的夫妻，心中都普遍存在这样一种心态：我们是夫妻，他/她为我做什么事情都是理所应当的；反过来，要是他/她不为我做什么事情，那就是他/她的错！

我一再向夫妻们发出提醒：当你和伴侣走进婚姻的殿堂，你们住在同一屋檐下，拥有了夫妻的名分，共同拥有了房子、车子、票子，以及其他众多东西，看似拥有了彼此的一切，但还有一件事情是你未必拥有的，那就是伴侣对你的态度。

他对你好不好，并不体现在这些东西当中。因为，即便是夫妻，对方也没有100%的责任顺从你、讨好你、让你开心，你也没有100%的权利享受他付出的一切。

因此，当伴侣为你做了一些感动的事情，你就应该学会感恩。因为他本可以不为你付出这一切，而他却为你做了。这并非你们之间的夫妻关系决定的，而是出于他爱你的态度。这时候，我们应该对伴侣表达感恩：

“我多么感恩找到你成为我的妻子/丈夫！”“我多么感恩有你在我身边陪伴我！”“我多么感恩你为我做的一切！”

感恩之心，是维持夫妻恩爱、幸福，保证婚姻美满、快乐的深层动力。有了感恩之心，我们就会有一份谦卑，不会因为傲慢而损伤婚姻关系；有了感恩之心，我们就会更加珍惜彼此，不会因为一些小事而破坏夫妻感情；有了感恩之心，我们就会甘愿为自己的婚姻付出更多，甘愿为彼此做出改变。

所以，想要让婚姻关系维持在最佳的状态，夫妻双方就需要用感恩之心看待自己的伴侣，而不是把对方所做的一切当作理所当然。

三、学会和伴侣真诚沟通

有位女士曾对我说，她和丈夫总是因为一些莫名其妙的事情吵架。我很好奇，于是详细询问了他们的情况。

原来，这位女士在和丈夫交流时，总是带着一种十分极端的情绪，比如：两人一起去逛街，丈夫总喜欢“偷懒”，趁妻子去挑选衣服，就溜到休息区。等买完衣服，妻子才发现丈夫不见了。

找到丈夫时，妻子便会没好气地指责丈夫：“连逛街都不认真，好不容易有时间一起出来，你都不想陪我！你分明是不爱我，不想跟我一起出门！”

其实大多数时候，夫妻之间的问题都不是问题，真正的问题在于不会就问题进行有效的沟通。很多夫妻一遇到问题，就像点了火药桶一般，说不了几句话就吵起来。

当夫妻之间带着烦躁与愤怒去交谈时，很容易引发争吵和冲突，使原本简单的事情变得难以处理。当夫妻之间带着焦虑与担忧去交谈时，也会引发对方的焦虑和担忧，使交谈变得沮丧和消极。

如果我们学会真诚地沟通，让伴侣清楚地了解我们的想法和意愿，而不是在我们的情绪中挣扎，那么对方就更容易参与到“解决烦恼”这件事情中来，和你一起努力解决问题。

当夫妻为同一件事而做出努力时，呈现的是“甘苦与共”的状态，那么伴侣会愿意接受你的意见。这远比让伴侣看到你的愤怒和忧愁却不知为何，还要强颜欢笑、不断猜疑担心要更好、更有效。

需要提醒的是，即便亲如夫妻，我们每个人也都保有一项权利，那就是无论面对何种情况，只要一方不想沟通，就有不沟通的权利。这个权利人人都享有，包括你自己。

所以，如果某一刻，你不想与伴侣沟通，你可以行使这个权利。但是，你需要懂得采用适当的表达方式。

同时，你也要清楚，夫妻之间必须维持有效的沟通，即便当下不想沟通，也应该承诺约好时间再来沟通。并且，这个时间应该是明确的，而不是“等我心情好了再说吧”这样随意的承诺。你可以说：“我现在有点心烦，不想跟你谈话，所以我想明天早上吃早点的时候再谈论这件事，可以吗？”

当发现伴侣有不想沟通的倾向时，我们也不能剥夺他的权利，而是应该寻找其他时间，等他找回状态，我们再约定时间，冷静下来慢慢沟通。

沟通是化解婚姻危机、解决夫妻矛盾、保持感情稳定的重要手段，也是我们必须掌握的婚姻幸福法则之一。

大家都知道，将物品送上太空所耗费的燃料非常惊人。如果你想来一次太空旅游，也必须把绝大部分东西留在地球上，两手空空地登上宇宙飞船，孑然一身地去享受“太空时间”。伴侣之间的“太空时间”也是如此，需要伴侣放下一切身外之物，一起度过一段特别的时间。

在这段时间里，伴侣双方要把所有不愉快的记忆或者情绪抛开，就像坐宇宙飞船去了太空，把所有的不愉快都留在地球上。双方要完全放下那些让两人关系紧张的话题，说出自己的真实感受，以及对两人关系有帮助的话，并且毫无保留地给予对方关怀、支持和爱。“太空时间”的目的就是，不让负面情绪或态度成为伴侣感情的隔膜，以免两人的关系疏远、中断沟通，让对方感到无助。

这是一个能够预防关系恶化，甚至挽救濒临破裂关系的技巧，值得每一对伴侣把它建立起来。两人需要提前约定好“太空时间”，在两人心情都不错的时候一起坐下来，把“太空时间”的规则和实施的程序沟通清楚。建立“太空时间”就像给伴侣的感情买一份保险。如果你想“临时抱佛脚”，在需要时才去建立，就太迟了。

一般情况下，每次的“太空时间”应不少于1小时，最理想的是1～2小时。在“太空时间”里，伴侣双方绝不争论，也不互相抱怨、不提未解决的事、不翻旧账、不谈判、不逼迫对方、不发泄情绪在对方身上，更不得运用手段，如拖延、欺骗等来逃避沟通。

在“太空时间”，伴侣选择的话题，应该是两人一起做过的开心的事、心中的一些梦想、一些老朋友的情况等；选择的环境，必须远离你们经常发生争吵的地方，最理想的是宁静、舒适、不受打扰的咖啡店，或者是郊区景点的茶馆。

“太空时间”尤其适合伴侣在吵架、“冷战”一段时间后，其中一方想到修补彼此的关系时使用。我们可以通过口头表达，也可以用书面形式，向伴侣提出“天空时间”的请求。

如果一次“太空时间”已经使你们和好，你们不妨另选一个时间，讨论一下引起你们之间冲突的根源。记住：必须另选时间，以避免你们对“太空时间”的正面感觉受到污染。

如果一次“太空时间”无法达到你的预期效果，你们可以在这次“天空时间”结束之前，约定第二次“太空时间”的具体时间。在参与“太空时间”时，有两点问题需要我们注意。

（1）当一方提出需要“太空时间”时，另一方不得拒绝，且必须考虑尽早安排时间去实行。“太空时间”应被视为两人关系的急救箱，是一方感到两人关系出现危机时的紧急处理机制。若一方拒绝对方“太空时间”的要求，其给对方的信息是：我已经不在乎咱俩的关系了，就算这份关系破裂我也不在乎。

（2）双方需约定一个手势作为信号。在“太空时间”里，如果一方忘记遵守规则而开始说出抱怨、批评、发泄的话，另一方便发出这个信号。当一方看到这个信号，就需要马上转移话题改变行为。若一方发出了三次这个信号，另一方仍不改变，对方就有权中断“太空时间”而离开。

四、学会支持自己的伴侣

去年，我遇到一对夫妻。在和我交谈的过程中，妻子总是先听丈夫的话，当听到丈夫说错了话，她就会立刻说：“哪里是这样啊，分明是……”

丈夫说：“我记得好像是这样的吧？”

妻子马上说：“那是你记错了！”

丈夫只能尴尬地笑一笑，不敢往下说了。

这件事使我发现，其实，很多婚姻关系中，夫妻双方都会忽略一个细节：在外人面前，要学会支持自己的伴侣。

对于夫妻来说，哪怕伴侣在众人面前说错了话，我们也不要马上更正他。应该等回到家里，只有两个人，并且两个人都在正面的情绪状态中时，再告诉他。

在恋爱和结婚中，夫妻两人都曾对彼此承诺：无论发生什么事，我都会毫不犹豫地支持你。伴侣说错话时，正是我们兑现这个承诺的时候。

在绝大部分情况里，伴侣说错话并不是什么大不了的事。所以，当不更正伴侣的错误也不会带来什么大问题时，我们就必须顾及伴侣的感受，学会支持自己的伴侣。

反之，让伴侣感觉到你的支持，他会很开心。像这样“事小效果大”的情况，正是提升夫妻关系的绝佳机会。

在日常生活里，夫妻之间的很多事情其实都有很多不同的选择，但导致的结果却并没有什么差别。这时候，我们又何必非要站出来“自作聪明”，强调伴侣的错误，而显得自己很正确呢？

更进一步来说，当伴侣在某些情况里做一些决定或者行为，只要不会引起严重后果（例如犯法）或者代价太高（例如大量金钱的损失），你就应该支持他，例如散步时走在马路的这边或那边，或者他想买一件喜欢的物品等生活中寻常的事。当两个人在一起时，若你总能支持他的选择，他也会以支持你作为回报。

有时，他没能做出最好的选择，你可以告诉他怎样做才会更好。如果他不接受，也不必坚持你的看法，而要全力帮助他实现他的决定。当结果证明你是对的，他便会心服口服，同时感受到你对他的支持了。

五、避免批评抱怨伴侣

20岁出头时，我曾在某大银行工作，同事们相处融洽，在繁忙的工作之余也会相互打趣，聊慰工作的辛劳。

有一次，同事拿我打趣，问道："给你介绍三个对象，黑天鹅、白天鹅、嫦娥，你选谁？"

我想了想，说："黑天鹅和白天鹅都不是人，嫦娥美若天仙，我当然选嫦娥啦！"

同事们哈哈大笑，一个同事说："那你可惨了！黑天鹅呢，就是晚上（黑天）的时候'哦'。白天鹅呢，就是白天的时候'哦'。嫦娥呢，那就是经常'哦'，白天晚上都要'哦'。"（在广东话里，"鹅""娥""哦"是同音，"哦"是抱怨不休的意思，就像北方人说的"唠叨"。——作者注）

这虽然是一段打趣的话，可是不难看出：在婚姻关系中，喜欢唠叨和抱怨的人是多么不受欢迎。

事实上，没有人喜欢听抱怨和唠叨的话。与一个总是抱怨的人生活在一起是一种折磨，没有人能够在这种情况下过好自己的一生。

对很多夫妻来说，从恋爱、结婚时的恩爱、甜蜜，走向婚后彼此的冷漠、无情，往往就是从一方无休止地批评、抱怨开始的。

其实，总是批评、抱怨别人的人，自己活得也很辛苦、不快乐，且很难交到朋友。同样，长期处于批评和抱怨之中的夫妻，其感情往往“貌合神离”，甚至只能依靠虚假的诺言和敷衍的态度来维持夫妻关系。

经常批评抱怨的人是不成熟的。他们对待事物的态度往往是消极的，寄希望于外界的人、事、物发生改变，会对人、事、物没有按照他们所期望的去改变而感到不满、心生抱怨。

而足够成熟的伴侣会用“接受”的态度，去面对所有的人、事、物，然后思考怎样做才能使情况更有利于自己的婚姻。自己积极录求改变，而不是寄希望于世界改变。

与其抱怨环境，不如努力去适应环境。如果无法改变环境，你能改变的只有自己。在夫妻相处中，我们也需要谨记这一点。那些喜欢抱怨或者批评的伴侣，我建议用以下的方式去改变你的行为：

第一，给自己每天只能批评、抱怨一次的配额。当配额用完了，当天便不能再说批评或抱怨的话。

第二，每当对什么事情不满意的时候，停下来想出三个方法去处理，然后选择你最愿意、效果可能最好的一个，付诸实践。

第三，把批评、抱怨的话写在一张纸上，然后用另一张纸写下针对每一句批评、抱怨的开解的话。

在婚姻中喜欢批评、抱怨的人，总是把关注的焦点放在伴侣所欠缺的能力，或者所没有的东西上。对此，最佳的解决方法是，引导自己去注意对方已经拥有的东西，以及对方还可以拓展的更多选择上。

比如，当你要求伴侣打扫房间，而他虽已经尽力打扫，但还没有做到你要求的程度。这时，不妨试着夸夸他的进步，夸夸他比上次做得更好，夸夸他的态度更认真。如果我们抓着“没有打扫干净”这一点对伴侣大加批评，那么后果只有两个：要么挫伤他打扫卫生的积极性，以后他会更加抗拒打扫卫生；要么引起他的不满和愤怒：“要是不满意，你就自己来！”

六、避免嘲笑伴侣

我听过最伤夫妻感情的话，莫过于：“你连这点小事儿都做不好，你瞧瞧别人……”或者“你怎么连这点能力都没有，我嫁给你真是倒了八辈子霉！”

类似这样的话，就是在直言不讳地嘲笑自己的伴侣，将自己和伴侣绝对地对立起来。或者划清界限，然后以一种颐指气使的态度压低对方的地位，使夫妻关系失去平等的基础，进而表达出一种“在我们的婚姻中，我是更好、更优秀的一方。我嫁给（或娶）你，是对你的垂青”的感觉。

被伴侣嘲笑或挖苦会让对方产生愤怒的情绪，甚至形成报复心态。对方可能会小心地寻觅时机，希望在你犯错时扳回一城。如此，夫妻之间便犹如敌人一般，时刻小心警惕，害怕在彼此面前犯错而受到嘲笑或奚落。渐渐地，双方不仅关系会变得紧张、疏远，甚至很可能变成“敌人”，产生接二连三的争吵。

很多夫妻之间，最初的嘲笑或许只是一个玩笑，或者毫无恶意。但被人嘲笑的一方，却会持续被这种糟糕的感觉包裹，导致自尊心受损。终有一天，这样“没有恶意”的嘲笑，也会激怒一个好脾气的伴侣，让他成为你的“敌人”。

所以，建议尽可能避免这种对伴侣的嘲讽。如果你真的忍不住说出口，那也尽量用开笑话的方式，避免伤害伴侣的自尊心。正所谓“说者无意，听者有心”，很多时候夫妻感情的破裂，往往正是你不经意之间一句戏谑的话，或一个冷不丁的嘲笑。

七、避免喋喋不休

很多夫妻在沟通时，会将同一个观点或者同一句话反反复复说上好多次，恨不得把这句话塞进对方的耳朵里。他们不明白，说话的效果并不取决于一句话讲过多少遍。很多人明知自己的话没有效果，说了等于白说，可还是忍不住喋喋不休，结果对方非但不听，而且还会争吵，以致破坏夫妻之间的感情。

这种沟通状态，就好像你把硬币投进自动售卖机，结果饮料却没有掉出来。于是，你又一口气放进去好几枚硬币，无论饮料还是不掉出来或一下子掉出来很多瓶饮料，都会让你的情绪变糟。

喋喋不休、没完没了，不会改善夫妻之间的沟通效果，只会破坏婚姻的和谐，损害夫妻之间的感情。有喋喋不休习惯的人，需要在内心做出选择：维持这个习惯和与伴侣维持和谐关系，哪个更重要？

NLP简快身心疗法里有一句名言：**沟通的效果，取决于对方的回应。**你说了，但是对方没有给你预期的回应，这便是没有效果。重复没有效果的方法，相当于做无用功，还可能带来其他更多的问题。此时，我们应该做的是改变自己的沟通方法。

沟通的效果虽然由对方决定，但却是受到你控制的，因为你可以改变沟通方法。

我们可以尝试这样做：

（1）告诉自己，同样的话只说一次。若怀疑对方听不明白，可以问问他。

（2）每当自己不自觉地滔滔不绝时，叫伴侣提醒你。

（3）要说的事，预先想想如何只用三句话说出来。当然，三句话不可能完全涵盖我们想传达的信息，但应该包括最重要的信息。三句之后，若对方感兴趣，自然会请你说多一些，这时你再说出其他信息。若三句话过后，对方表现得毫无兴趣，甚至有点反感，那么就有必要提醒自己：你该停下了，你该转变方法了。

（4）经常提醒自己多看、多听、少说，这能让我们观察到更多，掌握到更多，学习到更多，并且在夫妻沟通中更受伴侣的欢迎。

八、避免过度挤压伴侣的空间

有一位妻子，要求丈夫每天都必须准时回家。要是回家晚了，这位妻子就会候在门口，等丈夫回来时，对他进行细致的盘查，询问他去了哪里，有谁可以作证，然后打电话一个个求证。

在婚姻生活中，这是一件多么可怕的事情啊！逼迫伴侣，对待伴侣像对待犯人一样刨根问底，不给伴侣任何空间，是极不可取的行为。

伴侣不愿说的，不要逼他说，要给予对方空间，而不是试图控制对方、强迫对方。因为你没有这样的权力。

仔细想想，你就会明白：作为夫妻，你有权力离开他，但你没有权力逼迫他做任何事！若你用什么事去威胁对方，这份感情关系的基础便已经碎裂了。

还有一些人会以“好奇”为借口，对伴侣刨根问底。所谓的“好奇”，其实只不过是你想控制对方的表现，是你缺乏安全感的表现。

对伴侣不信任，事事都要伴侣坦白交代、报告清楚，这是夫妻地位不平等的表现。如果伴侣凡事都必须向你交代，就意味着你在婚姻中的地位高于对方。

很多人以为，我也愿意这样对伴侣坦白。他们认为，这样做就能保证夫妻地位的平等。其实不然，这只不过会使你们的婚姻关系变得更加复杂和无法处理罢了：一方面，你认为自己的地位高于他（你要求他按照你的意思回答所有问题）；另一方面，你认可他的地位高于你（你允许他对你刨根问底）。

当你要求伴侣坦白交代时，伴侣若持着“他高于你”的这重身份，你们两人便开始争吵了。

其实，伴侣若真想做你不允许的事，你永远无法控制他不做，他总会找到机会去做。两人的相处变成猫鼠游戏：每天不断地重复“一个躲、一个捉”的游戏，感情就会荡然无存。

所以，给伴侣适度的空间非常重要。我们前面说过，两性情感的前提是平等，平等意味着：

（1）对方是与你不同的人，不可能跟你事事都有一样的看法和做法；

（2）爱一个人，不等同于你有控制他的权力；

（3）一个人不能改变另一个人，每个人都只可以改变自己。

试着想象一下，一个人需要的空间就是一个圈，就像数字“0”。两个人合成的系统就是两个人的关系，就好像数字“8”。若想这份关系得以维持下去，你必须允许有两个圈存在，即两个人都有自己的空间。如果不允许对方拥有自己的空间，就像是把一个圈删掉，剩下的就不再是“我们”，而只是“我”了。

一段包括两个人的感情关系，构成单位当然就是两个“个人”。每一个“个人”都需要保持一些“个性”，这是每一个人的权利，亦是天生的需要，就像每个人都需要呼吸一样。所以，有足够的空间保持“个人”的不同之处，这是肯定每一个“个人”地位的表现，是维持良好感情关系的必需。足够的个人空间，对方需要，自己也需要。不能扼杀了对方的空间，也不能为了表示对对方的爱而放弃自己的空间。每对伴侣都应该学会给自己留空间、给对方留空间，以及给彼此的交往留空间。

给对方的时间，就是陪伴对方去做他喜欢的事。例如，我不大爱逛商场，可是，每两三个星期，我都会陪伴太太去商场逛上几个小时。看衣服、皮鞋对我来说是很闷的事，但是，我把逛商场的目的定为：第一，为太太而做，就像送她一份礼物一样，我当然应该是真心和开心的；第二，我让自己去注意商场里的人流、橱窗里的产品，观察经济状况的变化、潮流的方向、游人的心理态度等，这些也是我自己做研究工作所需要的。

这种态度也应该应用到其他方面。例如，在朋友关系上，伴侣有自己的朋友，你有你自己的朋友，同时，你们也会有共同的朋友。只要对方没有刻意隐瞒，为什么不能有自己的朋友？有些情侣，完全没有个人的空间，这对他们的感情关系是很不利的。

在经济上，我也鼓励这样的安排：他有自己的钱，我有自己的钱，我们也有两人共同的钱。在日常的生活里，信件、日记、纪念品、个人物品，都应该用同一个态度去对待。即便你们是夫妻，也应该充分尊重个人空间，绝不假设自己有权过问、偷看或擅自处理对方的个人物品。

当然，正所谓“物极必反”。“给对方足够空间”的另一个极端，是夫妻间要求过大的个人空间。这种情况虽然较少，但是也存在。

我有一位女性朋友，哪怕已经结婚了，还坚持每周四天在娘家生活，到睡觉时间才回到丈夫身边。周末或假期，只要找得出理由，两人都得与妻子娘家的人在一起。终于，丈夫受不了了，就带着妻子去做心理咨询。原来，这位女性朋友在母亲的错误教育下，没能得到充分成长，还未能在心理上离开父母和兄弟姐妹。最终，由于这位女士无法从心理上摆脱对父母的依赖，这段婚姻也以失败告终。

大量案例表明，伴侣会冒险去做那些你不允许的事，往往是因为你们之间的空间出了问题。所以，面对这类问题时，我们需要从根源着手，重新商量空间的尺度，而不是把精力放在问题的表面，在这类问题上消耗精力。

九、避免跟伴侣讨价还价

我曾听学生向我提起这么一个案例：一位妻子在结婚纪念日要求丈夫送给自己一个香奈儿的包当作礼物。丈夫认为那个包实在太贵了，于是和妻子商量，希望换一个礼物。

可是，这位妻子不答应："你如果不给我买，我就不和你过了！你什么时候给我买了，我才和你过！"

在此之前，这位丈夫对妻子的爱是没有金钱标准的。但这件事之后，他就有标准了。

夫妻之间，原本拥有一份无价的爱。可是，当它变得可以衡量时，夫妻之间的关系就变得物质化了。

实际上，"爱"给我们的唯一权利，就是为对方做一些自己乐意做的事情。真心爱对方的人，往往很愿意为对方付出，当对方接受自己为他所做的事时，自己也会因此而开心、满足。

正因为这样，当对方有需要而开口提要求时，自己也会很乐意接受这次为对方做事的机会。从这点来看，相爱的夫妻两人之间不存在讨价还价的空间。

夫妻之间，可以有关于事情该不该做的讨论，但是讨价还价则是另一回事。讨价还价就相当于暗示对方："事情应该做，但是因为你给我的报酬不够，所以我要求更多的回报。"这种行为，无疑会给对方一个明确的信息："我对你的爱，已经不足以支持我去为你做这件事了。"

试想一下，知道这个信息后，你的伴侣会怎么对待你呢？他还会像从前那样爱你、尊重你，把你看作他人生不可或缺的一部分吗？

十、共同做一些开心的事

我们不妨花一点时间，回想最近半年来你和伴侣一起做过多少件事情，这其中有多少件是符合以下3个要求的：

- 两人很开心地一起做；
- 时间在1小时以上；
- 不用花钱或者只花很少的钱。

如果你回想起12件以上，恭喜你，你们的夫妻关系维持在一个健康的水平。

如果在9~12件，那么我需要提醒你，应该为你们的婚姻增添一些乐趣。有空的时候，你们不妨坐下来，花点时间聊一聊，寻找更多的感情提升空间。

如果在5~8件，说明你们的婚姻关系只是处于勉强维持而已，在未来一段时间，你们的关系很可能下滑。

如果你连4件事情都数不出来，那就说明你的婚姻已经亮起了红灯，需要你赶紧做点什么事情弥补。

在夫妻相处中，我们需要为彼此留出足够的时间来一起完成一些事情（不带任何目的），从而提升彼此的感情，让我们感受到婚姻中的快乐，这就是我们常说的“黄金时间”。

每对夫妻，每周都应该有“黄金时间”，用来做一些不怎么花钱的事情。其实，最好的事，往往都只需花很少的钱。

在“黄金时间”中，夫妻需要坚持的正确原则是：促进两人关系的因素应该来自两人之间而不是两人之外。

没达到12次“黄金时间”的夫妻，不妨按照以下的方法尝试做出改变。

第一阶段：两人找一个安静的地方坐下，准备一张纸、一支笔。

每人轮流写下一件事。这件事是两人各自觉得一起做会很开心，在60~90分钟完成，不花钱或只需花很少的钱的事情。在写的时候，一方不得反对、批评、否定或者质疑另一方。

两人轮流写，待纸上写满20件事，然后开始第二阶段。

第二阶段：两人看着纸上的每一项，说“同意”或者“不同意”。只准说这两句之一，不准说其他话。两人都同意的事留下，只有一个人同意的事划掉。

待看完了纸上的20件事，数一数留下的有多少。若不足12件，需另外找一张白纸，重复第一阶段。

这样，两人就有了一张属于你们的“黄金时间”事项清单，每星期都找一些时间去做其中的一两项。3~6个月后，再列一张新的清单出来。两人约定：不论多忙，“黄金时间”享有优先权。这是为了让夫妻双方都把婚姻关系看得比其他事情更重要。

不要误以为只有花钱才能得到乐趣，夫妻之间的乐趣是在共同探讨、共同坚持中培养出来的。

想想你们居住的城市，有什么地方你们俩没有去过，想想有什么运动、活动、新鲜事物、儿时愿望等是你们俩都愿意尝试的。只要抱着“不试怎么知道好不好玩”的态度，便能找出新的乐趣，滋润两人的感情。

十一、建立共同的目标

如果夫妻两人拥有共同的目标，对未来有着共同的憧憬，两人便有了思想上的寄托。那么，无论现在多么困难，双方仍然会有足够的动力一起前进。

对恋爱中的情侣来说，这个目标可以是一起迈入婚姻殿堂的景象，可以是一次难忘的蜜月旅行……

对于已婚的夫妻来说，可能是一次特别的旅行、与居住在外国的儿女团聚，或者存钱购买退休的住所……

除了这些大目标，夫妻之间也可以制订一些较小、较易实现的目标，例如：下个周末去一处特别的地方吃饭、找一本旧书或数十年前的电影一同欣赏……对夫妻来说，良好且有效的目标，应该具备以下条件：

- 明确时间、地点及事件；
- 必须是可以凭自己的力量做到的；
- 这个目标能给自己带来足够的喜悦；
- 符合“三赢”（我好、你好、大家好）的要求，最低的标准是不伤害自己、不伤害对方、不伤害其他人。

一个目标达到了，夫妻俩就可以再制订另一个目标。你们可以制订一个长期目标，比如存钱买房；同时制订一些短期目标，比如今年去欧洲旅游，下个月去某饭店吃饭，下周去看某场电影。

重要的是，所有目标都必须要两人共同投入、参与，相互鼓励和支持。就算遇到再大的困难，你们都应坚持这些目标。即便把实现目标的时间稍微拖长一点也不要紧，但是不要放弃这些目标。因为这些目标是推动你们感情升温的最好方法，也是你们同甘共苦的具体证明。

十二、喂饱对方，才能让对方喂饱你

有一个关于天堂和地狱的故事。有个人收到上帝的邀请，去天堂和地狱逛了一圈，发现两个地方环境差不多，吃的食物也差不多。但是，天堂的人白白胖胖、干干净净，生活得很开心。地狱的人却面黄肌瘦、脾气暴躁，一言不合就争吵不休。

这个人好奇地问：“天堂和地狱明明都差不多，但里面的人差别为什么这么大呢？”

上帝告诉他，人类一旦离开了世界，去往天堂和地狱，胳膊就再也不能弯曲了，所以也没办法用手给自己喂饭。他们唯一的吃饭方式就是用一根很长的勺子给彼此喂饭吃。只有对方吃饱了，你才能吃饱。

天堂里的人都会主动给彼此喂饭，于是所有人都能吃饱饭，个个都白白胖胖。而地狱里的人，却争着抢着给自己喂饭，从不考虑别人，所以从来都吃不饱，一个个瘦骨嶙峋且脾气暴躁。

“让自己吃饱的前提，是先喂饱对方”，让自己成功、快乐的前提，是让对方获得成功和快乐。

这样的原则用在婚姻关系中再恰当不过了。夫妻之间，本就应该相互扶持、相互成全。但是，很多婚姻关系中，夫妻双方都渴望从彼此身上获得更多，习惯了索取却忘记了付出。

一段婚姻的满分如果是100分，出现一次问题会在彼此心中扣掉1分的话，你们的感情能经得起多少次扣分？反之，如果你们都拥有“喂饱对方”的心态，在婚姻关系中主动多付出一些，那么你们的感情就会不断升温。渐渐地，你会察觉到对方在改变，会在不经意间为你做一些事。所以，婚姻关系中，一个十分重要的原则就是：喂饱对方，才能让对方喂饱你。想要让婚姻美满、生活幸福，你就需要主动为伴侣做一些事情，为你们的婚姻付出一些努力，然后才能寄希望于他的改变。

如何能喂饱对方呢？其实这是一个很个性化问题，因为每个人对爱的感知都不一样，每个人都希望伴侣给予自己的东西是自己所期待的。所以，只有符合对方爱的感知的付出，才能喂饱对方。

美国婚姻辅导专家盖瑞·查普曼博士曾提出一个观点，他认为爱有5种语言。他主持的广播节目《成长的婚姻》曾在100多家电台播出。经过30多年婚姻辅导工作，他发现人们基本上通过5种方式来表达爱、了解爱，这就是“5种爱的语言”。学习5种爱的语言，可以提升夫妻之间“情感银行”存款的效率。

查普曼博士认为，每一个人对“爱”都有自己独特的感知，每个人都希望爱人给予自己的东西是自己所期待的。如果你知道伴侣独特的“爱的语言”是什么，然后给予他想要的“爱的语言”，就能在他的“情感账户”中存款。

1. 肯定的言辞

马克·吐温曾说：“一句称赞的话，能让我活两个月。”爱的目的，不是得到你想要的，而是为了你所爱的人去做些什么。无论如何，这是事实：当我们听到肯定的言辞，就会得到激励，愿意回报，做一些伴侣喜欢的事。

给予口头的赞赏，是你向伴侣表达肯定的一种方式。伴侣的生命中也许还有一些尚未开启的潜能，正等待你的激励。

肯定的言辞，是夫妻之间“5种爱的语言”的第一种，其中包括：肯定的话语、仁慈的话语、谦和的话语。为了让我们在表达肯定时，能够达到更好的效果，你可以做下面的练习。

（1）在你每天能看得到的地方贴上一张卡片，写下：“肯定的言辞！肯定的言辞！”

（2）保留一个记录，写下你每天对爱人说的肯定的言辞。持续一个星期，之后和爱人一起看看你们的记录。

（3）定一个目标。连续一个月，每天对你的爱人说不同的赞美的话。

（4）写一封情书或者一段爱的短文给你的爱人。

（5）在爱人的父母和朋友面前称赞他。

（6）告诉你的孩子，他们的父亲（或母亲）是多么好。如果伴侣最需要的“爱的语言”是肯定的言辞，那么你的这些做法就是对伴侣最好的滋养。一两个月之后，你就能看到你的婚姻正向着积极的方向改变，因为你的伴侣会对那些赞美和感谢感到满意。

2. 精心的陪伴时刻

“精心的陪伴时刻”是爱的第二种语言，它的意思是将自己的注意力全部给予自己的伴侣。

如果我们留心观察，就会发现情侣和夫妻在餐馆用餐时的区别：约会的情侣，总是把自己的注意力放在对方身上，时刻关注对方的话语、动作和行为，哪怕对方最细微的需求也难逃他们的“火眼金睛”；大多已婚夫妇坐在一起吃饭，眼神常常游离在彼此之外，左顾右盼、东张西望，完全没有把关注点放在对方身上。

“精心的陪伴时刻”，其本质就是要求夫妻俩“在一起”。这种“在一起”，不仅指距离上的接近，更是指心在一起，彼此亲近。它要求我们花足够多的时间和精力，关注伴侣的内心情感。为了做好“精心的陪伴时刻”，你可以做以下练习。

（1）一起到对方成长的邻近地区散步，问一下关于他童年的问题。

（2）在春天或夏天，约你的伴侣共进午餐。

（3）邀请你的爱人写下他喜欢的几种活动，在接下来几周，每周共同参与一种活动。

（4）想一种你的爱人喜欢，却极少带给你乐趣的活动，告诉他你愿意和他一起参加。

（5）在夜晚，假装手机和电视机坏了，像你们以前约会时一样谈话。你绝不会忘记那个晚上。

如果伴侣最需要的“爱的语言”恰好是“精心的陪伴时刻”，那么，你给予伴侣的全身心的关注就是展示你爱意的最佳方式。

3. 接收礼物

礼物是爱的视觉象征，是感情的直接表达。婚礼上，新婚夫妻会互送戒指，以此表达自己的爱意，同时证明对方对于自己的重要程度。

在婚姻关系中，对于最需要的“爱的语言”是接收礼物的伴侣来说，礼物的价钱对他们来说并不重要，他们会将礼物当作一种爱的表示。

事实上，每个人对金钱都有个性化的认知。有些人享受花钱带来的感觉，有些人倾向于把钱存起来，还有一些人则希望用钱去投资。如果你是个“花钱者”，那么买礼物给你的爱人并不难。但如果你是“存钱者”或“投资者”，不妨转变一下想法：不用担心你的存款变少，它们只是换了一个形式，储存（或投资）在你的伴侣那里而已。而你的伴侣，是你生命中最好、最重要的绩优股。

当伴侣的“情感账户”被填满后，他会反过来满足你的各种需要。当两个人的情感需求都得到满足后，你们的婚姻会迈入一个新纪元。

有一种无形的礼物，是夫妻的“在场作伴”。当爱人需要你时，你就在身边陪伴，这给“爱的语言”是接收礼物的人传达了一种响亮的传递爱意的信号。如果你伴侣的“爱的语言”是接收礼物，你可以采用以下的方式进行练习。

（1）尝试在早上送一盒糖给爱人，或者晚上送一件衬衫。

（2）在你家附近散步时，为你的爱人找一件礼物。也许是一块石头、一根短棒或者一朵花。

（3）默默记住你的爱人提到的喜欢的东西。在你送礼物时，可以以它为指南。

（4）在爱人需要陪伴时亲自陪伴是最好的礼物。

（5）送一份有生命的礼物，一盆花或者一棵树。

4. 服务的行动

服务的行动，是指做你的爱人想要你帮忙做的事。这样的行动包括：做一餐饭、洗碗、用吸尘器吸地、扔垃圾、替孩子换尿布、换鱼缸里的水……

当伴侣抱怨、批判或指责我们时，我们要能从他的话语中清楚地发现他所需要的"服务行动"是什么。人们总是倾向于在自己最深的情感需要上强烈批评自己的爱人。所以，你需要有意识地去发现这一点，然后有针对性地为伴侣提供这种"服务"。如果你伴侣的"爱的语言"是"服务的行动"，那么你可以采用以下的练习。

（1）在过去几个星期里，记录你的爱人对你提出的请求，并在以后每个星期中选择其中一件来完成，把它当作爱的表示。

（2）当你的爱人不在家时，请孩子们帮助你为爱人做一些服务。当他走进门时大声说："我们爱你！"

（3）做一些日常的主要服务行动，比如做晚餐、清理地面、洗车。

（4）定时问一问你的伴侣想要你做什么。如果可能，尽快去做。

在婚姻关系中，行动总是比语言显得更有说服力。尤其是当你的伴侣的"爱的语言"是"服务的行动"时，这句话简直比真理更像真理！

5. 身体的接触

身体的接触，也是维持婚姻之爱的有力工具。牵手、亲吻、拥抱，都是我们向伴侣传递爱的方式。

对有些人来说，身体的接触是他们主要的爱的语言。缺少了它，他们就感觉不到爱。有了它，"情感账户"就存满了。他们在与伴侣的身体接触中，会感觉到异常的安全。

对拥有这类爱的语言的人来说，伴侣之间的身体接触远比"我爱你”或者“我想你”之类的语言更有说服力。

实际上，身体的接触是我们还在婴儿时期就能理解的“爱的语言”。一个巴掌打在婴儿脸上，对他们来说是毁灭性的。一个温柔的拥抱，对婴儿来说则是无比温暖且充满爱意的。

对很多成年人而言也是如此，身体语言是表达自己感情的重要方式。比如，在遇到危机的时候，我们都会下意识地相互拥抱，为什么？因为身体的接触是爱最有力的传达。在危机中，我们需要的是“感觉到被爱”。我们无力改变危机的状态，但是如果觉得有人爱我们，我们就会下意识地鼓起勇气，拥有生存下去的勇气。

如果伴侣的“爱的语言”是身体的接触，那么，在他情绪激动、感情受伤或者产生夫妻矛盾的时候，与他进行一些身体接触，或许比其他任何方式都更有效。比如，当他哭泣的时候，没有任何事是比抱着他，将他搂在怀里更重要的了。

身体接触的力量是持久的，你的伴侣会在接下来很长时间里，记住并回味与你温柔相触的感觉。如果你想和伴侣进行亲密的身体交流，那么你采取以下的练习。

（1）当你即将走进购物中心时，请拉起爱人的手。

（2）走近你的爱人，搂着他、拥抱他、抚摸他的背，告诉他：“你真好。”

（3）当家人和朋友来访时，当着他们的面用身体接触你的爱人。

（4）当你的爱人到家的时候，比平时早一点去迎接他，然后紧紧地拥抱你的爱人。

找到对方“爱的语言”，用对方需要的方式去表达你的爱，这是你们婚姻关系中的“存款”。

不要担心这些行为的收效如何。请记住，你的每一分存款，哪怕只是一个极小的举动、一个极为简单的礼物，或者一句简单的肯定话语，对方都能够准确地接收到，并在你们未来的生活中不断向你回馈积极、正面的效果。

相反，如果你只是用自己的喜好去对待和讨好伴侣，而不知道他对何种“语言”敏感，那么你的大多数努力往往都会付诸东流。因为你虽然“存了钱”，但“账号”却是错的，你付出了大量的情感，可惜伴侣却感受不到一点儿爱的能量。

除了以上这些在婚姻生活中帮助我们经营好夫妻关系的方法，我们还需要明白一点：生活就像一辆滚滚前行的火车，没有什么是不会发生变化的。我们的婚姻也是日新月异的，适应这种变化，会给我们的婚姻生活带来无穷的惊喜！维持旧的态度则会给婚姻带上枷锁和脚镣！

我们可以用“系统”来比喻婚姻关系。所谓系统，就是由各部分组合而形成的一个整体，世界上的任何人、事、物都处于系统当中。当两人结为夫妻，实际上就形成了一个两人系统，两人一同组成了“婚姻”这个整体。

实际上，“婚姻”这个系统是在不断变化、不停往前运转的。很多夫妻没有意识到这一点，他们习惯性地想要维持婚姻的“原貌”，维持婚姻最初的感觉。一旦遭遇变化，他们就怀疑是对方的感情变味了，于是表现出抗拒的状态。结果，越是抗拒婚姻的变化，婚姻就变得越糟糕，关系就变得越紧张，夫妻二人也活得越累。

其实，不断追求变化、不断追求新的乐趣是每个人的本能，这是人体内的多巴胺、荷尔蒙驱使所致。重复同一件事情所带来的快乐，会随着多巴胺分泌的减少而骤降，所以人们总是在追求新奇和刺激中寻求快乐。假如你发现自己或伴侣在你们的婚姻生活中感受到的快乐变少了，那么，不妨让你们的婚姻多一些变化。改变意味着给你们的婚姻带来新的体验，意味着给你们的婚姻注入新的源泉。

给婚姻创造一些新鲜感，最简单的方式莫过于改变家居的摆放位置，给房间的壁纸更换新的色彩，更换床铺和沙发的配饰。或者，我们也可以更进一步，改变夫妻生活的方式、做事的方法、处事的准则和态度，调整起居作息。一切可以改善夫妻关系的尝试，都未尝不可。

切记：长期维持旧的模式和方法，只会让你们的婚姻慢慢变得寡淡如水。改变会给你们的婚姻带来惊喜，会让你们的爱情永葆新鲜！

真相7　问题解决

有效地处理问题，

解决问题，是我们过好这一生的重要基本功！

如何高效解决生活中的问题？

你以为的问题，其实并不是问题，

而是你看待问题的方式出了问题。

如何让问题成为人生的突破？

第一章　低效率解决问题的3种陷阱

我们每天都在面对和解决各种各样的问题，但问题总是没完没了，怎么办？

可以从思维角度破解——思维决定行为，行为导致结果。

你有什么样的思维，就对应什么样的行为，如果你大脑里装的都是“搞定问题的思维”，你的行为就是“看到问题，解决问题；再找到问题，解决问题……的不断循环”。

这种“问题式的思维”存在一个局限，导致我们不断在问题的旋涡里挣扎，耗费自己的精力，浪费自己的人生，最终隅于一地，遭遇失败。比如，在婚姻关系中，不断陷入夫妻间的对峙、争吵和冷战中，被婆媳关系和夫妻矛盾闹得心烦意乱；在亲子关系中，总是被孩子不学习、不听话、爱打闹而搞得心力交瘁；在职场工作中，总是为面对同事、应付领导、迎合客户而耗尽心思，无暇顾他；在人际关系中，总是为亲友矛盾、朋友误解而困扰，令自己左右为难……

有没有思考过，为什么这些事情会像巨大的旋涡，总是缠着我们，将我们卷进问题的深渊？

很可能是因为我们没有找到正确应对这些问题的方法，掉进了“问题的陷阱”里。生活中，我们最常遭遇的“问题陷阱”有3个：第一，急着解决问题，却忽略了事情背后的目标；第二，“创可贴式”解决问题，忽视了事情的根源；第三，维持舒适，无法在困境中寻求突破。

一、急着解决问题，却忽略了事情背后的目标

有位老人家的门口停了一辆报废的汽车，附近的孩子每到放学就会跑到他家门口，爬到报废的车子上玩闹。有时候，这些孩子玩得开心了，就站到车顶上跳来跳去，扰得老人无法休息，影响老人的正常生活。于是，这位老人想到一个办法。他走到那群孩子面前，跟孩子们

说："你们谁跳得最响，我就给他10颗糖。"

孩子们听完都很兴奋，开始在汽车顶上使劲地跳。一个个跳到筋疲力尽，才从车顶爬下来。老人果然如数给了每个孩子10颗糖，孩子们高兴地离开了。

第二天，那群孩子又满怀期待地来到汽车旁。老人走到他们跟前，说："这回谁跳得最响，我就给他5颗糖。"孩子们有些扫兴，不过为了5颗糖，他们仍然跳得很卖力。

第三天，老人早早候在那里，孩子们刚到，老人就对他们说："今天，谁要是跳得最响，我就给他1颗糖。"孩子们抱怨连天，不过还是有几个孩子爬上了车，开始蹦蹦跳跳。

到了第四天，当孩子们来到汽车旁，老人摊开双手说："孩子们，我今天已经没有糖了。你们跳得再响，也没有糖吃了。"孩子们非常扫兴，扭头就离开了汽车。从此之后，孩子们再也没有来过这里。

这位老人先将孩子"想要在报废汽车上玩耍"的内驱力，转化成"为了糖果而在报废汽车上蹦跳"的外驱力，而后用"减少糖果"的方法削弱孩子们的外驱力。当孩子没有足够的动力时，就失去了在汽车上玩耍的兴趣。利用这个方法，老人达到了"让孩子不要吵闹，让自己安静生活"的目标。

显然，这位老人解决问题的方式是智慧的，因为他没有被眼前的问题钳制，而是清楚地知道自己期待的目标和效果是什么。因此，他能够抓住问题的关键，然后再思考解决问题的方法。

面对同样的问题，很多人往往会急于求成，迫切地渴望解决问题，却忽视了自己的目标，以及达成目标的方法。他们会选择最简单、粗暴的方式去解决此类问题，比如对着孩子们大喊："给我安静点！否则，我就让你们吃不了兜着走！"但是，这种方法难以达到预期效果，往往只能起到短暂的作用，或对孩子们根本无效。

生活中，类似的问题还有很多，比如父母对孩子的教育问题。很多父母发现孩子的学习出现了问题，第一反应就是针对这个问题，希望立刻想出解决办法。例如数学成绩差，就立刻给孩子报一个补习班；这道题不会，就立马拿起笔给孩子演算。

可是，很少有父母耐下性子，仔细分析“孩子学习成绩差”背后的真正原因，也忽视了孩子学习的真正目的是什么。

其实，对于孩子来说，**培养孩子学习的兴趣，才是家长的目标**。很多孩子学习不够好，并非能力不足，而是没有把专注力放在学习上。当我们明白这一点，就应该引导孩子改变学习的态度，让孩子从受“为了读书而读书”“为了父母而读书”的外力驱使，逐渐转变为形成“我要学习”“我想学习”的内在驱动。

有了自我学习、自我努力、自我奋斗的内驱力，孩子会更加主动地学习，会积极地思考，会从根源上提升学习成绩。此后，这类问题就不会经常发生在孩子身上了。

诸如此类的问题，在我们的人生中还有很多。大多数时候，当我们遭遇问题时，恰好说明我们正在为某件事情而努力，或正尝试做好某件事情。

在这种情况下，我们不能只把目光盯在眼前的问题上，却忽视了“我们努力想要做好事情”的目标。否则，我们将永远看不到问题背后事件的真正价值和长远意义。

切记：**解决眼前的问题，并非我们努力的根本；达到事情的目标，才是我们真正的目的！**

二、“创可贴式”解决问题，忽视了事情的根源

小王是某座大型商场的服务人员，最近经常接到客人的投诉，比如：咖啡店人太多，经常等不到座位；卫生间的数量供应不足，客人经常排长队；自动贩卖机的热饮都卖光了，也不见人来换；室内门把手很凉，很容易起静电；希望饭店能有盖在膝盖上的毛毯……

小王为了处理每一件投诉，每天上班都要跑前跑后、奔波不断。到下班时，经常累得筋疲力尽，可是效果并不好，客人的投诉还是一样多。这令小王非常纳闷。有一次，他向同事抱怨：“客户的投诉越来越

多，任凭我怎么解决，都解决不完。”

同事好奇地问：“客人投诉的问题都是什么？”

小王将客人投诉的问题说了。乍听之下，这都是些独立的问题，互不相关，要一个个处理的确很麻烦。不过，同事很快就发现了问题的关键。他问小王：“你有没有想过，客人为什么拥挤在咖啡店，为什么会喝到热饮短缺，为什么会投诉门把手很凉，为什么需要毛毯？”

小王想了想，这才恍然大悟道：“因为商场的空调太凉了！”同事点点头：“客人们觉得空调太凉，所以需要喝热咖啡、热饮，还要毛毯，喝了热饮和咖啡，他们自然就会排队上厕所！”小王拍了拍脑袋，懊恼地说：“早知道就把商场空调温度调高一点，也不用白忙活那么久！”

生活中，很多人也和小王一样。他们着眼于应付问题，希望问题不衍生出更多的乱子，避免问题带来的持续错误和可能造成的失败，可是却忽视了问题中所蕴含的转机，甚至是走向成功的可能。

他们解决问题的方式就像贴创可贴，哪里受伤贴哪里，可是却从来没有思考过如何避免自己受伤，如何避免问题再次出现。

依赖“创可贴”来缓解疼痛、治疗伤病的人，会发现自己身上总是挂着伤，永远都要贴上一层创可贴。同时，依赖“创可贴式”的方法来解决问题的人，也会发现问题总是源源不断，没完没了地缠着自己。

这样头痛医头、脚痛医脚的方法，不能从根源上解决问题，只能让我们被问题牵着鼻子走。只根据表象去处理问题，很可能根本找不到问题的根源。即使处理了“问题”，也是暂时的、局部的，只有深入分析、查找问题的深层原因，以解决本质问题为目标，我们才能彻底避免问题的发生。

因此，我们解决问题，不能只是解决表象问题，而是要透过现象看到本质，找出问题的根源所在，然后对症下药，给出具体解决问题的方法、途径，这样才能达到事半功倍的良好效果。

三、维持舒适，无法在困境中寻求突破

有个年轻人去水族馆参观，发现馆内有大、中、小三种鲨鱼，分别被装在不同的玻璃缸里，供游客参观。

这位年轻人很好奇，于是问工作人员："是不是等小鲨鱼长大了，就把小鲨鱼从小玻璃缸移到中等玻璃缸。等再长大一些，又移动到最大的玻璃缸内？"

工作人员笑了笑，对他说："这些鲨鱼已经长不大了。"

没错，这些鲨鱼已经长不大了。因为玻璃缸的大小限制了鲨鱼的成长。那些小鲨鱼，永远也只能长那么大而已。

有时候，我们就像这些小鲨鱼，身处舒适的环境内，即便发现问题，也不愿意做出努力，尝试改变。因为我们害怕改变，害怕变化带来的结果。因此，我们被迫选择一些简单的解决方式来处理问题。

在这种情况下，我们不仅无法解决既往的问题和错误，还会不断丧失未来更多更好的机会与选择，而被限制在一个狭小的"鱼缸"里，无法实现人生道路上的突破。

比如，很多人对事业、婚姻、生活都保持着这种态度，他们习惯了在原本的环境中工作、生活，因而不想改变。即便问题已经堆积如山，或者更好的机会已经到来，他们仍然会犹豫不决，甚至画地为牢，将自己束缚着。

当机会错失，或问题接踵而至，令他们沮丧不已时，他们便会自我安慰："这就是我的命啊，都是老天的安排。虽然不公，我又能有什么办法呢？"

还有一些人无法在困境中寻找到突破口，是因为他们心中总是在计较自己付出的"沉没成本"，比如"我们都结婚这么多年了，再忍忍吧！""我在这家公司都待了这么久了，大把时光都耗在这里，还是算了吧！""我都这样生活几十年了，还是不要变了！"

这类思维会成为我们解决问题、做出改变、突破自我的钳制，它会牢牢也将我们绑在自己思维的"舒适圈"中。

其实，当你迈出第一步，逐渐习惯了迈出舒适区的时候，你也会越来越习惯接受挑战，你的生活边界会变得越来越宽广，生活的圈子也会一步步扩大。而那些曾经对你来说很艰难、焦虑、困扰，甚至痛苦的事情，此时就已经不是问题了。

因此，跨出自己的狭小圈子，进入更大的系统内，见识更广阔的世界，那些曾经困扰你的问题也会随着你的变化迎刃而解。跨出“舒适圈”，开始“无框人生”，才是我们解决问题的最佳方式。

以上3种陷阱，都把注意力的焦点放在了问题上，而忽略了目标和未来。

解决了问题不等于达到目标，要想真正达到我们未来的预期，还必须形成面向未来、面向目标的思维。

其实，很多人是没有未来意识的。对于他们来说，思考未来太辛苦了。当有人问他们：那你想要什么？他们往往无法回答，有些甚至说“我也不知道”。这是很可悲的，因为他们不知道要去哪里，上帝也帮不了他们。

必须要说出来“我要什么”，而不是“我不要什么”，因为“不要”往往指向的是过去。

所有的成长、改变、突破，目标、梦想、愿景……全部都是在未来发生的，那些停留在过去或者在当下难受纠结的人，无法获得成长、突破，更不可能实现目标或梦想。

你会发现所有人、事、物都朝着未来走，大多数人都在追赶，只要你一停下来，你就落后了。

什么样的人喜欢停留在过去呢？用心听他们讲了什么话，用了什么语言，你就知道了。比方说“那个某某是不对的”“我本来是这样想的”“以前我以为那样可以”……很明显，说这些话的人在尽量维持自己的思想，即使说到未来，也要翻到过去。

怎么改变这种习惯呢？每次你说到“以前怎么怎么样”“我以为怎么样”的时候，一定要刻意提醒自己着眼未来，再说下一句话。比如：我以为A才是对的，现在我知道了，以后应该是把他当B这样看待。

这样，我们的思维就调到未来的正面状态。不停地练习，慢慢地把负面思维、自我否定转变过来。

缅怀过去的快乐时光当然没错，但同时也应该花更多的时间思考未来：我以后要怎么样？我下个礼拜应该做、不应该做什么？明天早上我可以起来锻炼身体吗？

…………

梦想都是未来的，朝着未来策划，有空就多思考如何将梦想变成愿景，将愿景变为目标，将目标变成今天、明天的任务。

那么如何拥有未来观？很简单，当你开始具体地规划未来时，就已经有未来观了。比如：工作两年后，我希望继续做同样的工作吗？如果不喜欢，那两年后想做什么工作？我要做什么准备，我有什么优势？未来社会会变成什么样呢？这个行业两年后会不会有很多的变化，朝哪些方面发生变化？……如果不去思考，越往前走就会越没有安全感。

有一个经典的故事：

三个工人在砌墙。有人过来问："你们在干什么？"

第一个人没好气地说："没看见吗？我们正在砌墙。"

第二个人抬头笑了笑，说："我们正在盖一幢30层的高楼，半年后你就能看到。"

第三个人边干边哼着歌曲，他的笑容很灿烂："我们在建设一个新城市，10年后，你将看到这里天翻地覆的变化。"

10年后，第一个人在另一个工地上继续砌墙；第二个人坐在办公室中画图纸，他成了工程师；第三个人呢，是前两个人的老板。

这个故事告诉我们：你手头的平凡工作其实正是你事业的开始，能否意识到这一点意味着你能否做成一项大事业。

具有未来意识观的人不会被眼前的问题所局限，他的内在驱动力会涌动，推动着自己不断地思考目标与行动，走向成功的未来。

第二章　洞悉大脑处理问题的真相

我曾在培训课上对学生做过一次采访。

问："先生你好，请问贵姓？"答："我姓韩。"

问："韩先生，假如你今年可以心想事成的话，你最想得到的是什么？"答："我希望今年的生意规模扩大一倍，赚更多钱。"

问："'生意规模扩大一倍，赚更多钱'，这些能够为你带来些什么呢？"答："我会买房子，也会换一辆更好的车子。"

问："买房子、换更好的车子能够为你带来些什么呢？"答："我的家人就可以过得更开心。"

问："你的家人过得更开心又能够为你带来些什么呢？"答："我就会觉得尽了我的责任。"

问："那份'尽了责任'的感觉又能够给你带来什么呢？"答："我会觉得有满足感和成就感。"

问："那份'满足感和成就感'又能够给你带来什么呢？"答："我会觉得我的人生是成功和快乐的。"

从这次"采访"中，我们不难看出，随着问题的不断深入，韩先生也在一步一步寻找自己处事的真实动机。当我把上面这些问题颠倒过来，从下往上再次对韩先生进行询问时，韩先生突然发现自己一直心心念念的"扩大生意规模和赚更多钱"好像也没那么重要了。因为它跟最终"成功和快乐"的目标不是必然关系。

比如："家人过得开心"不一定要"买房子、换更好的车子"，更不一定要"赚更多钱"，还可以通过其他方式来解决；而"尽责任"，也不仅仅是"买房子"，还可以用很多方式来完成……

所以，当我们在某一层次的问题上苦苦挣扎，不知如何处理时，最好的方式就是将问题代入"更高一层"进行思考，利用大脑的处理机制，帮助我们厘清问题的脉络，找到自己的切实需求和真实目标。

一、认识大脑的问题处理机制

假设你是某公司的市场主管，这个季度的业绩不达标，领导找你谈话，然后对你说了如下的话，你觉得哪句话最让你难受？

（1）最近市场环境不好，尤其深圳市场竞争激烈，你这个季度的绩效不达标，也很正常。不过，以后要好好想办法了。（这是在强调外在环境问题。）

（2）你是不是没有按公司规定进行员工培训与管理，这个季度的绩效不达标，你要认真反思。（这是在强调“你没做好调研和员工培训”的行为。）

（3）你带团队的能力实在不敢恭维，绩效不达标，你的员工流失这么大，你接下来怎么提升？（强调你没有这个能力。）

（4）你这个人价值观和思想有问题，成天嘻嘻哈哈，在你心里员工不重要吗，为什么不重视培养？业绩不重要吗，那你来公司干什么？（强调价值观问题。）

（5）你这个人没出息、没职业素养，一帮好好的员工被你带跑了，业绩一塌糊涂，我看错你了！（强调你没资格和身份。）

（6）你这个人害了公司，害了我们这个行业，别说对不起我，连你的父母、家庭都对不起，绩效这样，拿什么养家、养孩子，公司遇到你也是倒了大霉！（强调你破坏了系统。）

其实，上面这几句话体现了我们大脑分析问题、处理问题的常规机制。通常，我们的大脑在处理问题时，都会从6个不同的理解层次进行分析。

（1）环境层：最近市场环境不好，尤其深圳市场竞争激烈。

（2）行为层：你是不是没有按公司规定进行员工培训和管理。

（3）能力层：你带团队的能力实在不敢恭维。

（4）信念、价值层：你这个人的价值观和思想有问题，成天嘻嘻哈哈。

（5）身份层：你这个人没出息、没职业素养，一帮好好的员工被你带跑了。

（6）系统层：你这个人害了公司，害了我们这个行业，别说对不起我，连你的父母、家庭都对不起。

在我们大脑的理解层次中，从第1层到第6层，是层层递进的关系：环境层→行为层→能力层→信念、价值层→身份层→系统层。

在上面这些领导的批评中，最令你难受的，我猜一定是最后一句话。因为"理解层次"越往后的话，越能深入到我们的深层脑和潜意识，因而对我们的刺激也越强烈，会让我们内心产生更严重的挫败感和屈辱感。

每当我们遭遇问题，或者处于某种困境中时，我们的大脑就会启动这种"问题处理机制"，用6个理解层次来分析我们遭遇的问题（如下图所示）。

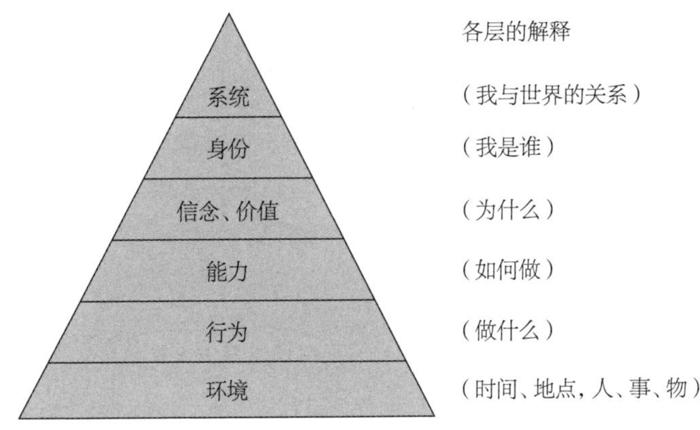

在环境层，我们的大脑会分析：这个问题所处的环境，以及外界的条件和障碍是什么。

在行为层，我们的大脑会分析：我在这个环境中做了什么事情，没做什么事情（才会导致我遇到现在的问题）。

在能力层，我们的大脑会分析：如果要处理这些问题，我还有哪些不同的选择吗？如果有，我是否具备做出这个选择所需要的能力？

在信念、价值层，我们的大脑会分析：我做这些事情应该有什么样的信念和价值观（即考虑这件事有没有价值，是不是我必须去做的）。

在身份层，我们的大脑会分析：我该以什么身份去做这件事（即思考我在这件事情中所扮演的角色，我是谁）。

在系统层，我们的大脑会分析：我和这件事（系统）是一种怎样的关系（即我这样做的意义是什么）。

一般情况下，如果我们遭遇的问题只牵涉到个人层面，大脑只会用前面5个理解层次进行分析。一旦意识到问题的影响涉及更广的范围，大脑就会启动系统层，进行分析和思考。

当我们遭遇问题时，如果可以从这6个理解层次进行思考，分析出问题的核心层次在哪儿，我们就能更快、更有效地找到解决办法。

比如，学生的学习成绩不好可能是由多种原因导致的，当老师有意识地从这6个层次去分析学生的问题时，他就能更有效地发现学生的问题。

环境："这不是他的错，学校总有些让学生分神的事情发生！"（其实，这对孩子的影响力最小。环境的改变，往往不能从根本上解决我们的问题。）

行为："他这次准备得不好。"（把责任推给孩子某一次的准备不佳，认为这是一个偶然。）

能力："他对数学一向都领悟得很慢。"（不只是针对这次的问题，而是上升到一般的能力层次，范围大了。）

信念、价值："考试不大重要，重要的是他对学习有兴趣。"（范围更大了，开始思考学生学习的信念和价值观。）

身份："他不适合学美术，他是个色盲。"（这个层次比刚才4个更高，指向了他的本质：他是一个怎样的人——是一个不适合学美术的人。）

同样地，当我们遭遇问题时，我们的大脑也会进行这样的分析。比如，当我们被内心的自卑情绪包围时，我们的大脑就会产生如下想法。

环境：没有一个同事关心我，这座城市不适合我生活；

行为：我天天都在害怕公司解雇我，我一见到上司走过来就觉得恐慌；

能力：除了这样还有什么办法，我的确把知道的都试过一遍了；

信念、价值：输给他们是肯定的，就算多努力去争取也没用；

身份：我处处不如人，从小我便知道自己很弱。

如果我们发现，自己无法在低层次找到问题的解决方法。那么，不妨将问题提升到更高一层进行思考。

一般来说，一个低层次的问题，如果放到更高层次里去思考，就更容易找到解决方法。反过来说，一个高层次的问题，用一个较低层次的解决方法，往往就很难奏效。

比如，当我们发现“环境”的问题无法改变，我们就通过“行为”去改变自己，让自己适应环境。反过来，当我们“行为”上出现问题，是无法寄希望于外部环境的改变来迎合我们“行为”的。

同样地，当我们在“行为”上出现问题时，可以通过“能力”去弥补；但是，“能力”的不足却无法用行为去弥补。

不过一般来说，低层次的问题，往往更加简单。层次越高，由于触及的问题更加深入，所以往往不容易改变。

比如，“让教室变得安静一些”往往是简单的，但是，想让一个患色盲症的人学习美术，往往就比较困难了。

大脑的6个理解层次，不仅可以帮助我们分析问题的根源，找到解决问题的途径，还可以帮助我们处理很多事情，比如：当我们手上有一个重要计划，可以按照大脑理解层次的次序，由低至高逐层做一次检验。或者当我们被某件事情困扰时，也可以按照大脑理解层次的次序，由低至高搜索问题的根源，进而思考解决方案。

二、破除“环境”困境

一位年轻的老师，抱怨班上的学生调皮捣蛋，上课总是开小差，从不听自己讲课。为此，她经常想办法，试图改变那些调皮的孩子。可无论什么办法，都没有效果。

这时，一位年迈的老师说：“孩子们不听课，也许是老师的口才不好，讲课的魅力不够大。所以，孩子们对老师讲的课兴趣不浓，才会在课堂上捣乱，好好改变一下自己吧。”

于是，这位老师开始努力改变自己，改变上课的形式，锻炼自己的授课口才。很快，孩子们上课听得入迷，不再调皮了。

很多人在遭遇问题的时候，第一反应不是反躬自省，而是从“环境”中寻找原因。比如我们常常抱怨“人在江湖，身不由己”“际遇不好，怀才不遇”“受大环境所限，不得不……”“情况就这样，我又能怎么办”……这类从“环境”中找理由的人，往往身处问题的旋涡，对现状不满，可是又难以寻觅突破的方向。他们不愿意将问题放到更高的理解层次去思考，因而无法从身份、信念和价值观、能力和行为等方面做出改变，只能一味地怨天尤人。

在工作中，他们会把问题推卸给同事、推卸给领导、推卸给下属、推卸给客户，会以时间不合适、技术不充分、市场不成熟、资金不充足为理由，替自己的问题开脱，却从来没有思考自己是否做得足够好、足够努力。

在生活中，他们会把问题推卸给父母、推卸给伴侣、推卸给朋友，认为自己之所以不成功，都是因为父母不够有钱；自己过得不幸福，都是自己的妻子（丈夫）不够优秀导致的；自己不开心，完全是朋友的错！

这些人的思维，已经完全局限在“环境”层次上。他们不肯，也不敢把“环境”的条条框框打破。在他们看来：只有世界改变，其他人也改变，他们才会有好日子过。可是，环境怎么可能因你而改变呢？我们唯一能做的，不就只有改变自己吗？

这类人过得很辛苦，因为问题总是如影随形，自己却又找不到问题的根源。他们对人生充满无奈，时常被“诸事不顺”的无力感包围。对他们来说，不要说彻底地解决问题，就连应付最基本的问题只怕也是难事。

对于这类人，我们需要提醒他：**改变环境不如改变自己，只有跳出“环境”的自我设限，努力寻求改变，才能有更好的发展与成就。**

抱怨环境，远不如尝试改变有效。如果此刻的你恰巧也身处一个不满意的环境中，那么，请停止你的抱怨，努力改变自己吧。

如果你发现，改变自我是困难的，或许我们可以从一个简单的“改变自我”的练习入手。

- 找一张纸，写下一件你希望拥有但却没有的事物，比如500万元现金。然后问问自己，如果有了这500万元现金，你会有怎样的行为。把答案写下来，比如买房子。
- 看着“行为”层次的答案——买房，问问自己：买房这个行为，可以让你具备什么方面的能力？把想到的写下，比如让家人可以过得更开心。
- 看着“能力”层次的答案——让家人开心，问问自己：让家人开心，能够帮你实现哪些价值？把想到的写下，比如尽了责任、有幸福感——这就是你渴望得到的那500万现金所要满足的深层需求了。
- 为实现自己深层的价值需要——尽责、有幸福感，再写出至少3个能给你带来尽责和幸福感的新做法，比如：为了尽责和有幸福感，第一个做法是我可以每天多陪伴家人1小时；第二个做法是每月陪爱人看一次电影；第三个做法是每年两次家庭旅游，等等。在这些新的做法之中，选出一项你认为最适当、最想做的，马上进行尝试。

这种方法虽然简单，却十分有效。它有助于我们从狭隘的“环境”层次中跳出来，不断追溯问题的根源，从而找到自己的深层需求。然后，再尝试改变自己的行为，从而使需求得以满足、问题得以化解，避免我们被“环境”所困，看不清问题的真相。

三、用理解层次策划自己的人生

解决问题，达成目标的最终目的，是帮我们实现成功、快乐的人生。用理解层次的方法，依然可以帮助我们实现这一目的。

但需要注意的是，分析问题需要从“环境”着手，一层层深入；而策划人生，则需要从“身份”入手，由深渐浅、深入浅出。

最简单的做法，就是为自己定下一个时限。例如，我们以三年为限，试着问问自己：三年后，我想成为一个怎样的人（身份）？拥有怎样的人生？当我们想好了自己的“身份”，就可以往上一层，思考在这个“身份”下，我们需要具备何种信念、能力和行为……循着理解层次，我们可以一级一级地策划下去。比如下面这个例子，就是一份有效的人生策划。

- 身份：三年后，我将是一个怎样的人，想要有怎样的人生？譬如，三年后，我会成为公司主管。
- 信念、价值：拥有怎样的信念和价值观，最能帮助我获得这个身份？譬如，我要成为公司主管，什么是最重要的？我需要在工作中坚持什么，放弃什么，遵守什么原则和纪律？
- 能力：为实现这样的信念和价值，我可以有哪些不同的做法？譬如，要做主管，我可以做什么？我不可以做什么？需要掌握怎样的能力？学些什么技能？采取怎样的职业发展规划和职场生存策略？
- 行为：我要怎样做？第一步做什么？设计出一个时间表及行动计划。譬如，我要成为主管，必须具备很好的业务能力、管理能力、组织能力和沟通能力。因此，我必须提升自己的业务水平。为此，我需要在日常工作中完成哪些绩效，做好哪些工作？为了提升管理能力，我需要进行自主学习，且需要参与公司的专业培训……
- 环境：我认识的朋友或同事中，谁能帮助我达到这个目标？我可以利用哪些条件？什么时候最适宜开展计划？在什么地方开展？譬如，我想成为公司主管，我可以向上一任主管请教和学习，可以和同事处理好关系，可以维系好与客户的关系，可以利用公司的专业培训……

一份有效的人生策划，必须从“身份”入手，一步一步规划和落实，最终在“行为”和“环境”上寻找机会。而一份无效的人生策划，则往往是从“环境”开始的，比如下面这个例子。

- 环境：我在 × × 公司承担 × × 工作，上级是不讲理的人，每天遇到的顾客都骂我（描述现在的情况）。
- 行为：我每天努力把工作做好，虽然没有乐趣可言，但如果能把工作更快完成，也许会少挨点骂（在那些环境框架划定的界限中活动）。
- 能力：我会去学习更多的技巧以应付环境的需要（没打算跳出来，而只能更适应那些框架界限而已）。或者，我不知该学些什么才会有用。（向框架界限投降了）。
- 信念、价值：再学也没有用，世界就是如此艰难。或者，做人应该安分守己。（信念）改变要冒太大的风险，万一失败怎么办？或者，平稳最重要（价值）。
- 身份：我没有这种命，我的运气不好，我接受一个平淡的人生。

用理解层次策划出来的人生计划，因为是从一个人的内在需求出发的，因而具有很强的内驱力，对人生的推动效果往往是最佳的，最有可能从根本上改变我们的人生目标。

从自己理想的“身份”发展出来的“环境”及“行为”层次的计划，可能会与现实有一定的出入，具有一定的挑战性。不过，它对我们的提升也是最大的，如果辅之以其他技巧，你会发现，这样策划人生是最具意义的，同时也最有可能成功。

第三章　5 种帮你解决问题的方法

战国时，扁鹊路经齐国，去拜见蔡桓公，发现蔡桓公气色不正，于是对他说：“您生病了，病入肌肤，如果不及时治疗，病情就会加重。”

蔡桓公不以为然地说：“我有什么病！”

十几天后，扁鹊又碰到了蔡桓公，发现他气色更差了，于是提醒他："您的病已经到了血脉，再不治就要恶化了！"

蔡桓公仍旧不以为然，扁鹊只好离开。

又过了十几天，扁鹊特地去探望蔡桓公，看到他面色异常难看，就对他说："现在您的病已经进入肠胃，再不治就有生命危险了！"

蔡桓公一听扁鹊老是提自己有病，顿时翻脸，拂袖而去。

又过了十几天，扁鹊见到蔡桓公，一看他的脸色，扭头就走。蔡桓公心里好奇："这人次次都说我有病，这一次怎么不说了？"于是上前询问，结果扁鹊摇摇头说："已经来不及啦，我也无能为力了！"

五天后，蔡桓公疾病猝发，慌忙请见扁鹊。扁鹊早已预料到这一结果，知道自己无力回天，早就离开了齐国。蔡桓公也因此病毒攻心，不治而亡。

或许你已经发现了，蔡桓公真正的"病"，并不出在他的身上，而是出在他的心里。身上的病还可以让扁鹊来医治，还有机会转危为安；可是心理上的忽视、轻蔑、不屑、傲慢，才是他病情加重、错失医治时间的根本原因。

很多时候，我们对待问题的态度也和蔡桓公一样，平时视而不见，当问题变得严重时，再想补救就困难重重了。

我们日常生活中遭遇的大多数问题，其实并不是问题。真正的问题是，我们是否具备处理问题的态度，是否有信念去解决这个问题。

一、调整态度法："问题"不是问题，看待问题的态度才是问题

对待一件事情的态度，也就是一个人的信念、价值观和规条，是我们对这件事情的理解和判断。如何看待、理解和判断一件事情，将决定我们处理问题的能力。

众所周知，我们每个人都是独一无二、与众不同的。这种与众不同，不仅体现在我们的外貌、长相上，还体现在我们的信念、想法和判断上。当我们遇到一个问题时，每个人处理的态度和方式都不相同。

同一个问题，在这个人眼里，可能是个大问题；在那个人眼里，可能根本就不是问题；在这个人眼里，它可能是这个问题；在那个人眼里，它可能是那个问题。所以，如何看待问题十分重要。

调整态度法，就是让我们关注自己对待和处理问题的态度，从而在根源上改变我们解决问题的信念、价值观和规条。在使用态度调整法时，我们需要关注三点。

1. 我认为问题是什么

问题是什么，这本身就没有标准答案，不同的人有不同的答案，因为大家的信念、价值观不一致。

前面讲到过，事情一般不会给人带来压力，压力来自人对事情的反应。当你总是认为自己的能力小于处理事情的需要时，压力就出现了。

如果一个人经常把很多事情都当作问题和压力，那就不是事情本身造成问题，而是问题出在人自身。

所以，要重新认识问题，从自己可解决的角度来定义问题。

2. 怎么才能解决问题

当我们问自己“我认为问题到底是什么？”并得到答案后，不妨再补充一句：“何以见得？”

这四个字虽然简单，却能帮助我们更加深入地思考，问题到底是不是这么回事儿，我们是不是抓住了关键。

当我们确定自己已经抓住问题，那么就可以思考如何解决了。这时候，我们也需要问自己：“面对这个问题，我要怎么做才能解决呢？”这个问题是引导我们从大脑理解的信念、能力、行为和环境等层次中去思考问题的解决方法。比如，我需要具备何种信念、何种能力、要做什么（行为），要在什么（环境）条件下做，才能解决这个问题呢？

3. 我是谁，我有什么资格去解决问题

“身份”问题，是我们改变态度的关键。在扁鹊与蔡桓公的故事里，蔡桓公没有意识到自己生病，因而忽视了“自己是一名病人”这个身

份，才导致自己错失医治良机。

生活中，一个人的“身份”是我们有没有资格解决问题的关键，它会决定我们的信念，在潜意识里暗示我们该这样做，或者不该这样做。

比如，家里婆媳闹矛盾，你作为儿子的第一反应是什么？我是母亲的儿子，是妻子的丈夫，我被夹在两个“身份”中间，左右为难，到底该怎么办啊？当你有这种想法时，“身份”就已经支配了你处理问题的信念，进而影响你的能力和行动。当你的身份出现偏差，比如你认为“儿子”的身份比“丈夫”的身份更重要，你就会偏向母亲。反之，你就会偏向妻子。显然，在婆媳关系中，无论你倾向谁，只怕都只会给你的家庭带来更多的问题。正确的方法是，从“身份”的层次开始调整和改变，将自己视为“这个家庭的中流砥柱”，你有责任和权利站在不偏不倚的角度帮助母亲和妻子化解问题、缓和矛盾。

二、定位三问法：明确身份，锁定系统

“定位三问法”，顾名思义，就是用三个问题帮助我们找准自己在问题中的定位，继而发现问题的根源和本质，思考问题解决的方法。这三个问题分别是：

- 在这件事里，我是谁？（思考身份定位）
- 我应该做什么？（回到系统层面思考）
- 我正在做什么？（调整优化自己的做法）

通过对“定位三问法”三个问题的探索，我们可以很清晰地定位自己所处的“系统”，以及自己在问题中的“身份”，从而让我们时刻把握事情的发展和动向，在自己的身份范围内尽己所能、有的放矢。那么，如何用“定位三问法”来分析我们遭遇的问题呢？

我们可以以《扁鹊见蔡桓公》的故事为例。

第一问：在这件事里，我是谁——在事件里，扁鹊是谁？

用现在的话来理解，扁鹊就是蔡桓公的私人保健医生，他是为蔡桓

公的健康保驾护航、提供服务的人。

第二问：我应该做什么——扁鹊应该做什么？

表面看起来，扁鹊确实是在保驾护航，但是为什么他的劝说没有效果呢？蔡桓公一而再，再而三地不听他的劝告，最后蔡恒公病死，扁鹊也因此流亡他乡。这个结果都不是蔡恒公和扁鹊所期望的，这个过程中到底哪里出了问题呢？

细究一下，扁鹊面对的服务对象是他的上级，而他在大庭广众之下告诉上级：你有病。试问如果你是他的上级，听到你的下属这么说，你的反应是什么？

在系统这个大环境下，扁鹊没有把握准自己的身份。

第三问：我正在做什么——扁鹊正在做什么？

其实，扁鹊可以变通一下，考虑一下上级的感受和权威。一是他可以私下向蔡桓公汇报，给蔡桓公治疗；二是他可以以养生的名义来为蔡桓公开药治疗，将疾病扼杀在萌芽里。这样，不就实现了我们说的“我好，你好，世界好”的三赢原则吗？

通过对《扁鹊见蔡桓公》的故事拆解，你可以对号入座，看看自己在工作中、生活中有没有类似的情况，比如费力不讨好，总被领导误解，从而导致委屈、抱怨等情绪的产生。

每当有这些现象产生时，我们不妨用这样的定位三问法来进行自我拷问。

每一个人都是活在系统里的，只有把自己置于所处的系统里，我们才能有个人身份层面的对错可言，而不是孤零零地就事论事。

三、界限思维法：厘清三件事，建立界限感

其实，我们的人生无外乎面对三件事：一件是自己的事，一件是别人的事，一件是“老天的事”。

很多人总是被问题困扰，往往就是由这三件事情引起的：忘了自己的事，爱管别人的事，担心“老天的事”！想要真正解决问题，获得一

个成功、快乐的人生，我们就要打理好自己的事，少管别人的事，别操心“老天的事”！

所谓“自己的事”，就是那些必须自己去做，必须自己付出努力，必须自己去承担责任的事情。对于这些事情，我们的态度是：这是我的事，不可以交给别人，不能让别人代劳。比如，我要自己照顾好自己，我要自己学习，我要自己做好工作，我要过好自己的这一生，等等。

所谓“别人的事”，就是那些需要他人自己去做，我不能为他代劳，不能帮助他完成，不能因为爱他而去帮他的事情。对于这些事情，我们的态度是：这是对方的事情，他必须通过自己的努力来实现，而不能借助别人去实现。最典型的例子莫过于孩子的成长。很多家长总是希望用自己的力量来帮助孩子成长，结果揠苗助长，最终导致孩子无法照顾自己，失去生活能力或迈入社会的能力。

有一部电视剧叫《闲人马大姐》，讲的是马大姐爱管闲事儿的故事。因为爱管别人的事，马大姐经常“惹火上身”，给自己引来一大堆麻烦，导致一系列问题，甚至还导致自己的家庭出现矛盾。

当然，我的意思不是让我们变得自私和冷漠，只顾自己，不关心别人的疾苦、死活，而是提醒大家：对别人的事情，我们应当保持尊重，看清界限，守住底线，不能毫无底线地去“掺和”别人的事，否则会成为制造问题的导火线。

尤其是在亲人和朋友之间，这条底线更应该坚守。如果有意见，你不妨提醒他。但切记，这终归还是对方的事情，你要学会适时停下，守住自己的底线。

所谓“老天的事”，就是人力无法改变、总要发生的事情。比如天要下雨这件事，我们无法改变，当我们视此为问题时，只会徒增自己的烦恼。

虽说“人定胜天”，但生活中，我们对待“老天的事”，还是应该秉持一份谦卑：“老天的事”，我最好还是接受。

有一次，几位朋友举行一次露天烧烤派对。结果派对刚开始不久，就突然下起了大雨。几位朋友一边躲雨，一边咒骂天气，抱怨不休。结果，一整个下午，我们都在抱怨和指责中度过。

仔细想想，当我们无法改变天气，只能顺应它的“脾气”来，那么抱怨又能有什么效果呢？唯一的作用就是强化这个“问题”的负面效果，把情况变得更糟而已。

如果我们转变心态，当烧烤遇到大雨，我们可以停止烧烤，安排其他活动，比如去KTV唱歌、去餐厅吃一顿大餐，而不是抱怨，效果会好得多！

从前，有一个老妇人，她有两个儿子，一个卖布，一个卖雨伞。雨天的时候，她就担心卖布的儿子生意不好；晴天的时候，她就担心卖雨伞的儿子生意不好。于是，她整天都活在闷闷不乐之中。

有一天，一个人对她说：“雨天时，你就想卖伞的儿子生意会好；晴天时，你就想卖布的儿子生意会好。”

于是，老太太的心情就好了起来。

当问题源自无法改变的客观事实时，我们不妨换一个角度想一想，这个问题就不是问题了，或者至少不会如我们所想的那么严重了。

厘清自己的事、别人的事、“老天的事”，建立起明确的界限感。当我们遭遇问题时，问问自己：这到底属于哪一类事情？我应该如何处理？

灵活运用“界限思维法”，分清事情的界限，可以有效归类生活中各种事情，避免问题的混淆，帮助我们更轻松地处理问题，赢得一个简单、轻松、快乐的人生。建立我们内心的“界限感”，是帮助我们减少生活和工作问题的重要手段。人与人之间需要界限感，哪怕再熟悉、再亲密、关系再好的两个人，也需要有各自的界限。所谓“亲兄弟，明算账”就是这个道理。

有位女士在微博上发帖说，她和丈夫恋爱六年，结婚两年。丈夫是个“妈宝男”，每次两口子吵架，总喜欢跟妈妈抱怨。然后，婆婆就从老家坐车赶过来教育她，声称：“孩子吵架，家长不能不管，要来调解。”

可是，每次婆婆来“调解”，夫妻之间的关系只会更糟。有一次，婆婆刚进家门，就指着儿媳一顿骂。忍无可忍之下，这位女士向丈夫提出离婚。

显然，这位女士的丈夫，就是因为缺乏“界限感”，才会将夫妻之间的问题演变为婆媳矛盾，导致问题一步步恶化，造成婚姻破裂。

人与人之间的接触是很微妙的，无论是两性中的亲密关系、交际中的朋友关系，还是职场中的同事关系，我们都要牢记，别人都不是傻子。很多时候，知而不言、笑而不语才是聪明人。做好自己该做的事情，不过分干涉别人的事情，不要杞人忧天，担心老天的事，拿捏好自己的一言一行，既能让别人舒服，也能让自己少很多麻烦。

四、减法思考法：打蛇打七寸，问题抓重点

一位朋友的孩子大学毕业，去一家大企业面试，顺利通过第一关，要求在第二天参加部门总监的面试。

为了迎接第二天的面试，他提前准备了一大堆材料，进行了反复的排演，将可能遇到的问题都预想了一遍。

可是第二天面试，他刚坐下，那位部门总监的一句话就让他傻眼了。那位总监说：“请你用3句话介绍自己，再用3句话让我留下你。”这孩子一愣，发现自己准备的一套说辞全都失效，只能在慌乱中勉强应付，结果也自然可以想见。

很多时候，我们总是将问题复杂化，将一件很简单的事情搞得很复杂。仔细观察，我们会发现一件有意思的事情：那些真正拥有成功、快乐人生的人，那些将工作和生活处理得很好的人，那些不被问题和烦恼束缚的人，他们都有一个共同点，那就是“简单”！

他们强调在“简单”中提升竞争力，他们专注于将某个问题处理好之后，再进行下一件事，他们很会在自己的人生中“做减法”。

所谓“做减法”，就是减少自己手上那些不必要、与目标不匹配的事情或问题，以此提高自己的效率。

他们先用“减法”排除问题的枝枝蔓蔓，寻找到问题的关键点。然后，再用“乘法”放大这个关键点，强化解决问题、达成目标的效果。

这个方法听上去很简单，但大部分人却做不到。生活中，大多数人更喜欢“做加法”，将一大堆问题堆积在一起，压得自己喘不过气来。

这些人经常抱怨自己的生活太苦、工作太累、人生太难。可是，他们往往忽视了这一切的根源，都是自己把事情搞得太复杂。他们就像不断抱怨包袱太沉，可是又不断往背上加行李的人，最终被行李压垮，又能怪谁呢?

对于这些人，我希望他们明白，生活不只有“加法”，还有“减法”。学会“做减法”能提升我们的生活品质和工作效率，帮助我们成为一个高效、轻松的人。

1. 学会在工作上“做减法”

实际上，工作中决定我们成果的、真正重要的事情往往只占20%，余下80%的事情往往消耗我们的精力，却无法取得很好的效果。这就是有名的“二八定律”。

明白这个原理的人，会将自己的工作专注于那些少数但极为重要的事情，而将其他烦琐的工作“减掉”。这件最重要的事情，就是你工作中的20%，并值得你用80%的精力和时间去做好。

阿基米德说过：“给我一个支点，我就能撬动整个地球。”在工作中，**那20%的重要工作，就是撬动我们职业发展的支点。当我们抓住最重要的事情，就要及时放下那些不重要的事情，将工作简化。**

那么，哪些事情才是我们工作的支点呢?

你可以用“以终为始”的倒推法来判断，首先确定职业生涯的长期目标，然后一步步往回想，倒推出现在应该做的最重要的一件事。比如，我们可以先问自己以下问题：

- 为了实现我的长期目标，未来5年，我应该做的最重要的一件事是什么?
- 为了5年目标，未来两年，我应该做的最重要的一件事是什么?
- 为了两年目标，我今年应该做的最重要的一件事是什么?
- 为了今年的目标，我本月应该做的最重要的一件事是什么?

- 为了本月的目标，我今天应该做的最重要的一件事是什么？

把所有目标一一串连起来，找到你当下应该去做的、最重要的事情，这就是我们的支点了。一切围绕它进行的事情，都是重要的。而其他事情，我们就需要用“减法”来做运算了。

2. 学会在学习上“做减法”

与工作相比，学习的过程更需要“做减法”。因为每个人的专注力是稀缺资源。我们所能专注学习的东西，比想象的要少得多。

如果你在“学习”这件事情上没有“减法”思维，那么，你会发现大量无效的信息会充斥在你的大脑里，妨碍你的思考，浪费你的大脑资源，让你无法聚焦于真正需要学习和掌握的内容。

另外，我们对世界的认知，90%都是不重要的。那些在我们脑海中比重很大、很庞杂的信息，往往无法构成我们的竞争力，对于我们来说大抵是无效的。而那些真正将你和别人区别开来，真正体现你价值的信息，只占很少的一部分。这就像一把菜刀，真正决定其品质和价值的，就只是整把刀的很小一部分——刀锋！

那么，我们如何在学习问题上掌握“减法”思维，帮助我们提升学习效率和成果呢？

你需要选择那些真正能帮助你提升的学习内容，并且学以致用。一个或许不那么容易被人接受的事实是：越功利的学习内容，或许对你的帮助越明显、越有效。

学会在学习过程中聚焦。只有聚焦，才有深度！俗话说，“当简单到极致，也就不简单了！”如果你的学习也能简单到极致，那就是一种不简单的事情。就像卖油翁能将油倒入盖着铜币的葫芦里，庖丁能顺着牛的纹理将其解剖却不伤其筋骨一样。

3. 学会在生活中“做减法”

在生活中“做减法”，往往是最难的。生活的琐碎，让很多人乱成一锅粥。我们既要和朋友打交道，又要和伴侣处理好关系；既要处理同事关系，又要照顾家人情绪；既要照顾孩子，又要惦记老人。既要关心生活中的柴米油盐，又盼望着诗与远方；既要为水电费操心，又要为工资奖金担心。

很多时候，生活就像一张大网，将我们牢牢困在里面，事情一件又一件扑面而来，问题一个接一个朝我们抛过来，容不得我们还手，更容不得我们逃避。结果，不断累积的问题，就像一个个沉重的包袱，最终将我们压得直不起腰，使我们沦为生活的奴隶。

面对这种情况，我们也需要学会"做减法"，减去生活中不必要的交际，减去生活中不必要的事情，减去生活中的自我焦虑、怨天尤人、自怨自艾和抱怨连天。

（1）给物质"做减法"

前段时间，给家里做大扫除，清理出一大堆不需要的东西。一瞬间，家里变得简单多了，也整洁多了。有一瞬间，我甚至感觉照进家里的阳光也更充足了。

其实，生活中有很多东西并非我们必需的，当初我们抱着"或许有用"的想法将它们放在家里，日复一日地堆积，结果家里的东西越来越多，渐渐挤占了我们的生活空间，影响了我们的生活。

学会扔掉一些东西，放下一些东西，整合一些东西，不仅可以让我们的生活更简单，也会让我们的生活空间更干净、更整洁，更加井井有条。这会在潜意识中给予我们暗示：生活变得简单了、轻松了，没有我们想的那么复杂和麻烦，从而帮助我们改善心情、调节情绪。

（2）给社交"做减法"

前一两年，很多人流行给朋友圈"做减法"的活动。我当时也翻阅了自己的朋友圈，发现其中绝大多数人我并不认识。但是，我总会花一些时间在他们发的朋友圈的内容上，导致我浪费了自己的精力。

无效的、过度的社交，是现代人浪费精力的主要问题之一。想要让我们的生活更简单且快乐，我们就需要梳理自己的人脉关系，给社交"做减法"。比如拒绝一些非必要的聚会，拒绝一些所谓"朋友"的邀请，减少在各类社交软件上的时间消耗，等等。

要知道，我们每个人的精力都是有限的。将精力过多地消耗在无效社交上，会让我们在亲情、友情、爱情等重要关系中遭遇困难，更会给我们的人生徒增烦恼，让我们在频繁的社交活动中遭遇更多的烦恼和问题。

五、理解层次贯通法：巧借理解层次，理解问题根源

理解层次贯通法，与前几种方法有所不同。它是从人的理解层次出发，通过不断地练习，去引导自我或别人，调动我们潜意识内的力量，帮助我们理解问题产生的自我根源，从而化解内心的问题。

很多人在使用过这个方法后，都会为之赞叹，声称有一种难以言说的感觉，令自己感受颇深，十分奇妙。

在开始理解层次贯通法的练习前，我们需要准备6张纸，在上面分别写上：环境、行为、能力、信念（价值）、身份和系统。然后，再把这6张纸按顺序摆成一条直线，铺在地上，每张纸之间留有一小步的间隔。这个方法需要在专业人士的引导下来完成，我在这里把它简化为读者可以自己练习的步骤。

1. 准备

现在，你站在这6张纸的起点，准备用这种方法，解决自己遭遇的问题，提升自我。你需要闭上眼睛，完成几个深呼吸，让自己静下来。

好了，现在，你需要把"问题"在心里默念一遍，你到底遭遇了什么问题，让你对它有更清晰的了解。如果你准备好了，将开始这项练习。

2. 踏上环境层

现在，你试着往前迈出一步，踏上"环境"这张纸，想想与这个"问题"有关的一切，包括：涉及什么人？什么事物？它发生在什么时候？在什么地方发生？是如何发生的？围绕这个"问题"，你原本希望是怎么样的？它又是如何变化才导致现在这种情况的呢？

你需要慢慢回忆，一遍又一遍地去想。不用着急，你有很多时间来

想这些问题。……想清楚后，进入下一步。

3. 踏上行为层

现在，往前走一步，踏上“行为”这张纸。请你想一想：与“问题”有关的事情，你现在是如何处理的？你过去是如何处理的？

当你真正想清楚了这两个问题后，进入下一步。

4. 踏上能力层

现在，往前走一步，踏上“能力”这张纸。站在这里，你需要想一想：面对这个“问题”，你曾经考虑过有哪些不同的做法，或者（曾经没想过，但）现在考虑哪些做法？你拥有哪些能力可能帮助你解决这个问题，达成你所期望的目标？哪些能力你可能尚不具备，但可以帮助你解决问题？

你有很多时间可以慢慢想，仔细想。当你完全确认自己已经想好之后，进入下一步。

5. 踏上信念、价值层

现在，往前走一步，踏上“信念、价值”这张纸。站在这里，你要想一想：这件事，它原本应该是怎样的？这件事情（它的目标）对你有何意义？其中最重要的是什么？带给你什么？你从中想到了什么？

没错，这些都是你对这个问题的信念和价值。要知道，绝大部分信念和价值，都潜藏于我们的潜意识中，我们可以感觉到，但很难表达出来。不过不要紧，不要用具体的语言和文字去表述，只要我们能意识到这些存在于我们内心就可以了。

请你对这些信念和价值说：“让我感觉一下关于这个问题的信念、意义，让我看看什么才是重要的……”这样反复地对你的潜意识说，好让潜意识清晰地知道这些信息。

现在，做几个深呼吸，让这些信息从潜意识升上来，把注意力集中在身体的某一点，重复对潜意识发出邀请。

不要着急，你有很多时间。当你有一种感觉从身体内升上来的时候，这是潜意识给你的信息。或许你知道如何用语言或文字来表达这种信息，或许你不知道，这些都不重要。保持这份感觉，继续放松，让潜意识能够继续给你信息。只有当你觉得潜意识已经给了你足够的信息时，就进入下一步。

6. 踏上身份层

现在，请你向前，踏上“身份”这张纸。站在这里，说明你潜意识中绝大部分信息已经升上来。不必用语言或文字的方式去理解它们，只要放松自己，然后把注意力集中于潜意识的某一点，反复对自己说：“我是一个怎样的人？在我的人生中，我是一个怎样的人？在这件事情（这个问题）中，我是一个怎样的人？”

请你对潜意识说：“请让我知道……”（重复上述的问题），比如：“请让我知道，我是一个怎样的人？”

放松下来，给潜意识一点时间，它需要时间与你沟通。也许，你会看到一幅景象，或者听到某种声音，或者产生某种感觉。那都是你接收自潜意识的有关信息。

现在，当你感觉到潜意识给予你完整、清晰的信息时，就进入下一步。

7. 踏上系统层

现在，当你往前一步，踏上“系统”这张纸时，绝大部分来自潜意识的信息，都不需要用语言和文字来表达了。你只需要做三个深呼吸，放松下来，把注意力集中在潜意识里，邀请它给你感受这一层次的力量。

“系统”指的是你与这个世界的关系。把注意力集中在潜意识，请它与你沟通，让你知道在这个世界上你存在的意义是什么，对于这个世界来说你可以产生什么样的影响。

或许你发现，潜意识给你的答案无法用任何词语来形容，此时不要强迫自己去形容它，因为它已超越了文字的范围。

你接收到的信息可能是一束光、一些颜色，甚至是一种感觉。不用急，放松下来，对潜意识说：“让我感受到我人生之中最深层次的力量是怎样的。”不要刻意去想任何东西，只要保持轻松的状态，跟着你的潜意识走就行。

当你感受到这种感觉时，继续放松，让它更加明显，让你的感受更清晰一点。最好做几个深呼吸，每一次都要更加用力，感受到气体在你身体里膨胀、变暖。

这就是你人生中最深层次的力量。这股力量可以帮助你的人生更清晰、更成功、更快乐。

继续深呼吸，感受气体的膨胀、变暖，直到整个身体都充实，继续吸气，让这股力量充盈你的四肢，直达每个脚趾，冲上你的头顶。

这份力量，你已经感受到了，这就是你所需要的。在你的生命中，它是支持你去做每一件事情的力量，是你最深层次的力量。现在，它和你连接在一起，以后你可以随心所欲地运用它。

请你再用力地深吸一口气，看看可否把这份力量增加到最大。好好地享受这份感觉，享受这种与力量连接的感觉。当你觉得可以的时候，请你慢慢转身180度，仍然站在“系统”这张纸上。

现在，带着这份在你一生中最深层次的力量，再想一下你与这个世界的关系，感受一下你与这个世界的联系，感受一下你与其他的人、事、物之间的关联，同时感受一下内心这股力量是如何肯定你与这个世界的关系的。当你想清楚这几个问题后，进入下一步。

8. 返回身份层

往前走一步，回到“身份”这张纸上。现在，想一想：你在这个世界上的意义是什么？带着这份人生最深层次的力量，你怎样发挥出身份的作用，使你无论在什么时候、什么地方都能拥有正面的、积极的、良好的影响？在你的人生中，你看到自己会因此而变成一个怎样的人呢？

无须开口表述，也无须在心中寻找任何文字来表达，允许潜意识运用各种方式与你沟通即可，让它给你信息，让你更明白自己的身份。

不用急，慢慢地感受潜意识涌出来的信息。当你感受到足够的信息后，再进入下一步。

9. 返回信念、价值层

现在，再往前一步，回到“信念、价值”这张纸上。想一想：你需要一套怎样的信念和价值，最能帮助你获得成功？这些信念中，什么是真正重要的？可以带给你什么？对你的意义如何？

当你感觉一切都准备好了之后，进入下一步。

10. 返回能力层

现在，继续往前一步，回到“能力”这张纸上。站在这里，想一想：你带着最深层次的力量，配合你的身份，践行着你的信念和价值，你需要发挥什么样的能力？你所拥有的种种能力之中，哪些是最能帮助你、最有用处的？你有多少个不同的选择可供考虑？还可以找到更多、更新的选择帮助你获得更成功、更快乐的人生吗？

让自己好好思考一下，慢慢地想清楚。你有很多时间，不用着急。当你想好了之后，再进入下一步。

11. 返回行为层

现在，请你再往前一步，回到“行为”这张纸上。在这里，你要想一想：你要采取何种行动，才能充分运用你最深层次的力量，配合你的身份，践行你的信念和价值，发挥你的能力呢？你打算怎么做？你的计划是什么？你要采取的第一步行动是什么？

慢慢地想，当你准备好了之后，再进入下一步。

12. 返回环境层

现在，请往前走一步，回到“环境”这张纸上。在这里，请你想一想：你怎样运用你最深层次的力量，配合你的身份，实现你的信念和价值，发挥你的能力，做出最有效、最能给你带来快乐的行为？在这一前提下，你所处的环境能为你带来什么帮助吗？

慢慢地想，当你完全准备好了之后，再进入下一步。

13. 完成

现在，往前走一步，闭上眼睛，深吸一口气，感受一下此刻的感觉，感受一下内心的力量。你的大脑中有许多的事情、许多的感受，让自己好好感受一下。然后，转过身，看着这6张纸，用眼睛重复刚才的过程，重温每一张纸给你带来的内心变化和感受。

这个技巧可以引导我们面对和解决人生中的任何问题。不过，我们需要对自己的问题有个清晰的认知。在“身份”层，我们要引导自己，用整个人的力量去寻找解决问题的办法。因为，任何人、事、物达到这个层次，其实都与本人的世界脱不开关系。

如果我们在哪个环节发生“卡壳”，就返回上一个层次，在那里再次进行练习，取得潜意识的讯息后，再往前进。

当然，你也可以跳出6张纸所象征的理解层次，代入旁观者的角度，进而思考这些问题。有了新的启发，我们再踏回6张纸之上，继续开始练习。或者，不断提醒自己通过深呼吸保持放松的状态，让自己与潜意识进行沟通，让它给我们提供更多的指引和讯息。

第四章　高效解决问题要把握的两大原则

一、系统性原则

一只生活在南美洲亚马孙河流域热带雨林的蝴蝶，偶尔扇动几下翅膀，两周后就有可能引发美国得克萨斯州的一场龙卷风，这就是著名的“蝴蝶效应”。

蝴蝶效应提醒我们，世间的诸般人、事、物都是相互关联的，哪怕是最不起眼的事情，也可能是引发各种问题的根源，因为我们同处于一个世界，同在一个“系统”当中。因此，高效解决问题首先要把握系统性原则。

系统，是由一个以上的部分组合而成的整体。这些部分，都对整体存在意义。各个部分的运转，保证了整体的继续存在。其中，每一个部分的改变，都会导致整体发生改变。

世界上任何的人、事、物，皆是某个系统中的构成单元。一个事物，可以同时是多个系统的构成单元；一个系统，也可以是一个更大的系统中的一个部分。

人也是一样，我们生在这宇宙间，不可能脱离其他人、事、物的影响，也不可能完全不影响到其他人、事、物。我们存在于某个系统中，那么，与这个系统中其他人、事、物的关系，很大程度上就会决定我们的生活是否惬意。

比如，你是一个家庭中的丈夫，与妻子、儿女的关系，就会决定你在“家庭”这个系统中过得是否顺心如意。又如，你是某家企业的员工，与领导、同事、客户的关系，也会影响你的工作是否顺利。再比如，你是某个小区的居民，与这个小区里其他人的关系，也会左右你每天的心情。

同样地，我们也是一座城市的市民、一个国家的公民、这个世界的存在者。这座城市、这个国家、这个世界，也与我们存在天然的、不可分割的联系。我们与它们的关系，很大程度上也会决定我们存在的状态。

因此，懂得站在“系统”之上，充分尊重人、事、物之间关联的系统性，摆正自己的位置，才能让我们的人生更加成功、快乐。

同时，系统是“理解层次”的最高层，是我们大脑思考问题的最佳方式，它可以左右我们关于身份、信念、价值、能力、行为和环境等因素的理解和思考。所以，如果能站在“系统”这一层次上看待问题、理解事物、处理问题的话，我们就能更好地顾及全局，也能更好地解决问题。

二、“三赢”原则

你有没有这样的经历：当你为了美食而大快朵颐、狼吞虎咽时，你的肚子越来越撑，肠胃胀得发痛；当你享受各种酒类带来的迷醉感时，你的胃不断翻涌起强烈的疼痛，甚至想要呕吐……

其实，我们的身体就是一个完整的“系统”。很多时候，我们会发现自己的身体出了某种状况，可是引发这种“状况”的问题往往并非我们想的那么简单。比如：我们觉得肚子胀，并不是我们的肚子出了问题，而是我们毫无节制的“食欲”；我们产生强烈的呕吐感，也不是因为我们的肠胃有毛病，而是我们饮酒过度。

导致我们身体出现这些“状况”的根源，往往是我们为了满足某一方面的愿望，而忽略了身体的“整体平衡”。在NLP中，“系统性”一词源于英文单词“Ecology”，也就是我们说的“整体平衡”。这种“整体平衡”不仅可以用在身体上，还可以帮助我们理解遇到的各种问题。

比如，可以用来关注我们内心的“整体平衡”：我是否身心一致、内外如一？生活中，很多人很难成功戒掉抽烟的习惯，就是因为其内心无法做到真正的平衡，总有一个部分在坚持“抽烟”这种行为，尽管其他部分都认为抽烟有害健康。

又比如，在婚姻关系中，对彼此整体平衡的把握：有没有给对方足够的空间，允许他与你有所不同？你是否坚持在让对方去做他不愿意做的事？你是否强迫他按照你的想法来行事？你是否想要探知他的个人隐私，想要了解他的私人秘密？

再比如，对两人相加而形成的“我们”而言，两个人有没有足够的共同信念、共同价值观？当你和对方谈话时，谈论的话题是否对两个人都有吸引力，或者有好处，或者你只是在自说自话？

当我们跳出以上这三个“系统”而站在一个更大的系统（公司、家庭、社会，甚至整个世界）来思考问题时，这些问题本身又会与其他人、事、物产生何种关系呢？

在“夫妻关系”这个系统里，夫妻之间决定离婚只是两个人的事情；但是，站在“家庭”系统上，你有没有思考过，离婚对孩子会有些怎样的伤害？

我们作为一家公司的员工，与供货商达成一项有关个人利益的秘密协议，在“我和供货商”这个系统内，这或许是双赢的；但是，站在

“公司”这个更大的系统内，对公司又有怎样的影响呢？

我们无时无刻不处在某些“系统”之中，当我们脱离了系统，忽视了系统的整体平衡，就很难取得预期的效果。就算有效果，也不怎么好；就算好，也不会长久；就算长久，也必然会有后遗症。

如果把系统性的整体平衡概括成一句简单的话，那就是“三赢”：我好！你好！世界好！

“三赢”是我们站在“系统”层次上，遵循整体平衡的要求处理问题所达到的良好的、令人满意的结果。

它颠覆了人们对“双赢”观念的认知。在传统观念里，人们追求的是双赢，也就是对你有好处、对我有好处，而忽视了两个人在更大系统内对于这个世界的价值。

当我们处理问题时，考虑整体平衡，注重“三赢”的效果，往往更有利于帮助我们用更宏大的视角看待问题，为我们处理问题提供思路和方法。

通常来说，当我们面对一个问题，想要实现“三赢”局面时，应该达到这样一个底线：不伤害自己，不伤害对方，不伤害其他人。只有这样，我们收获的结果才能满足“我好！你好！世界好！”的要求，也才能更加圆满地解决问题。

而当我们处理一系列事情都能坚持这一原则时，我们就能收获“三赢”的人生。毕竟，我们的人生不就是由一件又一件的事情构成的吗？当我们在处理一系列事情时，都能达到“三赢”的效果，也就说明我们具备了“系统性思维”，那么收获成功、快乐的人生，也就不足为奇了。

真相8 身份

“身份感“是一个人最重要的心理资本。

这个资本的高低，决定了我们的心理世界是富裕的还是贫乏的，

是丰富的还是寡趣的，是幸福的还是不幸的。

所以，我们必须有意识地塑造我们的“身份”。

如何高效提升自己的身份认同?

如何塑造自己的“身份”？

第一章 “身份”背后的两个真相

斯坦尼斯拉夫斯基是俄国著名戏剧家。在一次话剧排演时，女主角突然因故不能演出，斯坦尼斯拉夫斯基实在找不到人，只好叫他的大姐出演这个角色。

他的大姐，以前只是一个服装道具管理员，从来没有演过戏。此刻，突然出演主角，她的内心充满了自卑和胆怯。当她战战兢兢地走向舞台，心里满是自己失误、忘词的模样。

大姐刚开始表演不久，斯坦尼斯拉夫斯基就忍无可忍，烦躁地跳起来。他暴躁地走上台，让所有演员停下来，不要再往下演了。所有人沉默不语，现场一片死寂，大姐更觉自责，低头久久不敢说话。

斯坦尼斯拉夫斯基看着大姐，突然吐了一口气，语重心长地说：“这场戏是全剧的重中之重，而女主角又是整场戏的灵魂。如果女主角演得这么差劲儿的话，这部剧就完全失去了灵魂，其他所有人的表演加起来也毫无价值！”

大姐这才意识到，自己的“身份”是如此的重要，扮演的角色是如此的关键。于是，她调整状态，重新鼓足信心，将之前的自卑、羞怯和拘谨一扫而光，对斯坦尼斯拉夫斯基说：“继续排练！”

这一次，看到大姐一扫自卑和怯懦的状态，自信地走上舞台，斯坦尼斯拉夫斯基惊呼：“我们又多了一位表演艺术家！”

在我们的一生中，自信不仅是我们心理健康的重要标志，更是一笔最为宝贵的精神财富。

自卑的人，面对任何事情的第一反应总是犹豫、怯懦、惧怕、拘谨、苟且和逃避，内心充斥着强烈的无力感。

自负的人，则往往过度膨胀，因而变得嚣张跋扈、刚愎自用，甚至目空一切，其实这些表象的背后是他们脆弱的心灵。

自卑与自负，都是自我价值认知不足，对自我身份缺乏准确定位的表现。唯有自信的人，生命中总是满怀希望，在从容淡定中怀揣着积极进取的精神，在宁静安详中洋溢着身心和谐的力量。

自信，帮助我们在逆境中逢山开路、遇水搭桥，保有一份不屈不挠的动力；在顺境中热爱生活、享受人生，提升生命价值，造就我们的未来。

一个人想要变得自信，就要对自己的身份有一个充分的认知，建立起对自我价值的正确认知。

一、真相1：身份是最重要的心理资本

有一个乞丐，从小就流落街头，过着以乞讨为生的日子。有一天，一位律师找到他，并对他说："很高兴能找到你。根据我们的调查，你就是全城首富的私生子。你的父亲已经过世了，按照他的遗嘱，你将得到一份价值不菲的遗产。"

然后，这位律师问乞丐："现在，你有很多钱，请问你打算用这些钱做什么？"

乞丐毫不犹豫地回答："我要用这些钱给自己买一个黄金做的饭碗，以后讨饭就再也摔不烂了！"

看上去，这仅仅是一个笑话，但事实却并非如此！一项有趣的调查显示：在所有中彩票的人中，有接近八成的人在5年内就将奖金挥霍一空，随之变得一贫如洗，日子甚至不如中奖之前；而在所有拆迁暴发户中，有接近四成的人，会在10年内将拆迁款耗尽，生活随之变得拮据，日子也会难以为继。

这些现象的背后，其实都是一个人的"身份感"在作祟。身份感，**是我们的一种心智模式，是我们的底层思维，是我们心理活动最核心的部分！**

如果说你有几栋房、几辆车、几张银行卡，这些都是你最重要的物质资本的话，那么，"身份感"就是你最为重要的心理资本。

物质资本，决定了我们在这个现实世界的富裕与贫穷；心理资本，

则决定了我们心理世界的富裕与贫穷、幸福与不幸。

“身份感”，就是我们对自我身份的认知，负责管理的是“我是谁”“我是一个怎样的人”“我的人生是怎样的”等诸如此类的问题。同时，我们做或不做什么、内心想展现什么，内心在隐藏或者逃避些什么，往往都与我们潜意识里的“身份”有着极为密切的关系。这就是“身份”背后的第一个真相。

我们的一生，只有一个“身份”，但是却可以有许许多多不同的角色。“身份”照顾的是所处的任何环境里的个人，而“角色”照顾的则是这个人在某些具体的“人、事、物”当中具体的存在。一个人所有的“角色”加起来，便是这个人的“身份”。

例如，和妈妈在一起时，我们的角色就是儿子（或女儿）；在写书的时候，我们的角色就是作者；站在台上讲课时，我们的角色是讲师；在饭馆吃饭时，我们的角色是顾客……所有这些“角色”，合起来便是我们的“身份”了。

我们活在这个世界上，扮演着千千万万个角色。但是，当我们把焦点只放在某一种情况里，我们往往会把自己单一的“角色”混淆为自己的全部“身份”。

比如，一个过分沉迷于工作的“工作狂”，会把工作中的角色带入到整个人生中，认为事业上的“角色”就是自己全部的“身份”，因而忽视了作为子女、伴侣、父母的角色；同样，一些家庭主妇将一生的精力全都付出给丈夫和孩子，便把“妻子”和“母亲”的角色当作一生的身份，从而忽视了自己更多的“角色”。

显然，这样以偏概全的认知是有偏差的，往往会对我们的身份形成某些错误或者片面的认识，导致我们的人生出现偏差。

不同的角色，不仅会影响我们对“身份”的认知，还会影响我们的信念、价值观和规条。在每个角色中，我们都有属于这个“角色”的一套信念、价值观和规条，跟其他“角色”有所不同。

几年前，我曾听过一个故事：一位律师替一位杀人犯做辩护。他在法庭上滔滔不绝、口若悬河。

当他走出法庭时，受害者的儿子冲向他，跪在他的面前祈求道："那是个杀了我母亲的杀人凶手，求求你不要为他辩护了。想想看，如果被害的是你母亲，看到你把有罪说成无罪，让罪犯逍遥法外，你会怎么想？"

律师对这个人说："如果我是被害者的儿子，我会替我母亲报仇。可惜，我现在只是律师！"

显然，"律师"和"儿子"这两个角色的不同，导致这名辩护律师处理事情的信念、价值观和规条也完全不同。仔细回想一下，当你处于不同的角色中时，是否也会遇到这种情况呢？比如，当我们和母亲聊天时，总是讨厌听见母亲唠叨、啰唆；可一转身，又不经意地对自己的孩子唠唠叨叨、没完没了，惹得孩子不高兴。当我们上网浏览视频，看见横穿马路的人，我们会义愤填膺、怒不可遏；但一转身，当我们站在路口，为了一时方便，也忍不住想要闯红灯……

多年以前，一位做销售的朋友向我的一位学生推销一款新产品。当我的这位学生问他，是否会把产品推荐给自己的女儿使用时，这位销售人员突然哑口无言。

当这位销售人员的角色从"销售人员"转变为一位"父亲"的时候，他的信念、价值观和规条完全发生了改变。他可能会站在一个销售的角度去哄骗消费者，却很难站在父亲的角度去欺骗自己的女儿。

角色的转化，往往会为我们带来一系列不同的信念、价值观和规条。通常来说，我们可以在不同的信念、价值观和规条中找到平衡，正确处理自己的"身份"和"角色"。但有时候，一些角色的对立和冲突，也会让我们在"身份"的自我认知上产生冲突。比如，有人问你："当你的妈妈和爱人同时掉落水里，你会先去救哪一个？"这个问题就是典型的"角色对立"。也许，当你和妈妈单独相处时，妈妈便是最重要的人，比作为儿子的你还重要；当你和爱人单独相处时，爱人就是最重要的人，比作为丈夫的你都重要。但是，当这两个最重要的人同时出现并要从中选择其一时，你的两个角色之间信念、价值观和规条的冲突就呈现了出来。

关于“身份”和“角色”，我们还可以做一个比喻：一个人的身份，就像一颗璀璨的钻石；而角色，就是钻石上的每一个切面。

一颗完美的钻石，其璀璨的模样会通过每个切面展现出来。或者说，每一个切面都能展现其整体的璀璨模样。

一颗蓝色的钻石，它的光芒由内而外地透射出来，最理想的状态是，每一个切面都是同样夺目的蓝色。这是最自然、最纯真的状态。同样，一个人的“身份”是怎样的，他的角色也会展现出他的“身份”状态。当他所扮演的每个角色都能展现这一“身份”状态时，此时的他就是最自然、最纯真的状态。这是人生难能可贵的至臻境界。

但是，对于很多人来说，这是极为困难的。私心、欲望和功利主义，让我们在每个角色中都试图表现出“非同一般”的色彩，例如通过一些言不由衷的话、虚假的行为或虚伪的表现，来让别人改变对我们“角色”的看法。

比如，我曾经遇到一名销售人员，他装作一副热情关怀的样子，将假冒伪劣产品推销给我。当我们成为朋友之后，他为此感到悔恨，并向我表达歉意，说他当初用了“卑鄙”的手段骗取我的信任。

有意思的是，一些人认为：在某一个“角色”上表现出虚伪，是“成功”地活在当今这个社会上所必需的方式，是不可避免的，比如工作中只有戴上一副虚假的面具才能扮演好“职员”这个角色。

然而，事实并非如此。我们想要看到璀璨、耀眼的光从钻石中透射出来，就要保证钻石的每个切面都是自然、纯真的。否则，哪怕只有一个极为微小的切面透射出异样的光芒，也会影响整颗钻石的品质。同样，哪怕只是一个极为次要的“角色”出现问题，也会影响我们整个“身份”的信念、价值观和规条，进而影响我们的人生。

二、真相 2：身份是心理活动的核心能量

“身份”是一个人心理活动的核心部分。支持这些心理活动的，就是“身份”的能量，称作“自我价值”。这是“身份”背后的第二个真相。

“身份”管的是“我是谁”和“我的人生是怎样的”这一类事情，而“自我价值”则是为这些事情提供推动力的。

如果一个人没有足够的“自我价值”，就会轻视自己、看不起自己，不认同自己的“身份”，那么他就没有足够的勇气和力量成就一个成功、快乐的人生；相反，一个拥有足够“自我价值”的人，会足够重视自己，充分认同自己的“身份”，因而可以成就一个成功、快乐的人生。所以，“自我价值”是我们拥有成功、快乐人生的重要本钱。

“自我价值”包括三项素质：自信、自爱和自尊。“自我价值”不足，就是自信、自爱、自尊不足，这样的人表现出来的行为模式，在今天的社会里到处可以见到。心理素质、人文素养、公民意识、社会责任感、公德心等，都包含在“自我价值”的范畴里。

事实上，自我价值（自信、自爱、自尊）是一个人内在的素质，它呈现出来的是这个人与身体之外的世界相处互动的方式，也是这个人的心理和生理上具体运作的，包括思想、情绪和行为上的能力模式。

有了这些能力模式，一个人才能在三赢（我好，你好，世界好）的基础上取得所追求的价值，并且不断累积直至感受到人生成功的快乐。这个人会得到其他人的爱护和尊重，也同时会爱护和尊重其他人，并且对社会、对世界有一份积极的影响。他也会被认为有良好的心理素质、人文素养、公民意识、社会责任感和公德心。

自信，就是信任自己有足够的能力取得所追求的价值，这些价值不断地累积，到了足够多的时候，便会感觉人生是成功、快乐的。一个人必须对自己有足够的信任，才能信任别人，别人也才能信任他。所以，没有自信的人，不仅会发现生活中所有的事情都异常艰难，还会发现所有人都不信任他。

当一个人信任自己有足够的力量时，他便无须经常显露力量。反过来说，当一个人感到力量不足时，他便自然地经常呈现出“我有能力”的示威行为，这些示威行为就是一般人说的自负。

自爱，就是爱护自己。一个人必须先爱护自己，才能爱护别人，而别人也才能爱护他。不爱护自己的人，也不会爱护孩子（例如带着孩子一起自杀的父母），不会爱护企业（例如私吞公司钱财的员工），也不会爱护国家（例如贪污渎职的官员）。

自尊，就是对自己尊重的态度。一个人必须先尊重自己，才能尊重别人，别人也才能尊重他。我们都曾看到过，那些轻贱自己的人，别人也会用轻贱的眼光看待他。当我们不懂得何为自尊时，也无法懂得何为尊重别人，更难得到别人的尊重与认可。

1. 把自信的品质融入“身份”

任何人，无论正在做什么事，其终极目标都是人生的成功、快乐。怎样的人生才是成功、快乐的呢？我在前面已经给出了答案，首先就是自信。

除了大部分偏执的天才，普通人的自信都是一步步积累起来的，当我们在所做的事里总能获得我们追求的价值，并且获得的价值被不断地累积起来，那么到了一定的程度，我们便建立起了自信，就会自然而然地感到人生是成功且快乐的。

自信带给人生的是一份积极的态度，以及由此带来的处理人、事、物的能力。因为相信自己，便不会凡事都指望别人，并且稍不如意便牢骚满腹。自信的人总是自己去努力，很平和、很从容地朝着人生目标一步步迈进，在过程中体验充实与快乐，在结果中感受成功和满足，在一个个目标实现的同时积累更多的自信。

拿破仑说过：“胜利不是站在智慧的一边，而是自信的一边。”

流浪街头的吉卜赛修补匠索拉利奥，每天早上起床的第一件事，就是大声地对自己说：“你一定能成为一个像安东尼奥那样伟大的画家。”说了这句话后，他就感到自己真的有了这样的能力和智慧，他就满怀激情和信心地投入到一天的工作和学习之中。十年后，他成为了一个超过安东尼奥的著名画家。

有信心的人，可以化渺小为伟大，化平庸为神奇。

当一个人有了充足的自信，并不意味着他什么烦恼都没有了，而是意味着他有足够的力量来处理人生中的烦恼。生老病死、苦辣酸甜，是每个人都必须面对的。

“自信人生二百年，会当击水三千里”。自信的人，往往具备足够的勇气，同时又在想方设法增添更多的能力。他不怨天尤人，也不畏惧逃避，在面对困难时会采取积极的态度。只要态度积极，办法总是会有的。即便最坏的情况出现，自信的人也会抱着“面对、接受、放下”的态度，从容应对林林总总的事情。

自信的人，其人生必然是积极进取的，同时也是知足常乐的。

2. 把自爱的品格融入“身份”

我们必须先爱护自己，才能爱护他人。一位母亲拉着孩子的手从高楼跳下来自杀。她怎样看待她孩子的生命？当然看得很轻！她为什么会把孩子的生命看得这么轻？必然是她先把自己的生命看得很轻，才会这么轻视孩子的生命！

现在你试着找出来一件你很心爱的物品，针对下面的两个问题各给出三个答案：

（1）你怎样对待它？

（2）你希望它会怎么样？

既然你这么爱惜它，你是不会把它随随便便放在什么地方的，对吗？你不会把它放在危险的地方，不会让它受到风吹日晒，也不会让它被弄脏。你甚至会做一个精美的袋子或者盒子给它更好的呵护，甚至把它放在橱柜里或者保险箱里，给它最好的保护。

也许它是很名贵、价值连城的，也许它是祖传下来的，也许它并不值多少钱，但是却包含着你很多的情感因素。总之，它对你来说代表很大的价值，这份价值很难找到替代品，对吗？

在你的人生中，跟那件价值很大的物品相比较，还有一件有更大的价值，那就是你自己！事实上，“你自己”是你的人生里价值最大的东西，因为所有的其他东西都只有靠“你自己”才能获得。既然你对上面那件物品这么爱护，你应该以更大的爱护来对待“你自己”。

你怎样做才是最适当地对待最有价值的“你自己”呢？

过去的你又是怎样对待“你自己”的呢？

你是否有心或无意地忽略、伤害、亏待过“你自己”？

你接下来准备怎样修正对待自己的态度？

现在，想出一位你很心爱的人。如果你不存在了，你如何去爱人？你的爱是不存在的。

所以，如果你真的爱某个人，你必须先爱自己，保护自己，使自己拥有力量，维持有力量的状态，而不是让自己处在衰弱无力的状态。你应该避免把自己放在危险的、容易受到伤害的地方，而是要尽可能地好好保护自己，并且不做伤害自己的事。

爱护自己是你的责任，也只有你自己才能够承担这份责任。无论出于什么理由，都不能推卸这份责任。失去了自己，伤害了自己，你什么都不能做，并且什么也做不好；你也不可能丢掉这个“你自己”，它没有地方可以去，无论发生什么事情，它都是属于你的。无论发生过什么事，无论什么原因，你唯一的办法还是接受“你自己”，充分地接受它、爱护它，使它的力量可以释放出来，可以支持你，你也可以放松和积极起来，依靠它的能量创造崭新的、美好的未来人生。

有一个姑娘，她出生时受到严重伤害。她不能说话，嘴还向一边扭曲。她的童年无法像别的小孩一样正常交流、玩耍，并且还要面对许多异样的眼光。她的成长充满了痛苦。

然而，她不仅顽强地活了下来，而且还获得了加州大学艺术博士学位。她用画笔画了许多画，开过许多的画展。她还写文章、出文集，圆了自己的画家梦、作家梦。

在一次演讲会上，一位学生向她提问：“你从小就长成这个样子，请问你怎样看待自己？你有过怨恨吗？”

她用粉笔在黑板上写下：①我长得十分可爱；②我的腿很长很美；③爸爸妈妈很爱我；④我会画画和写稿；⑤我有只可爱的猫……她写下了几十条。然后写下她的结论：我只看我所拥有的，不看我没有的。顿时，掌声响起。

自信美丽的笑容从她的嘴角荡漾开，有一种不可击败的自豪感写在她脸上。

其实，我们的生活充满了爱，生活中也有许多自爱的故事。就像这位女子，因为她爱自己，所以她感到快乐，并积极乐观地看待生活。乐观是能创造出奇迹的，如果想要乐观，必须先爱自己。虽然故事中的女子在正常人看来是一个长相古怪、身体残疾的人，但她爱自己，她能看见自己的价值，觉得自己有许多优点。

“看见即疗愈”，一个人不可能十全十美，也不可能没有优点，只有看到自己拥有的美好，并且懂得去珍惜它们，更加努力爱自己，那么就能创造属于自己的奇迹。

她使我们更加领悟到自爱的力量。自爱是爱惜自己，热爱生命，热爱生活，自我肯定，持续追求完美卓越，活出精彩人生。自爱的人，必定能造就“真我”，成就美丽人生。

3. 把自尊的品质融入身份

在生活中能得到别人的接纳和尊重，做事时爽快利落、得心应手，这样的人自然感到轻松、开心、满足。这与一个人的自尊有着莫大的关系。

上面说过，自尊就是自己尊重自己。那么，怎样才算自己尊重自己呢？自己心口合一、内外一致，就是自己尊重自己。

自己尊重自己，表面上看是不勉强自己去做不愿做的事。但这样的话也容易被某些人作为自己不遵守承诺、不尽责任、逃避独立的借口。“不勉强自己去做不愿做的事”看似没有错，但事实上生活中难免存在需要“勉强自己去做不愿做的事”的情况。不了解跟自己的责任有关的信念、价值观和规条，本人的成长便没有完成。不愿承担责任，逃避、不愿面对成长过程中该做的事，并不是真正意义上的尊重自己。

敢于面对痛苦和挑战，主动去成长，才是自己尊重自己。每一个人，当达到成年或者离开父母之后，成长便是个人的事。一个人不能用任何借口来拒绝成长、逃避成长。成长的过程一定有痛苦，但是成长之后便有机会获得开心快乐、成功与满足。拒绝成长的人绝不会拥有开心快乐、成功与满足，而只会更痛苦，而且是永恒的痛苦。

现实中不愿意成长、逃避痛苦的人都有一个共性，那就是他们具有低自尊；而那些成就比较高，以及那些从贫穷实现财富和地位逆袭的人，他们的共性是具有高自尊。

第二章　我们为什么缺乏“身份感”

我年轻的时候，有几个要好的朋友。其中一个朋友，从小就想要成为一名温文儒雅的学者。在上大学时，他就开始以“学者”这个身份来要求自己，不仅每天都坚持到图书馆学习，研读专业书籍，就连言谈举止也很有鸿儒的模样，待人彬彬有礼，做事严谨认真。

另一位朋友的父亲是一名科研人员，他很小就受到父亲的影响，经常在父亲的陪伴下搞各种小实验。从中学时候起，他就把自己的身份定义为“成为爸爸那样的人”，所以他很愿意在数学、物理和化学等学科上下苦功。当其他孩子都在玩耍的时候，他却能沉浸在自己的世界里，花上一整个周末的时间做实验，翻阅各种实验书籍，操作各种实验器材，学习相关的理工科知识。

还有一位朋友，他的父母都是生意人，家里往来的客人也大多是商人，嘴里谈的都是生意经。这位朋友从小耳濡目染，也学会了如何做一名商人。刚上大学那会儿，他就开始在学校里做小生意。有一次，为了扩大自己的“生意规模”，他甚至“走后门”，请老师喝酒，结果被学院通报批评。

一个人怎么看待自己，认为自己是谁，认为自己的人生应该朝着什么方向前进，往往会影响他一生的发展。这就是“身份”的重要性。“身份”是我们心理活动的核心内容，是我们建立成功快乐人生的本钱。

很多人的工作、生活充满迷茫，缺乏动力，其根源就是没有正确认识自己的“身份”，对现有的“身份”不认同，或者在潜意识里给自己定了一个负面的身份，因而在内心看扁了自己，让自己丧失了对人生的信心。

比如，一个搞国学研究的学者，如果打心底里认为自己的工作是用文字糊弄人，他一定无法在学术研究中有所成就；相反，如果他坚定地认为自己是弘扬中华传统文化的使者，他就很有可能在这方面取得非凡的成就。如果一个演员，从一开始就只想成为一个“流量明星”，缺乏演员的自我修养，那么他不可能在演艺道路上走得多远；相反，那些一开始就将自己的身份定义为“表演者”的人，他们往往能收获更大的成功。同样地，如果一个人永远将自己的身份定义为“打工人”，那么他永远都会以“打工人”的身份来看待问题，很难实现人生的突破；相反，那些懂得转换思维，将自己的工作与人生事业联系起来的人，往往更能在职场中收获成功。

我们在前面提到过：一个人的“身份”，是心理活动的核心部分，是受到“自我价值”推动的。自我价值，并非一个人的先天产物，而是在他出生后的整个成长过程里，凭着每天的人生经验总结累积而发展出来的。

自我价值，不是光凭时间便能发展出来的，每次的人生经验所做出的总结，取决于当时这个人内心对事物的主观判断，其基础是这个人的信念系统。

一群人在同一个环境里成长，虽然有类似的甚至共同的人生经验，但是因为每个人的信念系统不同，对事物的主观判断不同，因而每个人发展出来的自我价值也有高低之分。

一、“自我价值”不足的 3 种行为模式

近年来，“名媛事件”在社会上引发人们的热议。一大批名媛穿着名牌衣服，挎着名牌包，戴着名牌腕表，开着豪华跑车，在豪华酒店一边欣赏上海外滩的风景，一边享受美好的下午茶时光，一副高贵而惬意的样子。

她们将这些照片发到社交平台，引起不少人的艳羡。可这不过是她们刻意营造的虚假氛围而已，事实上这一切都是她们省吃俭用、拼团租

借来的。这些所谓的“名媛”，也不过是一群想要“飞上枝头变凤凰”的女孩而已，并非真正的“富商之女”。

排除这些女孩想要“傍大款”一夜暴富的心态，她们这些行为背后的心理，更多的是“身份感”的缺失，是自我价值不足的表现。在当今社会，类似这些“名媛”这样的行为随处可见，他们缺乏自我价值，缺少自信、自爱与自尊。他们的行为一旦被人揭露，往往会受到众人的轻视和鄙夷，因为他们为了某些外在的、所谓的“价值”，而放弃了“自我价值”，放弃了对自己的爱与尊重，同样也放弃了别人对他的尊重。

我们需要明白：每一个人都想拥有成功快乐的人生，所以都想培养出足够的自信、自爱、自尊。这方面比别人欠缺，便说自己没有资格拥有成功快乐的人生，这是毫无道理的。这样的人会觉得低人一等，同时害怕别人知道他们的不足。所以，**自我价值不足的人，不是刻意地炫耀自己的力量，就是企图减少别人的力量。**他们的行为模式，大致分为三类。

第一类：故意做一些事，让人以为他力量很大；或者找一些以为代表力量的东西，企图使自己的力量增加。

比如上面提到的“名媛”，想要通过一些外在的、虚假的物质价值来抬高自己的身价，提高自己的“身份”，从而显得高人一等、与众不同。这类自我价值不足的人，为了炫耀自己的力量，常常存在吹嘘夸大、顺口承诺、有错不认，嘴巴大而器量小，满口不在乎，故意炫耀财富、胆量、地位、人脉关系，追求物质享受等不良心理。如果这种心理出现在青少年身上，则可能引起打架斗殴、惹是生非等不良行为，或故意做一些破坏规则的事，或者别人不敢做的事，以彰显自己的独特之处。

第二类：喜欢不劳而获，或以小换大，以增加自己的力量。

这类自我价值不足的人，可能存在贪小便宜、公物私用、斤斤计较、因财交恶、喜欢赌博等恶习。其中，赌博是最明显的自我价值不足的行为，因为赌博实际上就是以小博大。这类人还可能会有利用朋友、借钱不还、自私自利的不良品质。

第三类：喜欢做伤害、破坏、诋毁别人的行为，希望拉低别人保持

跟自己一样的水平，以此掩盖自己在“自我价值”上的缺失。

这类自我价值不足的人，喜欢落井下石、搬弄是非、背后造谣、中伤诽谤、作弄别人、揭人隐私，开一些使人狼狈出丑的玩笑。这类人会肆意批评否定别人，不愿给别人以肯定，不接受别人做得比自己更好。

同时，这类自我价值不足的人，总是企图通过某些行为来掩盖自己的不足。但他们内心却又永远觉得别人比自己好，永远觉得跟自己有关的人和事都是不好的。

他们会在不经意间伤害自己和最亲近之人的情感，比如造成夫妻关系不和谐，对孩子打骂、挖苦。在外面，他们对别人过分讨好、盲目崇拜；在家里，却要求自己的孩子、伴侣讨好自己。他们会把自己的“价值缺失”传递给孩子，自己过得不幸福，也不让自己的孩子幸福。

这些行为，不能使他们的自我价值提升；恰恰相反，他们会越来越深陷其中而不能自拔。因此，我们要把精力放在真正提升自我价值的行动上。

二、“自我价值”不足的原因

自信、自爱和自尊，合在一起统称为“自我价值”。自我价值不足，就是一个人的自信、自爱、自尊不足。

自信的基础是能力，但是能力必须受到肯定才能变成自信。理想的情况是，一个人在成年之前便培养出足够的自信。但一些错误的观念、教导孩子的传统方式与现代社会复杂的环境，使大部分人在成年之前得不到足够的肯定去培养出自信。

你不妨问问自己：你在成长过程中，每天受到的肯定多，还是受到的否定多？假设一个人想要在成长过程中培养出足够的自信，需要10000次积极的肯定。一个人直到成年时，只累积了8000次，那么他在未来的岁月里仍然需要不断地努力以补回那必须的2000次肯定，才能形成足够的自信。

如果他无法得到足够的肯定，建立起足够的自信，那么，就会在逐渐偏向上面所描述的3种行为模式，不仅导致其人生的成功快乐越来越少，更会让他变本加厉，逐步走上错误的道路。

到底是什么导致"自我价值"缺失变成如此普遍的现象呢?

第一，是我们对情绪感觉的认识还不够。大多数人不愿意谈论自己的感觉，更不清楚内心感受，对情绪问题缺乏感受力。尤其是童年时，父母经常斥责孩子："不准哭，不许闹，不可以发脾气！"这时候，父母其实就是在教导孩子不要理会自己的感觉，告诉孩子有情绪是不好的事。父母总是希望孩子把焦点放在理性上，而忽视了孩子的感性、感觉和情绪。试问，一个人如果连自己内心的感觉都搞不清楚，拿它毫无办法，又怎样培养出自信呢?

毕竟，自我价值与身份感是一种心理活动，是一份感觉。我们在孩童时代如果就缺失了这种心理活动的能力，缺少了这份感觉，我们往后的日子又从何觅得呢?

第二，我们的教育方式，让我们从小便没有建立起"自我"。回想一下，自己小时候是否一有情绪，就会受到父母老师的否定?再想一想，我们一看到自己的孩子有情绪，是否就下意识地想要阻止他表达情绪?

我们在很小的时候，便因为表现出情绪而被否定。于是，我们慢慢学会不理会内心的感觉，而只看父母的意思行动。我们还经常被教导模仿别的小孩，而本人的能力表现却得不到肯定。这一切，都在我们内心慢慢发酵，让我们在成长过程中无法在内心建立起一个充分的"自我"。

第三，很多父母望子成龙，总把焦点放在孩子没做到的那部分，而把孩子做到的部分看作是理所当然，没有给予及时和充分的肯定。

第四，很多父母为孩子定下过高的标准。他们以为把标准定得越高越好，结果，孩子自己不明白本身的能力水平，也不懂得自己需要尊重和照顾自己，一旦达不到父母定出的标准，便认定是自己不好、自己不争气、自己没能力。渐渐地，在挫折和失败中，孩子的信心也就丧失了。

第五，很多家长过分强调孩子认知方面的重要性，包括思维能力的培养，而忽略了帮助孩子发展出跟自己的感觉紧密联系、明白自己内心需要的能力，比如情绪和大部分代表心理素质的行为背后的内心动力。

第六，在我们的传统思想中，习惯以否定自己的方式来表示对对方的尊崇。这是我们传统价值观里需要修正的一个部分，以前国人称呼本人的妻子和孩子为“贱内”“糟糠”“犬子”，便是典型的例子。自贬以表示谦逊，却在潜移默化中造成了一个人内心否定自己的后果。

第七，在传统教育中，父母习惯以“恐惧感”“犯罪感”“羞愧感”的教育方式去推动孩子做事，但是，这会使孩子的内心变得更加无力。

例如，有的妈妈经常对孩子说：“不要哭啦，你听，拐卖孩子的人来了，不要让他听到你在哭啊，听到你在哭就会把你拐走哦！”“警察叔叔说这里不准小孩哭的，是不是要我叫警察叔叔过来啊？”“你再这样，妈妈不要你了，把你扔到外面，让狼来把你叼走！”“你是男孩子嘛！男孩子怎么可以哭？女孩子见到你哭会笑话你的。”以上这些方式，会让孩子在成长过程中无法获得足够的肯定，无法正确判断自己的能力强弱，因此无法建立起足够的自信。没有自信的孩子，内心是虚弱无力的，是无法认识到自己的价值和意义的，因而也不会真正爱护自己、尊重自己。

自信、自爱、自尊不足的孩子，也就没有足够的自我价值。长大后，他们会对“自我”产生疑惑，打心底里质疑自己的“身份”，他们会认为：我没有这个能力，我没有这个资格去获得这个“身份”。于是，在心里产生一种扭曲的、错误的信念，这正是一个人“身份感”不足的深层原因。

三、“身份感”不足的深层原因

身份感不足的深层原因，源自一个人的障碍性信念。

障碍性信念，又名“局限性信念”，即妨碍一个人有效成长、有效学习及建立成功快乐的人生的信念。最严重的障碍性信念是三个关于“身份”的信念。

1.“可能性”的限制性信念，即认为“我不可能做好……”

例如：“我这个病不可能好了。”“我这辈子不可能成功了！”抱有此类信念的人，一方面会让自己停留在困境里，不思改变；另一方面会不断抱怨环境因素，无法从根源上寻找突破的办法。

2.“能力性”的限制性信念，即认为“我没有能力做……”

例如：“我不能放松！”“我不能退缩！”抱有这种信念的人，往往认为自己没有能力做到某件事情，他们遇到问题就像热锅上的蚂蚁，只有干着急，或者埋怨自己没有用，却从不想如何提升能力，或者通过其他方式改变现状。

3.“资格性”的限制性信念，即认为“我没有资格拥有美好快乐的人生”

例如：“我的命就该如此，我就是吃苦受罪的命。”这样的人，往往习惯于接受他们认定的“命运”，甚至会含笑受死。这就是一般人说的“认命”的态度。

在我们的社会里，常常发现表面上看似乎是“能力性”或“可能性”的障碍性信念，但是经过细心分析后，其实都是“资格性”的障碍性信念，即本质是认为“我没有资格”。这种现象，与我们的家庭教育有着不可分割的关系。

如果我们已为人父母，就需要防范自己的孩子出现这种信念，导致其自我价值不足、身份感缺失。

如果我们也在这种的家庭教育中成长，或现在正受到这种信念影响，我们就应该积极调整自己的内心活动，重塑我们的“自我价值”，重建我们的“身份感”。

第三章　如何提升自我价值，重塑身份感

很多年前，我的一位学生接触过一个案例。一位年轻女士和一位相识3年的男士互有好感。可是，正当他们的爱情即将迈入下一阶段时，

这位女士却选择了逃避，拒绝了男士的求婚。

后来，这个女士辗转找到我的学生，寻求心理帮助。当我的学生了解到这个女士的真实想法，便询问她："内心是一股什么样的力量，驱使你拒绝这个男士？"

这位女士有些难为情，但还是说出了真实的想法：配不上。

我的学生很诧异，问她为什么会有这种想法。在她的讲述中，我的学生终于找到问题的症结所在。原来，这个女士从小就生活在一个"缺乏父母关爱"的家庭里。

小时候，她的父母经常吵架。有时候"城门失火，殃及池鱼"，父母吵完架，经常把脾气发泄到女儿身上，对她又打又骂，她经常一个人哭哭啼啼到深夜。

上学之后，她曾有过一个想法：希望自己可以好好学习，用好成绩来换取父母对自己的爱。可是，任凭她学习再好，父母也总是一副不关心的模样。

有一次，她考了全班第一。可是，当她拿着卷子兴高采烈地跑回家，得到的只是爸爸冷冰冰的一句："哦，是吗？那还行，快去写作业吧。"

这彻底击碎了她"天真的幻想"。她心里慢慢形成了一个信念："我得不到该有的爱。"随着成长，这种信念也慢慢地根深蒂固，变成了："我配不上别人的爱。"

因此，当真正的爱降临到她身上时，这位女士的第一反应就是："我怎么会有这个资格呢？"她对未来充满担忧，潜意识仿佛在对自己说："我配不上这份爱情！"

就像这位女士一样，很多时候，阻碍我们迈向成功、快乐人生的最大绊脚石，往往不是来自外部的环境约束，而是根植于我们内心的"限制性信念"。

一个打心底里认定自己不可能获得"真正的爱"、不可能成功、不可能快乐的人，即便别人费尽心力地劝导，也不会起到丝毫的效果。因为他的心灵深处，已经被自己的身份限制死了，他会为自己寻找各种"证据"来证明自己"配不上"成功快乐的人生。

这是一种自我价值不足、身份感缺失的状态。可悲的是，当今社会上抱持这种“我没有资格”信念的人比比皆是。他们认为，自己在某件事情上配不上成功，配不上和某个人在一起，也配不上自己的人生。

追究这些“限制性信念”的根源，我们会发现，其绝大多数都受到家庭教育的影响，从孩提时代起便在内心开始萌芽。

因此，想要提升自我价值，重塑身份感，关键在于通过一定的方法，让自己和那些在成长过程中萌生出来的“限制性信念”达成和解。这个和解的过程，一般需要5个步骤：

第一，从自我意识出发，彻底地接纳自己、肯定自己；第二，从信念形成的过程出发，用“干预”的方式，重塑高自我价值感的身份信念；第三，直接改变言行，提升自己的自我价值；第四，树立目标愿景，激发自己的身份认同感；第五，培养成长型思维，正确看待自己的身份。

一、接纳自己，肯定自己

在我设计的“NLP卓越青少年”课程活动中，我曾遇到一个让我印象深刻的孩子。在一次课程活动中，当所有孩子都勇敢地站起来，按照助教的要求进行尝试时，这个孩子却无论如何也不肯接受挑战。

当助教走到他身边，询问他为什么不肯接受挑战时，孩子喃喃道：“我一定不会成功的，我肯定做不到，不用试也知道。”

这样的答案让我大吃一惊，是怎样的心理让一个只有8岁的孩子对自己有如此深的成见呢?

在我们的耐心辅导和帮助下，这个孩子终于答应尝试一次。结果出乎预料，他的表现异常优秀，只尝试了一次，便轻松完成了挑战。

在之后的活动中，这个孩子慢慢摆脱了内心的束缚，开始主动参与我们的课程活动。当课程全部结束后，这个孩子也迎来了自己的新生。

生活中，很多人习惯于否定自己。他们经常在内心暗示自己：“我不可能做到！”“我不可能成功！”“我不可能像他一样优秀！”“这事儿根本没辙！”

他们擅长给自己找借口，总是想方设法证明自己不够好，否定自己的成果，或者事事要求完美，稍有不尽如人意之处，便将一切归咎于“自己无能”，然后在内心产生强烈的自我否定。

总是否定“自我”的人，会将大部分力量消耗在被否定的“自我”之中，因而无力去改变其他事情，内心时常充满一种无力感。

这种感觉就像一个连体婴，左边的叫“我”，右边的叫“自己”。他们的身体连在一起，只有意见相同，才能朝一个方向前进。可是，“我”总是看不惯“自己”，总是否定“自己”。“自己”说往左走，“我”立刻说不行，要往右边走。结果可想而知，这个连体婴哪儿都去不了，只能不断在原地摔跤。

其实，自我否定的人，他们的脑袋里同时住着两个“孩子”：一个是“乖孩子”，另一个是“坏孩子”。乖孩子代表着“我”，坏孩子代表着“自己”。“我”不接受“自己”，就是两个孩子在打架。无论谁输谁赢，最终都是两败俱伤，受伤的永远是你本人。

因此，**彻底地接纳自己，完全地承认自己，是我们重建自我价值、重塑身份感的前提。**很多时候，我们总是认为“我不够好”“我不够优秀”。或许“我不够好”的确是一个事实，但无论怎样不好，我们也还是拥有很多能力、知识、经验和潜质的。凭借这些能力、知识、经验和潜质，我们是可以变得足够优秀的，是有资格获得成功、快乐的人生的。最重要的是，我们必须认可“自己”，认可这个“我”的价值。

没有了这个“我”，便什么都没有了。这个“我”就是基础平台，在上面盖什么高楼大厦都有可能。不接受这个平台，就无法把任何东西建筑起来。一切的能力、知识、经验和潜质就都失去了价值。

比如，小时候你没有能力鉴别爸爸妈妈对你的评价和自身的能力，他们对你采取否定的态度，那是我们无能为力的事情。但是，当你长大，拥有了自己的判断，可以认知自己的“身份”，提升自我价值，却依然认同他们对你的“否定”，以及给你打造的人设，那就是你自身的问题了。

这就好比小时候，爸爸妈妈总是给你穿一件红色的绣花大棉袄，把你裹得严严实实，很不美观，那是你没办法拒绝的事情。但现在，你拥有了独立思维，拥有了自己的审美，要不要继续穿那件红色大棉袄，就是你自己的问题了，因为你已经有选择的能力了。

你不需要矫正“我不够好”的认知，那可能只是一种自我安慰和自我欺骗。你只需要去拓宽你对“自己”的认知：不仅仅将目光聚焦在“我不够好”的地方，也要看到“我足够好”的地方。对于自我评价，你需要的是拓宽，而不是矫正。你要知道，你在某些地方可能确实很差，可是这不影响你在其他地方能够做到非常好。

不接受自我的最典型说辞就是，“我必须不满意今天的成就，才可以在明天有更大的成就”。这是一种莫名其妙的逻辑，抱持这种看法的人不妨思考一下，这句话为什么不能是“充分满意今天的成就，才可以在明天有更大的成就”。

对自己到今天为止所做到的事情，我们需要充分地接受，并感到满意。带着这份满足、感恩、喜悦的心情和成就感，明天便有更大的动力和自我价值去让自己发展得更好，这才是正确的态度。所以，我们必须肯定自己的能力，肯定做得好的部分，坚信自己能够在每一天都有所进步。

“我不够好，但是明天可以更好。”人生本来就是这样的一个过程：每天都做到比昨天更好，每天有收获、有提升、有更多成功快乐。否定了自我，每天的成功快乐只会越来越少。

二、用“干预”重塑自我价值和身份信念

一个穷困潦倒的青年流浪到巴黎，期望父亲的朋友能帮自己找一份工作。

父亲的朋友问他：“精通数学吗？”青年羞涩地摇了摇头。

那人接着问：“历史怎么样？”青年又不好意思地摇头。

“那法律呢？”父亲的朋友连连问话，青年都只能无奈地摇头。

“那你先把自己的住址和联系方式写下来吧，我总得帮你找份工作呀！”

青年惭愧地写下了自己的住址，急忙转身要走，却被父亲的朋友拉住："年轻人，你的名字写得很漂亮嘛，这就是你的优点啊！"

"把名字写好也是优点吗？"青年惊讶地问。对方的眼眸中给予他肯定的答案："能把名字写好，就能把字写得叫人称赞，就能把文章写好！"

受到鼓励的青年，内心一点点地升腾起能量，不断地放大自己的优点，兴奋得脚步都轻松起来了。

数年后，青年果然写出了传世的经典作品。这个青年，就是家喻户晓的法国著名作家大仲马。

很多时候，自我价值的提升，源于"信赖自己有足够的能力取得所追求的价值"。所以，能力往往是自我价值的基础。而能力的基础，往往来自经验；经验的基础，是一次次的尝试；尝试的基础，则是我们的一种感觉。这种感觉，是我们想去尝试的内心状态，也就是自我价值最基本的原动力。

因此，提升"自我价值"的逻辑链条，往往就是：感觉→尝试→经验→能力→自我价值。当我们有效地提升自己的"感觉"，让自己处于一种想要去尝试、敢于去尝试的内心状态时，我们就可以利用干预的方式，通过这一逻辑链条，一步步实现"自我价值"的提升。

那么，如何获得"想去尝试"的这份感觉呢？很简单，那就是正向的反馈，也就是给自己以肯定。

心理科学研究发现：今天，培养一个自我价值高的孩子，需要其在成长过程中获得10000次以上的肯定和正向反馈。如果一个人直到成年时，只累积了2000次肯定，那么这个人很可能形成大量"限制性的身份信念"，总认为自己不够资格。

当然，提升自我价值的基础是能力，但有能力并不意味着会提升我们的自我价值。能力与自我价值之间并没有必然的联系。大量案例证明，最有能力的人未必是自我价值最充足的人。很多时候，我们会发现犯罪行为往往需要很大的能力，但实行犯罪行为的罪犯往往是自我价值最不足的人。同样，那些"问题少年"经常会做出一些过激行为，比如打斗、自残等，这不也是他们"彰显自己非凡能力"的方式吗？可是，其行为背后却是严重的自我价值缺失。

因此，能力不能与自我价值画等号。能力必须得到肯定，获得正面的反馈，才能反哺内心，形成一个人的自我价值。

例如，你和一名外国人用英语交流，外国人表现出巨大的疑惑，表示他听不懂，或者训斥你不应该这么说。原本，你是具备讲外语的能力的，可是由于得不到积极的肯定，这份能力是无法变成自我价值的。相反，如果那个外国人给予你恰当的回应或交流，或者称赞你说得好。这样一来，你因为得到了肯定，因而变得自信，在每一次需要用英语来表达的场合，你都更愿意站出来用英语进行表达。如此，这份能力才会真正变成你的"自我价值"。

因此，在提升"自我价值"的逻辑链条中，我们尤其要注重肯定的作用："感觉→尝试→经验→能力→（肯定）→自我价值（自信、自尊、自爱）。"

肯定的来源有两种：其一是他人的正面反馈，其二是自我的积极暗示。最佳状态是两者兼具，若只有其一，那么提升自我价值的效果会大打折扣。

不过，外界的正面反馈，往往是不受我们把控的。我们所能做到的，是避免让自己沉浸在"我不可能""我不够好""我没资格"这些信念中。我们需要打破这些限制性信念、在内心给予自己积极的暗示，培养自己"去尝试"的感觉，积累经验、肯定能力，培养出自我价值。

如果你已为人父母，这样的方式同样可以作用在孩子身上。刚出生时，孩子是没有"自我价值"的，也没有自信、自尊和自爱之说。在漫长的成长过程中，他们不断通过一次次尝试去积累经验，从而产生自己的信念、价值观和规条。在这个过程中，如果父母能给予他们正面的反馈，势必会帮助孩子培养足够的自信、自尊和自爱，塑造更强的自我意识和身份感。相反，如果孩子在成长过程中得不到肯定，或者否定多于肯定，那么他就会慢慢变得不自信，缺乏自尊和自爱之心，会质疑自己的身份。

一旦"身份感"错位，孩子很容易错误地运用自己的能力。比如，很多父母发现自己的孩子暴躁易怒（这也是孩子彰显自己能力的方式之一），企图用强制手段约束孩子，但结果往往导致与孩子的对抗，最终让孩子更加叛逆，做出一些过激行为，甚至走上犯罪的道路。

三、改变细小的言行，为自我价值注入生命力

缺乏自我价值和身份感的人，内心充斥着无力感，他们对所有事情总是抱持一种无能为力的心态。长期处于这种状态中，人生也会向着消极的方向发展。

如果我们可以做到“言出必行”，就能通过一次次完成任务、达到目标，从行为上给予自己积极的心理暗示，来消除这种无力感。哪怕只是一些生活中的小事情，只要做到“言出必行”，也能在一两个月的时间里帮助我们做出积极的改变。

所谓“言出必行”，就是自己说过的话一定要去做；自己答应的事就要全力以赴完成，即便只是对自己的小小承诺，也要去努力实现。当我们没有把握时，就不要做出承诺。

“言出必行”的意义，不仅仅在于我们是否做到了那件事，更在于我们是否有能力按照自己所期望的那样做事，是否有能力去追求自己期待的价值。当我们完成了某件事情，我们的内心就会给予自己积极的肯定，去认可自己的能力，让自己不断保持“愿意尝试”的感觉。

如果我们真的无法兑现自己的承诺，我们也应该做到让自己的言行与自己的内心情绪保持一致。比如，当你心里感到不好意思，便把“对不起”说出口；当你不愿答应，就老实说“我不愿答应”；当你不清楚情况究竟如何，你就用“我的确不知道”给予回应……

严格奉行“言出必行”一段时间后，你便会因为忠实于自己的内心，没有欠别人的“心债”，而渐渐消除内心的无力、内疚和遗憾。你会因此而感觉：自己站得很稳，行动更有力量，说话更有底气，浑身充满前所未有的力量感。

同时，别人也会因为知道你“言出必行”，对你更加放心、更加信任，对你更加尊重、敬佩。你因此而获得的鼓舞，足以支撑你不断变得

自信、自尊与自爱，提升自己的身份感、资格感和自我价值。

除了“言出必行”，我们还可以为自己建立明确的行为准则和处事标准。比如，可以让自己做一个更有“建设性”的事情。

通常，“建设性”的事情更能积累我们内心的正面效果，起到很好的自我暗示和肯定的效果。如果我们可以不断重复这种过程，我们的人生也会因此更添一分快乐和成功。

比如，朋友邀请我们招待外国朋友，这不仅能够使我们提升外语交流的水平，不断进步，也能够使我们在面对外国人的时候更自然得体。如果我们只是跟朋友去喝酒唱歌，开心一场，但是没有什么建设性的事情，其实是很难维持关系的。

如果现在有两个同学来找你，一个请你去帮忙招待外国朋友，另一个邀请你去喝酒唱歌，凭着“建设性”的考虑，你便知道该如何取舍了。做事情的时候，长期坚持“建设性”这个原则，你的身份感和自我价值会迅速获得提升。

四、树立目标愿景，激发身份认同

1952年的一天，一位名叫费罗伦丝·查德威克的女子准备从美国的卡特琳娜岛游往加利福尼亚，美国很多电视台都在转播这一堪称“伟大”的挑战。

时值清晨，海上浓雾渐起，能见度越来越低，她已经看不见护送她的船只，寒冷和饥饿也同时袭来，她的身体开始发抖。

时间一分一秒地过去，费罗伦丝·查德威克看不到前进的线路，心中逐渐变得不安。在苦苦坚持15个小时后，她带着无奈选择了放弃，让人将她拖上了船。

刚上船不久，船上的船员就告诉她：“你距离胜利只差半海里！”

就当所有人都为她感到惋惜，认为是寒冷和饥饿打败了她的时候，费罗伦丝·查德威克却道出了实情：“浓雾遮蔽了我的眼睛，我看不到目标，我很迷茫！”

其实，我们的人生又何尝不是一场被迷雾遮蔽的游泳挑战呢？当我们在人生中缺乏目标，就会对未来的景象充满疑虑，内心变得不安和害怕，对所有事情充满忧虑，哪怕是对我们自己的身份和价值也会变得不那么自信。

很多人看过刘易斯·卡罗尔的小说《爱丽丝梦游仙境》。在这本小说里，爱丽丝向猫寻求帮助："请你告诉我，我该走哪条路？"

猫反问爱丽丝："那你想去哪里？"爱丽丝说："去哪里无所谓。"

猫说："那么，走哪条路也无所谓了！"

目标对于我们的真正价值，不仅在于它是我们所期待的结果，更重要的是，当我们努力获得想要的结果时，我们变成了哪一种人，拥有了某种自我身份认同。

比如，当我们的目标是成为一名学者并为此努力时，内心会产生"我会成为学者"的身份认同感，这种认同感会极大地提升自我价值。当我们缺乏这样的目标时，这种身份认同和自我价值也会变弱，甚至消失。

当然，我们的目标需要符合实情，合情合理的目标往往更能激发我们的身份认同感。过于宏大且难以实现的目标，只会一次次损耗我们的自信。当我们在追逐目标的过程中遭遇挫折和失败，身份认同和自我价值也会随之骤降。所以，制定一个合情合理的目标，往往是帮助我们提升自我价值的方法。

日本著名马拉松运动员山田本一，曾在1984年和1987年两度获得国际马拉松比赛的冠军。

这个成绩，对于体能、速度、爆发力并不占优势的亚洲选手来说，可谓难能可贵。对于他为什么能接连夺冠，很长时间里一直是一个谜。

后来，山田本一在自传中为人们解开了这个谜。他在自传中写道："每次比赛之前，我都要乘车将比赛的路线仔细勘察一遍，并把沿途比较醒目的标志画下来，比如第一个标志是一家银行，第二个标志是一棵大树，第三个标志是一座公寓……这样一直到赛程的终点。""比赛开始后，我以百米冲刺的劲头向第一个目标冲去，到达第一个目标后，又以同样的速度向第二个目标冲去……40多公里的路程，就这样被我分解成若干个小目标而轻松地跑完。”

“起初，我并不是这样做的，而是把目标一下子定在终点线的那面旗帜上，结果跑到十几公里就觉得疲倦不堪了，因为我被前面那段遥远的路程吓倒了。”

一个合理的“小目标”，加上一次次实现“小目标”带给内心的积极暗示，不仅能帮助我们顺利实现更大的目标，也能更好地激发我们的身份认同感，是提升自我价值的高效途径。

五、培养成长型思维，正确看待自我价值

“智商会成长吗？智商会发生变化吗？”

哥伦比亚大学心理学家杜维克教授，曾对400多名学生做过这个问题的调查。有接近半数的学生认为，一个人的智商是固定不变的；另一半的人则认为智商会提高，会发生变化。前者，被称为“固定型思维”的人；后者，被称为“成长型思维”的人。

随后，杜维克教授对这400名学生进行了跟踪研究。她发现，那些拥有“固定型思维”的孩子，在未来几年的成长中，其学习成绩普遍维持在一个固定状态，没有发生明显的进步。而那些拥有“成长型思维”的孩子，其学习成绩在未来几年得到稳步提升。

事实上，固定型思维和成长型思维，在生活中也时常左右着我们的认知和判断。比如，就“如何看待失败”这个问题，拥有“固定型思维”的人，会下意识地认为“是我能力不行”“是我数学不好，才导致数学考试成绩差”“是我没有运动天赋，才导致跑步成绩不达标”。他们习惯于把失败归咎于自我的能力不足，很容易对自己产生怀疑。

但是，在拥有“成长型思维”的人看来，导致失败的原因，不光是

"自己能力不行"，更可能在做事的态度上、处理事情的方法上有不恰当之处。比如数学没考好，他会思考："可能不是我数学不够好，而是因为我缺乏学习数学的兴趣，但是兴趣可以培养！"同样，当体育不达标时，他会思考："我需要找到适合自己的体育运动，而不是直接抹杀自己的体育能力。"

拥有成长型思维的人，在看待"自我价值"的问题时，往往也更能抓住问题的根源。他们不会将自我价值归功于一些粗浅的缘由，比如"我更聪明""我记忆力更好"，因为这类观点，往往是把自我价值建立在某项固定的能力上。他们会将自我价值与"努力""坚毅"这类品质连接起来，因为这类观点，往往能让自己保持不断成长和进步，对身份有更深刻的认知。

因此，我们需要培养自己的成长型思维，相信自己能够在不断地进步和改变中，提升自我价值，塑造身份感。培养"成长型思维"的一个重要手段，是培养我们的复盘思维。

复盘思维，就是对经历的行为进行回顾、复盘，找到"可控性因素"，而非"不可控因素"，从而思考问题的解决方法。

通过不断复盘，寻找问题的原因，可以帮助我们找到达成目标的方向。拥有复盘思维的人，往往习惯于寻找"内归因"，而不是把问题归咎于别人。比如，在面对"领导不重视团队培训"这个问题时，拥有普通思维的人会抱怨："我们的领导不重视培训，我有什么办法？"而拥有复盘思维的人，则会思考："我可以想办法影响领导，让他们认识到培训对于我们个人和团队成长很重要。"

这就是复盘思维，即成长型思维的表现，当遇到自认为的不可控原因时，问一句"我可以做什么"，回顾自己的努力方向，找到自身的价值和能量。

拥有"成长型思维"往往比"成功"更重要。成功或许只是一时的，而拥有成长型思维的人，却能够在追逐成功的道路上形成足够的自我价值，获得强烈的身份认同。对于这种人来说，成功只不过是伴随其成长过程自然而然获得的产物。

真相9　思维

思维升级，是一个人快速学习与成长的法宝。

人类的真知灼见都来自善思的智者，只有经过思考，

我们才能把看到的知识和亲身经历变成自己的智慧。

如何高效升级自己的思维？

升级思维力，给大脑开“绿灯”！

第一章　思维的真相，大脑运作的奥秘

20世纪80年代，电影《超人》红极一时，主演克里斯朵夫·李维也凭借“超人”这一角色蜚声影坛，成为人人追捧的超级明星。

正当他风光无限之时，1995年5月，在一场激烈的马术比赛中，他意外坠马，昏厥倒地。等到醒来的时候，医生告诉他，他已经变成了一位高位截瘫者，下半生只能在轮椅上度过。

这样的消息，对于一名演员来说，简直是致命打击。在治疗过程中，克里斯朵夫·李维曾无数次央求自己的家人：“让我早日解脱吧！”出院后，为了让他散心，同时也舒缓他肉体和精神的创伤，妻子便带着他外出旅游。有一次，妻子开着车穿行于落基山脉蜿蜒曲折的盘山公路上。克里斯朵夫·李维静静看着窗外的景色，沉默不语。

突然，疾行的汽车穿过一段山路，从车内看出去，山路的尽头就是悬崖。李维心中一紧，担心车子会跌落下去。就在即将走到尽头的时候，路边突然出现一块交通指示牌，上面写着：注意！前方急转弯！

峰回路转，汽车拐过山路，落基山脉瑰丽的景色豁然呈现在他的眼前。克里斯朵夫·李维深受震撼，绝望的内心豁然开朗：原来，汽车并非走到了绝路，而是该拐弯了。

他恍然大悟，冲着妻子大喊：“我要回家，我的路还没有走到尽头，我还有路要走！”

回到家以后，克里斯朵夫·李维转变思维，决定放下演艺事业，开始专心学习导演。不久，其首席执导的影片就斩获金球奖。后来，他又用牙咬着笔杆，学习写作。他写的第一本书《依然是我》一经问世，便成为畅销书。与此同时，他还创立了“瘫痪病人教育资源中心”，帮助更多瘫痪病人重拾生活的勇气。并且，他还四处奔波，举行慈善演讲，为残疾人福利事业募集善款，成为一名社会活动家。

很多时候，问题就像人生的影子，总是如影随形、不期而至，即便是“超人”也无法避免。很多人苦于被问题纠缠，找不到脱身之道。

心理学中有一句著名的话："每个人看到的世界，不过是自己想要看到的世界。"我们遭遇的问题，很多时候也只是我们自认为的问题，就像克里斯朵夫·李维一样，当他认为自己已经走到人生的终点时，其实只不过是"人生的急转弯"而已。

其实，生活中所遭遇的绝大多数问题也都是如此。那些看似没办法解决的问题，其真正的症结往往并不在"现实"中，而是在我们的思维里。

"思维一变，问题不见"，当我们学会转换思维，让自己的思维不断升级，也许你就会发现，解决问题就像"打怪升级"一样，不仅简单了许多，同时也轻松和快乐了许多。那些看似"无解"的问题，往往只需要换一个思维，就能很轻松地化解。

一、思维真相，从大脑的工作机制说起

1920年，印度加尔各答的丛林里发现了两个被狼哺育的女孩。据推测，她们是在刚出生后不久就被父母遗弃，随后被狼群抚养的。

两个女孩中，最大的约8岁，最小的只有1岁。她们被送进当地的孤儿院，并取了名字，大的名叫卡玛拉，小的名叫阿玛拉。

在孤儿院里，人们发现，这两个孩子完全拥有狼的习性，无法直立行走，只能像狼一样四脚站立。到了晚上会伸长脖子，像狼一样吼叫。无法像人一样吃饭，只能像狼一样用嘴撕咬，喝水也像狼一样用舌头舔。当地人悉心照顾这两个孩子，尤其是最初发现她们俩的辛格夫妇，不仅对他们照顾有加，还试图教育她们，让她们重新学会人类的思维、表达和行为。

可是，很快人们就意识到，让这两个孩子像普通孩子一样生活几乎不可能。小女孩阿玛拉用了两个多月时间，也只会说一个"bhoo（水，孟加拉语）"。大女孩卡玛拉甚至用了两年多时间，才学会了一个"ma"字，其后的4年时间，她也仅仅学会了6个字，甚至不会说一句完整的话。不仅如此，卡玛拉甚至用了5年时间也没能真正学会如何用两只脚

走路，直到17岁去世时，其大脑的发育水平也远不如普通孩子三四岁的水平。

这件事一度引起全世界相关领域学者的浓厚兴趣，人们陷入好奇：为什么两个年纪如此小的女孩，在经过狼群一段时间的抚养后，其思维就再也无法回归正常人类的水平了呢？

慢慢地，人们发现，这和人的大脑发育有着密切的关系。人的大脑由脑神经细胞组成，一般来说，几个月大的胎儿就发育出了2000亿个脑神经细胞。

这些脑神经细胞，专业术语称作神经元。它们彼此竞争，以争取与发育中的身体的各部分建立联系。未能成功建立联系的脑神经细胞，会因缺乏营养而死亡。

受孕后20周，一半的神经元就会被淘汰，只剩下1000亿个神经元伴随这个婴儿来到世界。在人类早期，神经元过量产生的目的，是确保我们有足够的能力去发展新的技能，以供我们生存，比如我们祖先发展出的直立行走和语言能力。

我们的思维，就依赖于神经元之间的连接网络。这就像一座现代都市的运作，依赖于大厦房屋之间的道路网络一样。神经元之间的连接网络，在我们出生之前便已开始建立，并随着外界感官所传入的刺激不断产生和强化新的连接网络。

这种连接网络，是由某个神经元与其他神经元接触而产生的。一个神经元与千万个其他神经元接触，形成触点。一个出生不久的婴儿，其脑中新增加的神经元之间接触的速度，可以高至每秒钟接触30亿个接触点。

在多刺激因素环境下成长的孩子，其脑神经连接网络数，会比一个在缺少刺激因素环境下成长的孩子的脑神经连接网络数多出25%。这往往就是造成两个孩子智商差异的根源。

由此可见，出生后最初3年，对孩子的大脑发育至关重要。这段时间，将为之后孩子的思维能力奠定基础，如果错失这段时间，孩子未来的思维能力也会受到极大的影响。这也就是为什么“狼孩”无论如何也无法恢复成为正常的人类。

外界的刺激，可以永久性地改变我们的脑神经细胞，直接影响我们的思维方式。因此，学会借助感官经验，利用外界刺激，引导脑神经细胞工作，可以帮助我们有效改善思维能力。尤其是在12岁以前，人的大脑就像一块吸水能力超强的海绵，可以不断从外界的刺激中进行学习和锻炼，强化大脑的思维能力，这就是思维背后的脑科学真相。

大脑的运作，依赖神经元之间的接触。因此，长期的锻炼和不断地使用，是提升我们思维能力的重要方式。俗话说“脑子越用越活泛”，其依据就在这里。相反，再完美的大脑，如果在出生后两年内没有处理过视觉信号，也会一辈子失去视觉功能，再也看不见东西。

大脑的运作，依赖外界的刺激。来自外部的刺激，可以有效帮助大脑进行发育。当我们接触到新鲜事物时，大脑会主动在内部搭建新的连接网络，让一部分神经元进行连接。当我们第二次遇到这件事物时，连接的神经元网络就会被唤醒，保持活跃。

我们的一生中，不断有新的网络形成，同时有旧的网络萎缩、消失。一个旧的网络，对同样的刺激会特别敏感，每次都会比前一次启动得更快、更迅速、更有力。多次之后，这个网络，便会深刻地成为我们的习惯或本能。

大脑的这种特性，虽然让我们有了很好的学习能力和记忆能力，但同时也很容易让我们思想僵化，让我们的思维一成不变。

比如，一些孩子第一次看见玩具，哭着闹着想要父母买。无奈之下，父母给孩子买了一个。这会让孩子意识到，自己可以通过这种方法获得好处。于是，在下一次想要某件东西时，孩子的第一反应就是“哭闹”。因为，“哭闹可以获得好处”这件事，已经在神经网络中建立了联系，很容易被唤醒。长此以往，孩子会形成固定思维：只要我哭闹，父母就会给我想要的东西。

二、思维升级，从思维运转的6个步骤开始

试着回忆一下，你第一次看到猫是什么时候？当时，你的第一反应

是什么？

也许你会充满好奇，你会下意识地去触摸它，感受它的皮毛，观察它的颜色，聆听它的叫声，甚至会在脑海里联想，试图找到一种和它类似的动物……

这就是我们大脑的运作模式。即通过外界的刺激，来帮助我们建立神经元网络，形成对“猫”的认知。当我们建立起这种连接网络后，我们就对“猫”这种动物有了基本认知。在下一次遇到猫的时候，我们就能快速唤醒这种认知，并做出相应的反应。

这一过程，也是我们思维运转的过程。一般来说，思维的过程往往涵盖6个步骤：第一步，通过外界的刺激，用感官系统（视、听、感）输入信息；第二步，接受并整理输入的信息；第三步，通过心智系统，参考过往的经验；第四步，进行理解；第五步，进行判断；第六步，做出应对，并将效果反馈给我们的心智系统。如下图所示。

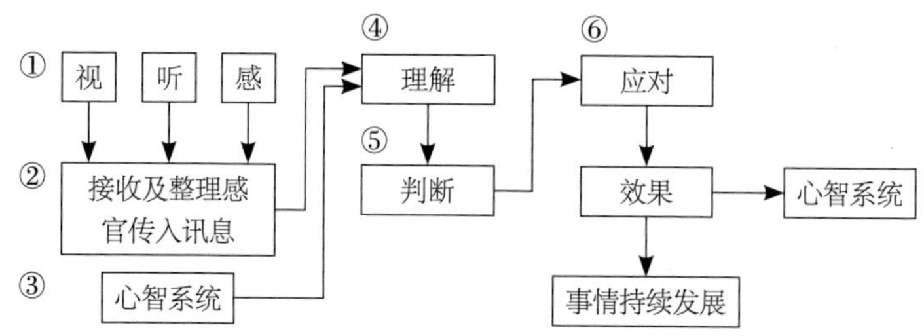

显然，思维运转的6个步骤，是和我们大脑运转的模式相契合的。就像一台高速运转的电脑，首先从外部输入信息，其次通过CPU进行处理，最后再输出结果。

空空如也的脑袋是无法进行工作的，它需要相关的材料才能思考。刚出生的婴儿，他的脑袋里是空白的，他的哭啊、闹啊、蹬腿啊、挥手啊，都只是条件反射，是身体的本能反应，因为他还没有处理外部刺激的能力，也没有思考的能力。

可是没过几天，随着婴儿的视觉、听觉、味觉、嗅觉和触觉网络逐渐形成，他慢慢可以看到、听到、尝到、闻到、摸到。慢慢地，他会将这些搜集到的信息输入大脑，建立连接网络。这就是大脑思维过程的第一步，**输入信息**。

利用感官搜集信息，然后输入大脑，我们的大脑就能根据这些信息进行整合、处理、压缩、归类，最终形成一些抽象的概念，或者具象的画面。这就是大脑思维过程的第二步，**接收并整理信息**。

大脑在处理信息的过程中，还离不开我们的心智系统。心智系统将过往的知识、认知、理解转化成经验，帮助我们处理信息。这就是大脑思维过程的第三步，**通过心智处理信息**。

比如，假设你从未见过老虎长什么模样，但当你听人描述时，你知道它是猫科动物，有柔软的毛、灵活的四肢、矫健的身姿，很像一只猫，但比猫的块头更大。于是，你的心智系统会将"猫"的认知提炼出来，形成大脑理解的"原始材料"，帮助你构建"老虎"的画面，从而让你理解老虎到底是什么。

此刻，当我提到"外星人"时，你不妨检验一下自己的思维，那浮现在你脑海中的画面，是否来自你曾经看过的某部电影、电视剧、小说或者其他幻想的临摹呢？这就是我们的心智系统在帮助我们进行理解。

当然，如果我们曾经见过老虎，那么心智系统就轻松许多了。它只需要将过往关于"老虎"的经验提炼出来，大脑就能理解"老虎"究竟是什么。这就是大脑思维过程的第四步，**理解加工**。

当我们的大脑对事物有了清晰的理解后，便能帮助我们做出判断。比如对"老虎"的理解：它虽然长得像猫，却比猫凶猛得多；它是食肉动物，会对我们造成威胁。这就是大脑思维过程的第五步，**进行判断**。

当大脑判断老虎是有危险的，它就会对身体发出指令，唤醒身体的本能，告诉你："快点逃命，慢一点小命就没了！"这就是思维运转的最后一步——**第六步**，**做应对**，即输出结果，对外部做出反应。

如果此刻老虎向你扑过来，险些咬伤你。此刻，动物园的工作人员及时赶到，救下了你的性命。你惊恐地看着老虎对着你张开血盆大口，嘶吼咆哮。你的大脑会迅速记下这一切，形成你的心智。当你下一次再遇到类似的情况时，它（心智系统）会迅速浮现出来，帮助你理解、判断和处理情况。

我们的大脑，就像一台永不停歇的机器，时刻在为我们的生命运转着。它根据我们眼睛看见的、耳朵听到的、身体感受到的，来自外部的各种感受做判断。

然而，并非所有的判断都是客观的，都是有利于我们的。大脑有时候甚至会起破坏作用，毕竟它不会闲着，要么起好作用，要么起坏作用。

但让人高兴的是，我们可以控制自己的大脑。如果我们不去控制自己的大脑，反过来就会被大脑所控制！

所以，学会控制我们的大脑，升级我们的思维，是人生的重要课题。接下来，我们就针对思维运转6个步骤中重要的信息输入环节、信息处理环节，学习如何掌控自己的大脑。

第二章　如何更高效地“输入”信息

当我提到“猫”的时候，你的脑海中会迅速浮现一只猫的画面、声音或触感；当我提到“过年”的时候，一家人欢聚一堂、其乐融融的画面就会出现在你的脑海里，并且耳边还伴随着鞭炮和烟花的响声；当我提到“泰坦尼克号”时，杰克和露丝迎风而立、相拥船头的画面就会悄无声息地浮现出来……这是为什么呢？

我们前面提到，心智系统会帮助我们将过往的经验储存起来，供我们的大脑提取和使用。这些过往被我们认知的事物，会储存在我们的神经元（脑神经细胞）当中。我们的大脑中有1000亿个这样的神经元，它们就像电脑的储存单元，帮助我们存储经验和信息。

大脑将我们通过感官得到的信息，拆分成若干个细小的构成元素，比如，一只猫的信息可能被我们的大脑拆分成橘色、胖胖的、软软的、灵巧的、长有利爪和尖牙、表皮柔软、声音尖锐等若干元素。

神经元会把这些基本构成单元，进行单独处理和存储。当我们需要“一只猫”的相关信息时，神经元就会做出反应，将相关的“资料”整合在一起，重新构建“一只猫”的记忆，帮助我们做出理解和判断。

一、3种内感官，决定信息输入的效率

有意思的是，神经元为了让我们有更具象、清晰的理解，会将储存的信息恢复成可感知的状态，比如将经验变成一个个画面、声音和感觉。这就是为什么当我们回忆往事，涌现在脑海里的总是一些熟悉的人物、场景、声音和感受。

比如，当我们回首童年和要好的同伴一起放学回家的景象，浮现在脑海中的一定是同伴的音容笑貌、学校周围的环境，以及内心那份童真、美好的感受。

而呈现这些人物、场景、声音和感受的载体，就是我们的内感官。我们的内感官有3种，分别是内视觉、内听觉、内感觉。

这些内感官，就像一块超级智能的存储显示器，让我们能够把对世界的认知，系统性地储存，变成一个个生活的画面、声音和感受，在“大脑的银幕”上不断播放，使得我们能够回忆生活的点点滴滴，也能从过往的经验中不断吸取教训。

它们的运作过程是这样的：当我们第一次看见一个人，友好地和他握手，我们的心智系统会记录下对方的外貌、声音、情绪、手的温度、柔软度、感觉，以及相处时的状态、融洽程度等。当再次相遇，或在某个偶然的场合回想起，他的这些信息都会经由我们的内感官呈现在大脑中，帮助我们做出判断和选择。

从出生的第一天起，我们所接触的事物，每一分钟的人生经验，其中新的数据（第一次接触）都被储存在大脑里。储存和提用这些数据都靠内视觉、内听觉和内感觉。任何能够被记忆的数据，都必须用上内感官。也就是说，任何能够被储存和提用的数据，必定伴随着一份感觉。

因此，我们对这个世界的认知，便是凭内视觉、内听觉和内感觉而存在的。我们的思维也都必须有这些内感官的积极参与，才能达到最佳效果。

虽然每个人身上都具备内视觉、内听觉和内感觉，但由于成长过程中每个人对它们的依赖和倚重程度不同，三种内感官的发展程度也会有很大的差别，绝大多数人都会偏向于某一种或两种内感官。

比如，在我的经验里，70%的中国人更偏重内视觉，比例远远高于欧洲人。欧洲人偏重内视觉的占比只有40%，而内听觉和内感觉则均占30%。我想，这与中国人对汉字的使用有相当大的关系。汉字属于象形文字，可以更好地锻炼我们的内视觉；而欧洲人，无论是英文、拉丁文，还是罗马文，都是表音文字，更偏重发音。

如何判断自己是偏向于哪种内感官的人呢？一般来说，多用景象、画面思考的人，往往属于内视觉型；多用声音、语言思考的人，往往是内听觉型；多用感觉、感受思考的人属于内感觉型。

三种内感官，并没有好坏、优劣之分，所以惯用某一个内感官的人并不一定优胜于其他人。但内感官越发达，思维越敏捷。因此，我们要在生活中提升内感官的水平。

不过，值得注意的是，一个人很容易被某一种内感官主导，但并不意味着这个人便永远属于这种内感官类型。

比如，一个男人在公司刚刚受到上司的指责，他的内心充满委屈、愤懑和不平，他此刻就很容易变成“内感觉型”；而当他下班回家，心中的气还没有完全消，又和妻子发生争吵，他将满肚子的委屈和气愤通通说出来，在这个过程中，他很可能变成“内听觉型”。

身心语法程序学不建议对某个人进行“定型”，因为一个人的状态总是持续变化的，因而他的类型也是动态的。在我们的一生中，或许有一种内感官会主导我们的思维，但这并不意味着我们永远都只受这一种内感官影响。

并且，更为重要的是，这些内感官系统并非不可改变和不受控制的。通过合理的方式和持久的训练，我们是可以改变和优化自己的内感官系统的。

打个比方，一个人此时的内感官能力是100分，其中内视觉占80分，内听觉占5分，内感觉占15分。经过训练，他可以在一两年内，把全部内感官能力提升到10000分，并将比例修正为内视觉5000分，内听觉2000分和内感觉3000分。三个内感官能力加强了，这个人的思考能力，感受身边人、事、物的能力，未来策划的能力和自我推动的能力也都会获得极大的提升。

认识了内感官的原理，知道了自己惯用哪种内感官并且有意识地提升内感官的能力，再加上刻意的训练，内感官能力会得到很快的提升，我们的思维能力也会有质的飞跃。在日常生活中，提升内感官的方法很多，也有很多练习的机会。

1. 提升内视觉的方法

- 在周围的环境里，找一些可以计数的东西，例如台阶、天花板上的电灯、百叶窗的窗叶等，用眼去看，并数数、计算。在教室里，用眼去数座位上的人数；在办公室，用眼去数同事的人数。
- 坐公交车时，先有意识地看看眼前的景象，然后闭上眼睛，在脑海里逐一呈现。每有困难，便睁开眼睛看一眼，再闭眼在脑海里描画出来。
- 每有休息的时间，便用内视觉想象某些人或物的模样，细节越多越好。

2. 提升内听觉的方法

- 在任何地方，每有机会便注意环境里的声音，逐一分辨那是什么声音。
- 说话时，有意识地注意本人的声调。
- 听别人说话时，有意识地从说话者的声调中感觉他内心的情绪状态。

3. 提升内感觉的方法

- 一有机会，便注意本人内心的情绪状态，并且在心里用文字进行描述。
- 注意本人身体的感觉。开始尝试这个练习时，可以一处一处地与身体各处的感觉联系起来。例如，首先注意鼻尖的感觉，其次注意左膝盖的感觉，再次关注右手拇指的感觉……
- 与众人同处的时候，注意你的身体对每一个在你身旁的人的感觉及反应。

二、如何通过内感观让学习效率翻倍

我们都有过这样的经历：上学时，背诵语文和英语课文时，老师总是要求我们大声地读出来。比如，当我们第一次背诵古诗“床前明月光，疑是地上霜”时，总是要读上很多遍才能记住。而当我们在读这句诗时，只能一个字一个字地念出来。稍微念得快一点，很可能就会发音不准。若是记忆的内容稍微复杂一点，我们念诵的内容甚至有可能发生错误。

其实，这种方式就是在利用我们的内听觉进行信息的输入。利用内听觉，将信息输入大脑，只能一个字一个字地有序进行，否则输入的信息很容易出现问题。这就导致了内听觉成为所有内感官中“输入”速度和效率最低的一项。

相比之下，内视觉的输入效率最高。不妨试想一下，当你走到一个陌生房间的门口，房间里的一切都是未知的，当你推开门，房间里的陈设一瞬间映入眼帘，然后你的眼睛被迅速蒙上。此刻，当有人问你房间里有什么东西时，凭着刚才一瞬间的观察，你也能说出一大堆来。

这足以说明内视觉的“输入”速度十分惊人，能在极短的时间就完成大量输入工作。并且，它不像内听觉一样受到输入顺序的局限。因此，内视觉的信息输入能力是最强的。

如果你心存怀疑，不妨尝试找一个陌生的电话号码，从头到尾念上几遍，看看仅凭内听觉，你需要多久才能记住。然后，再试着把号码写下来，从头到尾看一遍，然后看看凭借内视觉你需要多久能记住。

通过这个小实验，你会发现，内视觉的输入效果是优于内听觉的。但是，无论是内听觉还是内视觉，都有一个较为明显的问题，那就是信息输入的持久度往往不尽如人意。

如果你有所怀疑，不妨放下那串刚刚记下的电话号码，然后过几分钟回来，再试着回忆刚才你记忆的那串号码，你的记忆是否已经有些混淆，甚至是遗忘了？

输入效果最显著的是内感觉，经由内感觉进入大脑并储存的信息，往往能持续很长的时间，对思维的影响也更明显。

比如，让你回忆小时候被罚站在教室外，当时你看到的景象是什么，听到的声音是什么，你可能已经记不清楚了，但是当时那份或委屈、或可怜、或不甘、或怨恨的感受，如今想来却还是很强烈的。

其实不难发现，那些小时候我们看过百遍、千遍的课文，读过百遍、千遍的文章，如今让我们完整地背诵出来是十分困难的。但是那些在我们生命中偶然出现一次，搅动我们内感觉的事情，却成为我们挥之不去的深刻记忆。

比如，你第一次收到的朋友送的礼物，第一次和男（女）朋友牵手，中学时参加的毕业典礼和成人礼……这些都是深刻的记忆。所以说，调动内感觉，学习的效果最好。

也许你会反驳："不，我有一首古诗，时隔20年，还是能一字不差地背诵出来。"

其实，这并不奇怪。如果你对白居易的长诗《长恨歌》十分喜欢，那么多年后你或许还是能够背诵出全诗，那是因为诗中的每一句都能够给你一份情绪、感觉，因而你能够如此清晰地记得。不妨检阅一下自己的记忆，你会发现那些带有强烈情绪和感觉的文字、诗歌往往是你印象最为清晰的内容。

很多朋友认为，既然内听觉的输入效果不尽如人意，内视觉的效果又无法持久，那我们是不是就应该放弃这些内感官，而专注于内感觉呢？

答案是否定的。视、听、感三种内感官是我们进行信息输入，帮助我们学习、记忆的重要手段，是为大脑思维提供材料的重要保障，其中任何一项都不能舍弃。

相反，在生活、学习和工作中，我们应该充分协调这3种能力，帮助我们处理信息，为我们的思维运转提供更多帮助。毕竟，老天给了我们三部机器，我们为何只用一部，而不是三部一起运用呢？

以孩子学习英文单词为例，当一个孩子想要在大脑中输入并记住“apple（苹果）”一词时，只用内听觉去记忆，便是反复串读a-p-p-l-e。如此，一次又一次地朗读，虽然充分调动了内听觉系统，但是他的内视觉却被忽视了，他的眼睛会东张西望，被其他东西吸引。这种“眼口不一”带来的问题，会干扰孩子的内心，使他无法获得对于“apple（苹果）”的感受。因为，他的内心会随着眼神的游离，而被勾起其他的、不同的感受。

这样，孩子需要很长的时间，才能学会这个词，而且往往记不牢。如果想要让孩子一并使用三种内感官，我们可以先让孩子回想：苹果是什么颜色的（红色），再提醒孩子苹果的滋味（香和甜）。

接着，引导孩子想象：在空中用一支粗笔写出红色的“apple”，教孩子在心中一面“看”着，一面“想”着那香和甜的感觉，再由口中念出“a-p-p-l-e”和“apple”的发音。为了保证孩子用到内视觉，叫他看着那红色的字，从尾到头读出e-l-p-p-a。他一定在心中“看”到了这个单词，才能如此读出来。

然后，再教孩子不同苹果的颜色和味道（青绿色、酸味），引导他用一支细笔在另一边的空中写出青绿色的“apple”一词，再按照上面的程序，教他同时用到内视觉、内听觉和内感觉去掌握这个单词。

当然，成年人也可以用这种方式来提升自己的内感官能力。长期练习这种方法，不仅可以帮助我们提升学习能力和记忆能力，还能保证我们大脑“信息输入”的效率和准确性，塑造心智系统，强化大脑的理解和判断力。

三、怎样通过内感官帮助孩子提升思维力

孩子0～6岁是感性学习，即右脑学习阶段。右脑学习最常见的特性是喜欢听故事，妈妈每天说同样的故事，孩子也不会嫌枯燥、沉闷。孩子把这些故事记得滚瓜烂熟，甚至当妈妈说错了，他们还能纠正妈妈，但是仍然乐此不疲。

原因是，每次听故事，他们都运用视、听、感三个内感官，把故事在脑海里“演活”起来。可以说，7岁之前的小孩子听故事，正是在做脑的运动，把脑的三种内感官能力经反复操练而不断地提高。所以，鼓励小孩子多幻想、多听和多讲故事，是帮助孩子成长和提升学习力的最有效办法。

7～12岁是左脑学习阶段，当有了良好的内视觉、内听觉、内感觉的能力基础后，逻辑抽象思维能力就开始发展出来。

12～18岁，左脑进一步发展，前额叶负责深层分析、解决困难和未来策划的部分获得发展，这部分直到25岁之后才充分发育完成，这部分能力也是以良好的内视觉、内听觉、内感觉的能力为基础的。今天很多年轻人表现出逻辑分析能力弱、欠缺长远策划的能力、学习能力差、解决困难的能力不足等，都是源于7岁之前的内感官发展欠佳。

我们很容易发现：**“内视觉、内听觉、内感觉”三种内感官是任何思维能力发展的前提。**

所以，作为父母，在孩子7岁之前，我们要积极引导孩子三“感”齐下，培养思维力。

一方面，父母可以引导孩子在学习中运用想象力。比如，你在教孩子背诵诗歌时，以“处处闻啼鸟”这句诗为例，可以让孩子一边背诵，一边回忆鸟的模样和清晨清脆的鸟叫声，问他清早上学路上看到小鸟，一般心情会如何，从而调动他的内感官。

另一方面，父母多给孩子讲故事。因为故事也能主动调动孩子的内感官，在听故事的过程中，孩子自己会主动去想象故事里面的世界。需要提醒父母们，不要对孩子所想象出来的世界进行批判或者干涉。

第三章　如何让我们的思维保持开放

有一位心理学家曾做过一个实验，他找来一些小学生和大学生，给他们每人一张纸，纸上画着一个规整的圆圈，下面写着短短的一行字：这是什么图形？

几乎所有的大学生都同时写下了“圆”，而小学生的答案却五花八门，有人说这是镜子，有人说这是太阳，有人说这是皮球，有人说这是月亮，有人说这是长在树上的柿子……几乎每一张纸上都写着不同的答案。或许大学生的答案足够标准，但与小学生的答案比起来，是不是显得单调和呆板呢？

实际上，我们又何尝不是这些大学生呢？无论是生活中、学习中还是工作中，很多事情在我们眼中早已习以为常。面对很多问题，我们也早就形成了所谓的“常规思维”。有时候，这些常规思维可以帮助我们高效地处理问题，但有时候它也会让我们的想法简单化，形成思维定式，无法看到问题背后的根源，也无法给我们提供突破性的解决之道，由此限制我们的创造性和可能性，并给我们带来诸多困扰和麻烦。

其实，导致思维定式的原因，是我们对大脑运转机制的不熟悉。前面我们提到过，大脑在搜集和储存信息时，会将感知到的信息拆分成细微的构成单元。这些构成单元，就像一块块积木，当我们的思维开始运转，大脑就开始“搭积木”，将细小的构成单元一个个拼接组合，形成一个完整的景象、声音或感觉，为大脑理解、分析、判断和处理问题提供参考。

不过，对同一件事物，由于我们的神经元所连接的网络是相对固定的，我们对信息的整合能力也就有了“固定套路”，因此我们对这些“积木”的搭建方式往往颇为雷同。

比如，当我提到“猫”，你的大脑会迅速做出反应，在脑海中调集关于“猫”的信息，并进行整理、组合。结果，橘色的皮毛、可爱的外表、尖尖的小爪、灵巧的身子跃然浮现，“猫”的形象也就被“脑补”出来了。

这个思维过程，我们的大脑驾轻就熟，带来的后果就是：大脑习惯于用这种思维去处理信息，思考问题。由此，当我每次提到“猫”的时候，你的脑海都会产生类似的反应，长此以往也就形成了定式思维。

定式思维，帮助我们总结经验和教训，帮助我们进行信息的归类和整理，帮助我们从纷繁复杂的事物中，探寻深奥的本质和含义，是我们积累知识的重要方式。

但是，它同时也会让我们陷入“思维陷阱”，让我们囿于一隅，难以突破思维局限。对于一些限制人生的困扰和烦恼，定式思维也无法帮助我们取得想要的效果。因此，我们需要培养自己的多元思维，让自己的思维时刻保持开放。

一、打破思维定式，让思维更活跃

打破思维定式的关键，是让我们的大脑不再局限于习以为常的思考方式，让“搭积木”的方式变得更为丰富和多样。这要求我们从更多的角度去看待和思考问题。“5W2H”分析法，就是一套很实用的思维方法，可以帮助我们全方位思考问题。

“5W2H”分析法，就是Who（何人）、When（何时）、Where（何地）、What（何事）、Why（为何）、How（如何），Howmuch（多少），即何人（人物）、何时（时间）、何地（地点）、做何事情（事件）？为什么做（目的）？如何做（方法）？需要投入多少资源和精力（代价）？

“5W2H”分析法就像一张画好的图纸，按照这张图纸去“搭积木”，就可以避免大脑思考过程中的盲目性，帮助我们有意识地从内感官系统内提炼相关的信息。

比如，你是某企业的运营官，老板让你负责开发策划一个小程序，但你一时不知道如何着手。这时候，你不妨尝试一下“5W2H”分析法，先问自己以下7个问题。

第一，Why（为什么）。这个问题涉及动机，也就是我做这件事情的目的是什么。

比如，为什么要设计这款小程序？用户为什么要用？为什么不用其他小程序，而要选择你设计的？

诸如此类的问题，可以让我们更加明确做事的动机、出发点，以及想要取得的效果，以便从一开始就引导我们寻找正确的道路，避免做无用功。

第二，What（做什么）。这个问题涉及我们所做的具体事件，也就是我们需要做什么事情。

比如，我们究竟需要做一个什么样的小程序？它需要有哪些功能，具备哪些特色，保障哪些效果？这些问题，能够帮助我们清晰地了解要做的具体事件是什么。

第三，Who（人员、对象）。凡是涉及人员层面的问题，都需要我们在这里进行思考和回答。

比如，研发一款小程序，目标用户是哪些人？未来能不能拓展到其他人群？每项具体工作由哪些人来做？责任人分别是谁？如果想要达到某一效果，还需要哪些人参与？

第四，When（时间）。凡是与时间相关的问题，都应该在这个层面进行思考。

比如，小程序的研发周期是多久？这款小程序需要在什么时候上线？哪个时机最合适？晚两个月行不行？对于人员和时间的思考，有助于我们规划事件，进行统筹安排。

第五，Where（地点）。凡是涉及地点、渠道层面的问题，都需要我们在这个层面需进行思考。

比如，这款小程序完成后，可以在哪些渠道进行推广？

第六，How（方法）。凡是涉及问题解决的方法、途径、手段和技巧等问题，都需要我们在这个层面提出并解决。

比如，要以什么样的方式来做？是自己研发，还是外包？开发的基本流程是什么？

身心语法程序学有句至理名言：凡事想三个办法。当我们在思考问题的方法时，务必为自己留有备选。这是保证我们避免失败，收获成功的重要方法。

第七，How much（资源）。所有涉及资源方面的问题，都需要我们在这个层面进行关注。

比如，做这款小程序需要多少成本？需要投入多少人力、物力、财力？如果现有的资源不足，如何寻求支持？

当然，“5W2H”分析法，除了可以帮助我们高效处理工作任务，还可以在生活和学习中为我们提供帮助，尤其是在我们毫无头绪，需要及时厘清问题的来龙去脉时，这种思维方式可以为我们提供更多的突破口。

以上7个问题，乍看之下会觉得很烦琐，但处理起来其实还是比较快的。当你暂时没有思路时，可以先拿出一张白纸，在中间写上遭遇的问题，然后朝7个方向各画一条射线，在每条射线的顶点分别列出这7个问题，然后一项一项思考和回答。当你答完了，你的创意、灵感和执行思路也就出来了。

不过，值得注意的是，并非所有问题都是有价值的，值得我们深入思考。比如，生活中一些细小的琐事，或者用定式思维可以妥善解决的问题，就无须使用“5W2H”分析法。比如，你仅仅需要打印一份文件，只需要找一个打印店即可。如果这种小事你还思前想后，考虑“何时、何地，找何人打印”，顾虑“方法、效果和成本”，那么，这种方法反倒失去了意义。

同时，在使用“5W2H”分析法时，我们要保持灵活的思维方式，不能固守这几个问题样式，需要根据事件的背景、具体的情况来进行针对性的分析。

比如，在上面的例子里，关于“Who（何人）”这一部分的提问，你不仅要回答目标人群是哪些人，未来能不能拓展到其他人群，而且还要回答小程序开发每项具体工作由哪些人来做，责任人分别是谁，自己扮演的角色是什么。

二、用“绿灯思维”，让思维更开放

在生活中，我们一定遇到过这样的人，当你提出一个观点或看法，他会立刻跳出来，对你说："你这个方法不行！""你这种想法不对！"

有时候，当我们听见观点相左的话，心里也不是滋味，会下意识地想："这人是不是来拆台的？""是不是故意让我难堪？""是不是来挑衅我的？"很多时候，我们会被这种思维"绑架"，然后想尽办法寻找对方的问题或漏洞，想要反驳他的观点。于是，双方就陷入对立甚至争吵的冲突局面，不在乎彼此观点的合理性，只是一味地维护自己的"脸面"，维护自己观点的"权威"和"正确"。

这种思维，来自我们数万年进化历程中的本能，心理学称之为"习惯性防卫"，也叫"红灯思维"。

红灯思维，让我们时常掉进情绪的陷阱中，无法用大脑正确分析和判断问题，导致我们的思维出现"误判"。拥有"红灯思维"的人，会不停地进行自我暗示：他是错的，我才是对的。他是在挑衅我，是在让我难堪！

在这种思维下，我们不仅无法做出合理、正确的判断，很可能还会让我们的思维长期处于封闭状态，无法从外界获取更有效的信息，导致我们的心智系统在处理问题时发生一系列错误。同时，"红灯思维"会强化我们的"习惯性防卫"，让我们无法承认错误和失败。一旦遭遇问题，我们就会将过量的负面信息传递给大脑，影响我们的心智判断。

比如，我们被心仪的男神（女神）拒绝了，大脑往往不会去寻找背后真正的原因，而是下意识地断定：是我太差了，是我没资格，是我不配！再比如，我们参加演讲比赛，结果被淘汰了，大脑不会分析失败的原因，也不会总结教训，而是武断地认为是我这个人太差劲了，连一个演讲也搞得一团糟。

在"红灯思维"下的人，往往会因为两次挫折或失败，而对自身的信念、价值观和规条产生怀疑，甚至否定自己的人生价值和存在意义。

同样，他们也会把别人的"评价"和"自我"混为一谈。当别人不认同观点时，就会误以为对方是对"我"的完全否定，因而误以为对方是在批判、否定甚至挑战。

因此，当发现有人挑战了自己的尊严，这类人会马上跳起来与之对决。所以，我们要打破习惯性防卫的"红灯思维"，建立"绿灯思维"，让自己的思维保持开放。

“绿灯思维”，是和“红灯思维”相对的一种思维模式，它能明确“别人的评价”和“自我的价值”的区别，不会因为外界的评判而干扰自己的心智，影响自己的思考和判断。因而可以对外界的看法、观点、态度保持平常心，能够接纳不同、拥抱多元，保持客观中立，并从外界不断吸取有效的、有价值的“养分”，让自己的思维不断改善和升级。

拥有“绿灯思维”的人，在看到别人提出一个好想法时，心中冒出来的第一反应不是“这家伙是不是在挑战我？”“他是在故意让我出丑！”他脑海中的第一个念头往往是：“哇，这家伙的想法太赞了，对我来说太有帮助和启发了！”

拥有“绿灯思维”的人，往往有一个共性，就是渴望改变和进步。这种信念根植于他们的内心。所以，他们才能保持开放的心态，敢于承认自身的局限性，听到不同声音时的第一反应不是急于反驳，而是想想有什么可取之处。

这类人，不会过早地否定和拒绝大部分信息，而是让自己的感官充分地获取信息，并充分调动自己的思维，去更全面地思考和判断问题，鼓励自己从外部学习和借鉴更多的方法，敦促自己思考更多的可能性，激发出更大的创造性。

同时，具备“绿灯思维”的人，也是优秀的表达者，挂在嘴边的口头禅是“社会变化太快了，我不仅要学习，而且要更快、更好地学习！”正如“红灯停，绿灯行”，“红灯思维”会让我们裹足不前，难以在人生道路上取得有效突破；而“绿灯思维”却可以让我们畅通无阻、直奔目标。

积极培养自己的“绿灯思维”，鼓励自己接受来自外界的丰富信息，避免停留在自己的思维里闭门造车，时常说一些让自己距离目标更近的话。这样，我们才能突破自己的思维限制，让我们不断转换思维，帮助我们过上成功、快乐的人生。

三、如何培养“绿灯思维”

德国有一名造纸工人，在生产过程中不小心弄错了配方，结果生产出一大堆不能书写的废纸。

老板很生气，不仅把他开除了，还扣了他的工资，让他赔了一大笔损失费。这名工人十分伤心、自责，整天消极度日。家人、朋友怎么劝他都无济于事。

有一天，一位朋友听到他的经历，找到他，希望从那堆废纸中找到可用之处，帮助他走出“阴霾”。工人带这位朋友去看了那些废纸，并对朋友说：“这不过是一堆废纸罢了，不能写字，一点用也没有！”

朋友拿起一张纸，仔细观察了很久，将一张纸放入水中，然后安慰他说：“我看未必，我发现这些纸的吸水性很好，说不定会有别的用处。”

这位朋友拿了几张纸，切成小块，找到当地企业进行推销，并为这些纸取了名字，叫“刀切吸水纸”。

很快，这种纸就由于优秀的吸水性能，得到了市场的认可，变成市场上的抢手货。现如今，这种“吸水纸”技术已经被广泛运用于吸水纸、卫生纸、卫生巾、面膜等一系列产品中，造福了大众。

人们都说“失败乃成功之母”，可没有人说从失败到成功的前提是什么。如果我们永远固守陈旧的思维，只能孕育更大的失败。想要成功，我们首先要做的就是改变思维。

如果没有这位朋友，这名德国工人永远也不知道自己会从“失败”中收获多么巨大的成功。由此可见，思维的转变和升级，尤其是当我们的思维时刻保持“绿灯”状态，能为我们带来巨大的启发和帮助。

在生活中，如何让自己的思维时刻保持“绿灯”状态呢？我们可以从以下三个步骤慢慢开始练习。

1. 觉察我们大脑中的“红灯”

每个人的思维里，或多或少，都会存在一些“红灯”和“绿灯”状态。这就像一座城市的交通系统，有红灯，也有绿灯。它们各自发挥着作用，帮助城市指挥交通。

我们的大脑中也存在同样的状况，“绿灯”允许信息进入我们的大脑和心智，而“红灯”则阻止信息进入，保护我们的心智。不过，如果一个人的“红灯”过多，就会形成“红灯思维”，对任何事情都要反驳、排斥，甚至反对，无法接受外部的有效讯息，更无法让我们的大脑进行理性的分析和判断。

那么，如何测知自己是否属于“红灯思维”呢？

很简单，当你和同学、同事、朋友、家人聊天时，试着注意自己的态度。当他们说出一个观点或看法，看看你打心底里冒出来的第一个感觉是找各种证据来反对，证明他说得有问题，还是思考他说的话值得思考，或有可取之处。

如果是前者，那么你就偏向于“红灯思维”；如果是后者，那么你就偏向于“绿灯思维”。

不过，这种方法往往适用于双方意见出现冲突的时候，比如你们在工作中出现分歧；或对某件事情产生意见上的矛盾，如对教育孩子的态度、婚恋观、事业观等。如果大家聊的话题一团和气，那么这种方法往往是不准确的。

除此之外，你也可以时不时检验一下自己大脑的“自动弹幕系统”。比如，你在听某位教授的讲座，讲到一半，你心里冒出一个想法：“切，我还以为他要讲什么高大上的东西，这些我都懂，真没劲！”显然，当这种想法长期占据你的大脑时，其实已经为你的思维亮起了“红灯”。

相反，如果你有诸如“这位教授的观点有些陈旧，但加入了很多个人经验，其中有些是值得借鉴的”之类的想法，则证明你的思维是对外界保持“绿灯”的，你是持开放态度的。

一个人总是以固有认知来评定事物的，自以为是，过分自尊，其实都是故步自封的“红灯思维”。这种例子，无论在生活中，还是在职场上都是比较常见的。比如，领导不愿听取基层员工的看法和意见，员工无法接受领导和团队的批评，一听到别人对自己有看法，就气得脸红脖子粗，然后和对方争执，甚至大打出手……

一个人不会游泳，换多少个游泳池都是徒劳。当我们在生活中或在工作中长期无法取得进步时，再换多少份工作，再怎么调整生活方式，往往都是没有效果的。因为我们压根就没有意识到，“祸根”就出现在自己的“红灯思维”上。

“红灯思维”的根源，是我们惧怕暴露出我们想法背后的思维（或态度）。对大多数人而言，暴露自己心中的想法是一种威胁，因为我们害怕别人发现自己的错误。

如果把我们成长进步的过程比喻成往杯子里倒水的话，那么“红灯思维”就是盖在杯口的盖子，阻挡我们进步与成长。因此，觉察自己的“红灯思维”，打开这个盖子，我们的大脑才能接收到更多的讯息，才能更充分地调动心智系统，帮助我们实现突破。

2. 区分“自我”和“我的观点（或行为）”的不同

很多人之所以长期维持“红灯思维”，是因为无法明确“自我”和“我的观点（或行为）”的差异。一旦外界出现对“我的观点（或行为）”的质疑，便认为这是对本人的质疑，因而恼羞成怒，试图反驳对方的“人身攻击”。

比如，孩子上学迟到，受到老师批评。老师批评和否定的并不是孩子本身，而不过是“他迟到”这个行为而已。

当然，我们的行为或者观点，也可以反映出我们究竟是什么样的人。比如，如果一个学生每次上学都迟到，那足以证明他是缺乏时间观念的，是不守时的，这的确是对他本人的一种否定。

但是，更为重要的是，在身心语法程序学中，我们认为：每个人都处在一个不断变化的过程中。我们发现问题，然后尝试改变，做更好的自己。从外界获取他人的建议，就是一个不断变好的过程。

我们必须要清楚一点，如果别人提出意见，但“我们的观点或者行为”依然一成不变。这意味着，我们把自己的“防卫系统”升级到了“红灯思维”，完完全全接受不了其他的任何建议。

一个具有“红灯思维”的人，是很难得到成长的。我们身边是不是也有很多这样的人？他们拒绝接受新观点、新理念、新事物，喜欢待在自己的舒适圈里，不愿踏出一步。

如果对他说："我想开家餐馆。"他会脱口而出："满大街的东西，人家凭啥吃你家的，你做饭好吃啊？"

如果说："我想做自媒体，写文章赚钱。"他会毫不犹豫地说："写篇文章就能赚钱？哪有这么好的事情，别被网上那些虚假的谎言蒙骗了！"无论说什么，他都有理由反驳，以此来显示自己的"能耐"。他们不愿思考别人的观点，更不愿赞同别人的想法，总是企图扭转对方的态度，一定要别人相信自己才行。

这类人的共同特点是，喜欢活在自己构建的世界里，故步自封，不愿接受新观点、新事物。一旦别人提出不同于他认知的观点或建议时，其大脑就会立刻启动"防御机制"，潜意识会产生抗拒，选择直接屏蔽信息，立马找理由去反驳，变成妥妥的"杠精"。

3. 第三，多思考新观点的优势和价值

当我们能够听取别人不同的看法，并意识到对方的观点不是针对"我"这个人，而是针对"我的观点（或行为）"时，就能冷静下来，思考对方意见中的价值和优势，思考他的想法是否合理，是否值得参考和借鉴，是否可以用在我们今后的生活、工作和学习中。

百胜餐饮集团董事长曾说过一个观点，我颇为认同："留意别人的有效方法和正确意见，并加以改良和实践，是帮助你和团队达成远大目标的一种最佳途径。"

苹果公司创始人乔布斯曾说过："我特别喜欢和'聪明人'打交道，这样最大的好处就是不用考虑他们的尊严。"他所说的"聪明人"，就是有"绿灯思维"的人。他们拥有更活跃、更开放的思维，更容易听取并接受别人的看法，不会为了自己的"尊严"而放不下身段，也不会为了"面子"而反驳别人、排挤别人。

总结起来，拥有"绿灯思维"的人，是打开自己思维的天窗，让自己从狭小的思维空间走出来，去听取外面声音的人。

现如今，每个人都渴望变得优秀，想成长到更高的境界。然而，随着知识和信息越来越透明，人与人之间的差距早已不是学历、知识上的

差异，而是来自心智和思维上的较量。很多人感觉自己落后于人，可又苦于找不到原因，或许就是心智和思维上出现了问题。改变自己的“红灯思维”，努力培养“绿灯思维”，敢于从外部的声音中寻找自己思维中的局限，往往可以帮助我们取得更大的成就，也能帮助我们拥有一个成功快乐的人生。

如果发现自己很难从“红灯思维”转变成“绿灯思维”，或者大脑中总是有一种“否定思维”，无法对外界保持开放态度。那么，我们可以利用下面的方法，进行相应的练习。

第一，当我们遭遇问题时，提醒自己：将“不”“没”“难”转为“如何”即可。

- 我不懂这个技术。

转为：我如何能懂得这个技术？

- 我没有这方面的人才。

转为：我如何能有这方面的人才？

- 达到99.8%的准确率很难。

转为：我如何能够做到99.8%的准确率？

…………

每当我们的思维中出现“不”“没”“难”这类否定性的词语，其实就是大脑在告诉我们，让我们放弃去做这件事。这时候，我们将这类否定词转化成“如何”，就是在暗示大脑：我们应该想办法解决问题，而不是选择逃避。

大脑不会轻易否定我们的信念，它会慢慢转变过来，思考出一个解决的办法。尤其是，当我们长期坚持这种方法时，你会发现大脑中那些长期亮起“红灯”的地方，也会一点点变成“绿灯”，为我们开放通行证。

第二，在“不”“没”“难”的句子后面，加上“除非”二字，给除非填空，至少填三个。

- 我不懂技术。

转为：我不懂技术，除非（　　　　）。

可以填写：

向懂技术的朋友请教；

我报名学习一门关于技术的课程；

我花钱买一本技术的教材进行自学。

- 要在6个月做出3倍成绩是没希望的。

转为：要在6个月做出3倍成绩，除非（　　）。

可以填写：

找到有效的客户群体；

学会一对多的会议营销；

用渠道营销的方式开展业务。

…………

在日常生活中，我们可以用这两个方法勤加练习，勇于打破自己的否定思维，走出自己的“红灯”限制。如此，才能看到“绿灯”之后的阳光大道。

人与人之间的差距，往往不只是知识、财富、地位和人脉，最重要的还有思维模式。

一个人真正的成长，是从内到外的自我突破。每一次思维升级，对于我们来说，或许都意味着一次重生。

从“红灯思维”升级为“绿灯思维”，是一次真正意义上的思维重生。“红灯思维”是一种固定型思维，它会限制我们的成长；而“绿灯思维”则是一种成长型思维，会帮助我们进步。

真正的成功者，永远不会放弃自我成长的路，我们要做的，就是关闭思维上的“红灯”，开启思维上的“绿灯”，打通我们思维流程的“任督二脉”，帮助我们的大脑更好地工作与运转。只有这样，我们的人生才能一路“开挂”到底，不断完成自我升级，成长为自己期待的样子，最终获得一个成功快乐的人生。

真相10　生命能量

生命能量，是我们过好这一生最底层的基石。

一个人要成就一番事业、活出精彩人生，

都离不开旺盛的生命能量。如何给我们的生命“充能”？

给生命充能，让我们活得更强大！

第一章　正确认识4种生命能量

大提琴家夏恩，曾是日本家喻户晓的人物。但后来，他却不幸身患癌症。最初，他尝试与病魔抗争，可是身体却每况愈下。

直到有一天，他突然醒悟，决定不再与癌症对抗，而是调整心态，和自己体内的癌细胞“和谐共存”。他不断地提醒自己，癌细胞就是自己身体内的一个“朋友”。当癌症发作，让他痛得从梦中惊醒时，他就会愉快地告诉自己：“这是我的朋友在叫我起床啊。”

不仅如此，他还告诉自己：“不但要和癌细胞成为朋友，还要和一切事物成为朋友，要发自内心地爱这个世界，爱世界上的一切。”

怀着这份心态，他与病魔和谐共处。渐渐地，夏恩发现自己的疼痛减轻了，负责监护他的医生也发现，夏恩体内的癌细胞数量正在减少。几个月后，原本在他身体里肆意妄为的癌细胞奇迹般地消失了。

后来，“与病魔成为朋友”的夏恩，放弃了音乐事业，转而开始投身医疗事业，成为日本著名的治疗师，专门帮助那些因患癌而陷入绝望的病人。

也许，你会觉得这是一个不可思议的故事。但美国著名医生大卫·霍金斯却不这么认为。他在美国很有名气，每年都会接诊大量来自世界各地的病人。

在长达20多年对病人的研究中，霍金斯发现，那些找自己看病的人，都有一个共同特征：他们长期陷于痛苦和烦恼中，他们的生命磁场缺乏共振，因此极容易患病。

大卫·霍金斯发现，绝大多数病人对生命持负面态度，长期处于负面情绪，他们的生命共振频率往往在200以下。

他还进一步总结，认为那些有足够勇气，敢于面对生活，并保持乐观的人，其共振频率（生命磁场）在200以上。如果一个人能达到平静的心理状态，并且心中充满大爱，他的共振频率甚至可以达到600以上。

而那些狂妄傲慢、愤怒贪婪、恐惧悲伤、冷漠自私、内疚自责的人，其共振频率都在200以下，尤其是内心自卑、羞愧的人，其频率不到20。这些人长期被负面的生命状态包裹，缺乏生命能量，无法展现自己积极的生命状态，故而十分容易病魔缠身。

当你心情沮丧，心中满是“负能量”时，你是否会感到生活、工作、学习，甚至感情上都很累、很辛苦，感觉自己身上背着一座山，压得自己喘不过气来?

反之，当你自信满满、积极向上，心中充满“正能量”时，你是否觉得动力十足，做任何事情都更有自信、更轻松，也更容易成功呢?

这就是生命能量的真相。所谓“生命能量”，是指我们每个人从心理、思想、行为和语言等产生的，与我们生命相互交织的“磁场”。它就像我们俗话所说的“心气”“心念”，是一种由内而外散发出来，支撑我们生存、活动的力量。

当你有充足的生命能量时，你会自然而然地散发出一种气宇轩昂、精神焕发的神采，显得落落大方，充满魅力和吸引力；而当你的生命能量不足时，就会显得精神萎靡、形色枯槁、毫无生气，犹如行尸走肉。

然而，绝大多数人并不了解生命能量，终其一生也无法激活自己的生命能量，因而长期被负面的生命状态包围，人生陷入困境，无法收获成功、快乐的人生。接下来，我会为你提供一些行之有效的方法，让你不断增强自己的生命能量。但在此之前，我们先要了解一生中对我们最重要的4种生命能量。

一、“生育能量”：我们一生中的第一份能量

和我关系要好的一位NLP导师，曾遇到过这样一个女孩。这个女孩学习很努力，可学习效果很差。

据她妈妈反映，孩子经常学习到深夜，可是刚刚学会的知识过不了多久就会淡忘。尤其是在背英语时，前一秒刚学会的发音，后一秒就忘得一干二净。这位妈妈十分苦恼，于是找到心理辅导专家寻求帮助。

我的好友对这位女孩进行了一段时间的观察和研究，发现这个孩子在学习时并没有什么问题。在学习过程中，孩子能保持良好的状态，左

右脑协调运用，视觉、听觉、语言表达系统完全处于“接通”状态。

不过，这个孩子有一个很奇怪的习惯，每过一段时间总会找妈妈，要求妈妈抱一下自己，然后才能专心学习。两三个小时的学习下来，女孩往往要妈妈抱六七次。

我的好友非常好奇，于是格外留心女孩的这一举动。后来，他发现了问题的端倪。这孩子一旦开始读书或者背诵（发挥语言功能）时，就先莫名地变得紧张和呆滞，甚至会下意识地走神。此时，妈妈就会提醒她专注。这一提醒，往往让女孩更加紧张，且不知所措。于是，孩子更难发挥语言功能，变得更容易走神。结果，妈妈就显得焦虑和担心。孩子感受到妈妈的情绪，就越发紧张起来。如此，两人陷入恶性循环，孩子的效率越来越低。

要知道，无论是成人还是孩子，一旦感觉到紧张，身体会自动进入“求存保命”的状态，为了保证脑干足够活跃，以应对外界的危机，我们的大脑便会抑制左右脑的使用，将更多的能量输送到四肢。这就很容易让我们进入“自我麻痹”的状态中，变得迟钝和呆滞。就像鸵鸟面对危险时，主动把头埋进土里一样，我们也会关闭自己的感官和大脑思考。

我的好友找到这一根源，于是向这位母亲询问孩子此前的经历。最终，他发现一切的根源，竟然来自孕育这个孩子的阶段。

原来，这位母亲在怀孕期间曾因先兆流产保过胎。这让还处于婴儿期的孩子对外部世界缺乏安全感，充满警惕性，很容易焦虑和紧张。一旦紧张，她就希望获得妈妈的安慰和保护。也因为这样，女孩十分担心妈妈斥责她，哪怕只是一句提醒，也足以唤醒她内心深处的警惕。一旦女孩觉得外部环境不够安全，就会迫不及待地想要获得妈妈的拥抱。

实际上，这个女孩的情况并非个例。因为妊娠方式而引发的一个人（尤其是孩子）的紧张、焦虑、惊慌和不安，是比较常见的。这说明，在孕育过程中，孩子就已经能对外界做出相应的感知。并且，这种感知还会一直持续，在之后的人生中给予他们不同的生命能量。

家庭治疗大师萨提亚曾说，父母是孩子成长过程中生命能量的第一

口井，是一个人生命能量的源头。

我们出生时的能量是直接继承自父母的。一个孩子出生时所面对的世界，对他来说是崭新的、未知的、充满危险的。他无力面对这个世界，需要从父母那里得到力量，这就是父母给予孩子的“生育能量”。

孩子得到的第一份生命能量越充足，他就会变得越有力量，越敢于面对这个世界，变得越发自信。相反，当他一出生便遭遇“危机”（比如因先兆流产而保胎），那么孩子会因缺乏生命能量而深感无力，在日后的成长中也会因此而留下“心结”，不敢面对这个世界，变得不够自信。一个人出生，意味着离开母亲的子宫。出生方式通常有两种：其一是经产道顺产，其二是剖腹产。

从优生优育的角度看，经产道顺产的方式优于剖腹产，因为经产道顺产是自然生产的方式，而剖腹产则是人工生产的方式。

从心理学角度看，经由产道出生和经由剖腹产出生，对孩子生命能量的影响也有着明显的差异。

经产道出生的过程，是自然生产的过程，是母亲和胎儿共同配合完成的。当生产被启动时，母亲会收缩子宫，体验到剧烈的腹痛，她需要忍受这种剧痛，允许子宫完成这种痉挛和收缩，分娩的过程才能完成。当胎儿经过狭窄的产道出来时，也需要忍受产道的挤压，才能够被顺利地分娩。胎儿只有在忍受了产道的压力和疼痛之后，才能来到这个世界。

剖腹产的孩子，则是通过手术，被医生直接从母亲的子宫里取出来的，完全没有经过产道的挤压。缺乏这一过程，不仅让孩子在一出生便缺少必须经历的“历练”过程；同时，孩子在被医生取出的那一刻，也会因为“流程缺失”而惊慌不已。因此，他们在未来的成长和发展中，很可能经常被唤起这份“与生俱来”的警惕和慌张，比其他孩子更容易焦虑和紧张。并且，在未来的人生旅途中，他们可能会因此而缺少对压力和痛苦的承受能力。

除了分娩过程会传递给孩子不同的生命能量，母亲在“哺育”孩子的过程中也会传递给孩子不同的生命能量。

孩子出生后，母亲最重要的事情就是“哺乳”，母亲的哺乳对于孩子来说是一次次能量的传输，绝不是一件小事情。**母亲给予孩子的哺乳质**

量，会决定孩子对这个世界的信任感与安全感，决定其自我力量感和价值感。

心理学研究认为，孩子一出生最重要的关系是与妈妈乳房的关系。对于一个刚出生的孩子来说，他的视野里还没有母亲，只有喂养他的乳房。因此，哺乳对孩子的成长来说是第一个关口。

在孩子眼中，没有“好妈妈”和“坏妈妈”的分别，只有“好乳房”和“坏乳房”的差异。唯有“好乳房”才能赢得孩子的信任，帮助他们获取信任感、安全感和自我价值感；而“坏乳房”则正好相反，带给孩子的是不信任感、不安全感和无价值感。

如果乳房给予孩子的感受是被爱护的、安全的、满足的、值得信赖的，孩子就会在心理上主动与母亲（主要是乳房）建立起良好的关系。

如果乳房给予孩子的感受是不被爱护的、不安全的、无法满足的、不值得信赖的，那么孩子在心理上往往就无法与母亲（主要是乳房）建立起良好的关系。母子之间的关系往往变得脆弱、疏离、冷漠，孩子在成长过程中也会缺乏相应的生命能量，因而对自己的力量不自信，逐渐变得焦虑、抑郁，甚至会在生理和心理上进行自我攻击。

因此，孩子与妈妈的连接关系，其实在哺乳的阶段就已经在建立了，这段关系是稳定还是脆弱，安全还是危险，疼爱还是忽视，将很大程度决定孩子的“生育能量”——孩子出生后获得的第一份生命能量。而这一份生命能量的强弱，将影响孩子之后的成长。

在孩子的心目中，“好乳房”就是能够满足自己被喂养需求的乳房。也就是说，当孩子饥饿时，“乳房”能够主动到来；当“乳房”为孩子提供“服务”时，足够温暖、慈爱、轻柔；当孩子吃得心满意足时，“乳房”又能主动地离开。“坏乳房”则是另外一番情形：当孩子饥饿难忍的时候，“乳房”不来；而当自己不太饥饿的时候，“乳房”则来了……

现如今，很多父母会选择用牛奶或复方奶喂养孩子。相对于母乳而言，这类哺育方式不仅在营养上存在差距，同时给予孩子的感觉也是天壤之别。

当孩子喝到的奶来自人工奶嘴而非母亲乳房时，孩子会敏感地意识到其中的差异：那种硬邦邦的奶嘴、忽冷忽热的奶水，都会对孩子的心理造成影响，无法给予母亲乳房那种恒温、柔软带来的温馨和舒适感。早在古罗马时代，哲学家弗沃瑞纳斯就已经指出，母亲的乳汁中含有形成身心的力量，被母亲哺育的孩子受母亲身心的影响。现在，更多心理学家分析研究表明：0至1岁半时期是孩子的“口欲期”，母乳喂养是满足孩子口欲最重要的方式。如果没有母乳喂养，而未能满足孩子口欲的话，孩子长大后还需要补偿，就会出现咬手指、流口水、吸烟、酗酒、爱吃零食等很多问题。

孩子在认识这个世界时，第一个接触到的就是乳房。慢慢地，他才会发现乳房后面是母亲，母亲后面是这个世界。也就是说，孩子通过乳房来认识母亲，又通过母亲来认识这个世界。这个过程，是按部就班、循序渐进的。通过母乳哺育，能从一开始便给予孩子适应这个世界的生命能量，所以特别重要。

一个好的哺乳过程，能够为孩子整个吃奶的时期打下一个很好的基础，如果孩子从小拥有一个“好的哺乳体验”，那么他对乳房的执着会更小，他在哺乳中出现的问题也将更少。

对于一个孩子来说，吃奶绝对是一件非常重要的事情。哺乳的过程，不仅仅是将母亲的乳汁一点一滴送进孩子身体的过程，更是将生命能量不断传递给孩子，让他拥有足够的力量和自信，适应这个世界，应对成长和发展的过程。

从分娩到哺乳，形成了我们一生中第一份生命能量，也是我们人生中最根源性的能量。

二、“教养能量”：我们成长过程中的关键能量

几年前，我曾在其他导师的课程上遇到这样一个案例：一个30来岁的男子，曾有过多段恋爱经历，但每一次都以失败告终。恋爱失败的故事并不稀奇，可令人感觉稀奇的是，每次女方给出的分手理由都出奇的一致：他完全不懂得怎么爱一个人。

可是据男子自己反映，他在每一份爱情中都是全身心投入的，巴不

得把一切都给女方。然而，对方却往往感受不到他的爱意。他对此很不解，于是找到心理导师寻求帮助。

在一番探究之下，导师才找到问题的根源：这位男子小时候是留守儿童，曾寄居在外公家中。10岁左右，才被父母接到身边，与父母的关系不够亲密。并且，由于工作很忙，父母经常早出晚归，对他的关心也很少。

上中学后，他决定住校，与父母的关系更是渐行渐远。有一次，他在学校闯祸，老师让父母来学校一趟。结果，爸爸因为工作忙，推脱给妈妈；妈妈也因为工作问题，到很晚才来。

那一刻，孩子觉得自己被忽略了，他感受不到来自父母的殷切关心与爱，感受到的只是“自己是父母的负担，他们谁也不想要我了”。

后来，孩子渐渐长大，上了大学。可是，从父母那里缺失的爱却再也找不回来了。父母对他的忽视和冷漠，也让孩子的内心“缺爱”，不知道被人关爱的滋味，也不知道如何关爱别人。即便有一颗想要爱别人的心，可是却总是表现不出来。

这是一个非常典型的案例。这名男子之所以不懂如何爱一个人，是因为在成长过程中，他自己从未感受过真正的爱是什么样的，长期处于“被忽视”的状态，未能及时从父母那里获得足够的、充溢的“教养能量”。因此，当他长大了，想要尝试爱一个人的时候，他身体里却没有足够的能量去支撑他完成这个“任务”。

教养能量，也是我们一生中极为重要的一种能量。它来自父母对我们的教养，是帮助一个人从“纯天然”的状态逐渐培养成符合社会需求、遵守社会规则、适应社会环境的“社会化”状态的能量。

在这个过程中，父母的教养往往起着至关重要的作用，不同的父母，不同的教养方式，往往会培育出拥有不同“教养能量”的孩子。常见的教养方式有4种，分别是专制型、溺爱型、忽视型、平衡型。

在每个家庭中，父母对孩子的教养都有两个重要的“指标”：第一个是父母给予孩子的关爱与温暖，第二个是父母对孩子的控制和制定的规则。

这两个“指标”在我们的成长中，有着至关重要的意义，处于什么样的状态，各自的占比如何，不仅会决定我们的“教养能量”，还会影响我们一生的成长。

1.“专制型”教养方式

在一个没有关爱与温暖，只有控制和规则的家庭中，很容易出现“专制型”的教养方式。在这种教养方式下长大的孩子，由于长期受到父母的控制，缺乏独立的自我意识和完整的人格，会长期活在父母的阴影下，很难做自己。

我们常说“孩子迟早会长大”。终有一日，这些孩子也会长大成人。但是，经“专制型”教养长大的孩子，即便离开父母，也很难真正摆脱父母的控制，尤其是心理上对父母的依赖，这种情况甚至会伴随其一生。当他们也成为家长，开始教育自己的孩子时，很可能使用同一套“手段”来对待孩子。或者，当他们走上领导岗位，也很可能用近乎专制的“铁腕”手段来对待自己的下属。

同时，这类人由于长期被父母控制，生活在父母的“游戏规则”下，从小就习惯了按父母的意愿做事。因此，当他长大成人，离开父母，小时候的规则不适用了，他们会尽快寻找可依附的规则或体系，好让自己处于“被重新掌控”的状态。这类较为消极的心态往往培养不出一个人的积极性，因而这类人往往缺少人生目标，很难找到可被自己真正认同的人生价值和意义。

当我们处于这种状态，并且感受到源自我们内心的“教养能量”不足时，最好的方式就是学会和父母和解，放下曾经的枷锁和钳制，用温暖的爱来给自己充能。

2.“溺爱型”教养方式

在一个只有关爱与温暖，却没有控制和规则的家庭中，很容易出现“溺爱型”的教养方式。在这种教养方式下长大的孩子，由于受到父母的过度宠溺，很容易让他们变得自大、自傲，丧失自我约束力。

被宠溺的孩子，往往厌恶那些有规则和束缚的地方。一旦长大，进入学校、企业这类规则明确、约束力很强的地方，会产生不自在、受约束、被压迫的感觉。

有时候，他们无意做规则的破坏者，但教养能量的缺失，让他们无力在这种环境中生存。他们不喜欢集体生活，也不喜欢和别人打交道。

即便能与人交际，他们内心还是住着一个“小公主”“小王子”，恨不得其他人也会像父母一样溺爱自己、照顾自己、惯着自己。

现如今，这类情况十分常见，溺爱子女的父母越来越多。“四二一综合征”就是一个典型：四个老人、一对父母，六个人全都把爱和温暖倾注在子女一个人身上，然而却没有给孩子制定明确的规则。六双手捧着都怕掉了，六张嘴含着都怕化了。

这样的溺爱，最终很可能教育出一个让人伤心透顶的“不孝之子”。当父母意识到这种问题时，首先要做的是，分清哪些是自己的事、哪些是孩子的事。并且，不去干涉与承担原本属于孩子事务的责任。只有这样，孩子才能获取足够的、属于自己的“教养能量”。

3.“忽视型”教养方式

当一个家庭既没有关爱与温暖，也没有控制和规则，父母与孩子各自活在自己的世界里，却对彼此缺少关注时，就很容易出现“忽视型”的教养方式。在这种教养方式下长大的孩子，不仅缺乏对爱的认知，还会缺少安全感和归属感。

我常对一些父母讲：爱的反面不是恨，而是忽视。当孩子被忽视时，往往很难找到“自我感”：对“我是谁”缺乏认同，对“我有何价值”缺乏认知，对“我的将来要去往何处”也毫无设想。他们内心会有一种极为强烈的意识：我就像浮萍，随波逐流，无依无靠。

由于从小就缺乏父母的关爱、期待和管束，他们在成长过程中会有一种强烈的渴望，渴望得到别人的关注，哪怕只是陌生人。

因此，他们很可能会走向一个极端，那就是从虚假的网络世界去寻找现实中缺失的关注，或者通过一些极端的情况来获取别人的关注。很多父母发现，孩子一到青春期，就开始出现很多不良习惯，大多是因为他们感到自己被忽视了。

这种情况如果持续发酵，孩子还会做出一些更极端的行为，比如早恋、逃学、斗殴、酗酒、吸毒，甚至做出违法乱纪的事，以此来彰显自己的“生命能力”，引起父母或他人的关注。

这些孩子由于既缺乏规矩又缺乏关爱，心理很难健康发展，很容易出现厌世、自闭、逆反、空虚、自卑、胆怯、没有精神寄托等现象。

最重要的是，由于没有被爱，他们就不知道什么是爱，更不知道什么是敬畏，甚至对自己和别人的生命都表现出极端的不尊重。针对这种情况，最好的解决方式就是父母直接增加对孩子的关注和认同。

如果我们发现自己属于这种情况，也需要和父母达成和解，并告诉自己，天底下没有不爱子女的父母。父母缺乏对我们的关注，可能只是因为他们不知道如何表达；或者他们对我们的爱与教养是“流水无形”的，我们没有察觉。与父母和解，学会感恩父母，是我们迈出第一步，重新获取“教养能量”的关键。

4.“平衡型”教养方式

一个家庭既有爱与温暖，又有规则和控制，或许就是最理想的状态了。在这种状态下，孩子在各方面都能达到最佳的平衡，因而称之为“平衡型”教养方式。

在“平衡型”教养下，父母既能为孩子设定适度和明确的规则、界限、要求、目标和期待，又能给予孩子足够的关爱、温暖、尊重和平等。这种方式将规则与关爱融合，父母不仅会给孩子设定规则，还会向孩子说明为什么要设定这些规则；同时，他们在设定规则的时候，也会倾听孩子们的想法、感受或意见。“平衡型”父母，会积极关注孩子好的行为，经常对孩子使用鼓励、支持、认可、赞赏和信任的策略。而对待孩子不好的行为，会采用让孩子承担由行为本身所带来的结果，而不是采用打骂、贬低、嘲讽等惩罚方式。“平衡型”父母，在养育的策略上是灵活的。当他们觉得孩子的行为是情有可原的时候，他们会倾听孩子的解释，并调整其应对的策略。

在这种状态下，父母能通过教养给予孩子巨大的“能量”，让孩子学会遵守规则、约束自我，有责任心，自给自足，敢于承担责任，在家庭、学校和社会上都能勇敢地站出来，去帮助他人。

并且，“平衡型”教养下的孩子，往往也更加自信和乐观，敢于接触新鲜事物，敢于肯定自己的想法，敢于尝试和创新，也更能做出一些大胆的行为，因而可以不断提升自己的能力、才干。

他们会对自己错误的行为承担责任，并不是基于害怕惩罚，而是基于自己内心的愿望或想要拥有更好的选择。由于从小生活在“爱与规则”的环境中，他们更容易获得充盈的“教养能量”，因而更为轻松、快乐，更能用积极乐观的性格感染周围的人，所以也更容易交到朋友，收获成就感。

三、“独立能量”：青春期的能量觉醒

当孩子迈入十二三岁的年纪，就逐渐进入青春期。青春期是我们一生中极为重要的阶段，这是我们从小孩向大人转变的“黄金时期”。

如果说，在每一个人生阶段，我们都有一种或多种生命能量，支持我们的人生持续向前。那么，迈入青春期之后，最重要的生命能量就是“独立能量”。

所谓“独立能量”，就是支撑一个人走向独立的生命能量。青春期的孩子，在心理上已经具备了一些大人的特征，因而被称为“准大人”。

在这个时期，孩子渴望获得大人一般的待遇，也渴望拥有独立的、自由的权利。如果这种渴望受到约束和抵触，他们就会与“强权”的父母、老师对抗。因此，青春期的孩子很容易叛逆。

如果父母在这个阶段对孩子采用蛮横的“打压”手段，限制孩子对“走向独立”的渴望，就会影响孩子对“独立能量”的获取。在之后的人生中，孩子会因为“独立能量”的缺失而停留在“青春期”阶段。哪怕已经长大成人，他们的心智依然不成熟，心理上依然有着对“独立能量”的诉求。在这一步完成之前，他们的行为举止还会充满“孩子气”，做出一些看起来像小孩的举动。

有一种父母，过于注重孩子的学习，恨不得将孩子的全部时光都用在提升学习成绩上。孩子12岁以前没有足够的时间玩耍，无法亲近自

然、亲近同伴、亲近动物，也没有时间与父母共度童年时光。结果，孩子带着辛劳和疲倦进入青春期，猛然发现自己的童年已所剩无几，于是心理上产生了一种“想要弥补童年缺失”的心态，便将大量时光耗费在“童年的乐趣”上。这样反而阻碍了孩子青春期最重要的“任务”——获取“独立能量”。

这种现象会严重干扰孩子的能量获取。当孩子在青春期玩够了，不想玩了，想要独立时，又猛然发现自己的青春期也快结束了。他又一次紧赶慢赶地追着同龄人，学着如何独立，如何拥有自我意识，如何获取“独立能量”。可是属于这个阶段的“能量获取”，其他同龄人早已完成，他又一次落后了。人生在不停地追赶中度过，对任何人来说都是一种折磨。

除了上面这种情况，干扰我们获取“独立能量”的情况还有很多，比如父母对孩子过于严苛，或者父母总是强调孩子“要听话”。这两种情况的深层动机，都是父母想要掌控孩子，希望孩子按照自己的意愿行事。

这种环境中成长的孩子，很难对自我有一个准确的认知，会丧失维护自我权利的意识，可能导致其之后的人生长期处于道德勇气的缺失状态。由于从小就被父母掌控，对于母亲提出的条件，无论是有理还是无理，“听话”的孩子都会选择无条件地服从。结果，当他们走向社会，便缺少独立的意识，会成为别人的依附，或缺乏自信、自尊、自爱，无法形成独立的自我价值，很难收获一个成功、快乐的人生。所以，**“独立能量”也是我们一生中最重要的生命能量之一。它关乎我们对自我价值的判断，关乎我们对“自我”的认知，关乎我们在之后人生阶段的其他能量获取是否及时、充分和自主。**

人在12岁左右进入青春期，到了这个年龄，我们会有要和父母分离的强烈倾向，要求拥有自己的思想，表达自己的主张，按照自己的意愿行事。这个时候，**父母不仅要尊重孩子的一些主见，更要有意识地引导他形成自我价值，获取“独立能量”，为其一生生命能量的获取奠定基础。**

四、“名字能量”：自我概念背后的能量

在我所主导的一个亲子训练营中，曾有一个孩子，他的名字很特别：前两个字是将父母的姓组合起来，后两个字用了两个极为生僻的字。当我第一次看到这个名字时，也忍不住直挠头。这么拗口的名字，还是四个字，真是叫人摸不着头脑。

果然，当训练营活动开启之后，我发现一个“既在情理之中，又在预料之外”的事情。当孩子们需要团队组合开展活动，需要自由组队时，这个孩子却很少能找到搭档。

每次，当其他孩子都已经找好搭档时，这个孩子只能眼巴巴看着。最后，只能由助教将他分配到某个小组中去。

当我私底下询问一些孩子，为什么不想和这个孩子做搭档时，有些孩子说：“他的名字怪怪的，听起来像外国人。”还有一些孩子说：“我记不得他的名字了，不好意思上去打招呼，所以没有和他组队。”

显然，这就是一个人的名字带来的距离感。实际上，长期以来我们都忽视了名字的价值和重要性。很多人说，名字不就是个标签吗，有什么重要的？

其实，名字对一个人来说是非常重要的，名字的好坏，甚至会影响一个人一生的成长与发展。

名字是区分个体的名称符号。每个人都有自己的名字，名字是一个人的首要标识，是伴随一生的超级符号。这个符号存在无形的能量，好的名字能给人以能量和动力，不好的名字则会给人不好的暗示。

名字是一个人对自我概念的确认。我们在1岁左右有了基本的自我概念，这个自我概念，会在别人不断呼唤我们名字的过程中，进行反复不断地确认和强化。

我们一生中的第一个名字，大多是乳名。乳名，是我们一生下来就用的名字，是原生家庭中的父母和家人称呼我们的方式。

我们的乳名通常包含了父母对我们的美好祝愿。这些祝愿，通过乳名象征性地寄托于我们身上，并通过我们的潜意识承接过来，然后促使

我们努力地实现父母所传递给我们的期待。

我们从小就这样被叫着乳名，尤其在我们会说话、有记忆时，我们俨然就成为乳名，乳名就是我们自己。我们和乳名已经浑然一体，难分彼此。不信的话，请试着回忆一下，当有人喊你乳名的时候，你是否感觉与那个人的关系变得亲密了？

我们的第二个名字是学名，放在古时候，中国人的学名有很多，“表字”“字”“号”“别号”，比如毛泽东，字润之。

学名比乳名更严肃，承载着的不仅仅是父母和家族的祝福，更是他们的期待和愿望，我们从幼儿园开始学写自己的名字，就是在理解和吸收这份期待。我们会不断重复，重复千万次，我们会以把名字写得足够好为荣。随着年龄的增长，我们的理解会加深，我们会用行动和努力来证明这份期待，我们甚至会说：“如果这件事我搞不定，我就不叫……”这个时候，你的潜意识其实是在告诉世界，这个名字是我最大的资产；这个时候，你就像父母呵护子女一样，呵护着自己的名字。

我们的第三个名字，是“改名”。通常来说，我们赋予自己一个新的名字，往往也意味着对自己的全新的期待，希望与过去的自己有所区别，或者迎来新的人生发展。因此，当我们改名时，修改的不仅仅是一个名字，而是另一个自己。

名字背后蕴藏着巨大的能量，不仅会对我们的心理带来影响，有时候还会扰动我们的生活。尤其是在童年阶段，一个“奇怪的名字”，往往会引来同龄人的嬉笑、挖苦或“恶搞”，让我们承受巨大的心理压力，让我们变得不够自信、无法融入同龄人，甚至对“自我”产生怀疑，对父母产生怨恨：父母为什么要给我取这个名字？

相反，一个“好的名字”，会让孩子变得更加自信，更加关注自我概念，也更加认同自我价值，会让孩子明晰自我与外界的界限，让他们在成长过程中更有力量感。这种力量感，来自别人对他名字的呼唤，所给予的积极的心理暗示。

第二章 如何让内在身心合一，提升生命能量

一、学会 3 种正念，随时随地给生命“充能”

现代社会中，人们总是发现自己很容易疲倦，很容易累。明明今天没干什么事情，可是躺在沙发上，却总觉得身心疲惫，有一种说不出来的疲劳。

其实，除了来自生活、学习和工作上的压力，导致我们疲劳的一个重要原因是，专注力的分散所带来的我们生命能量的过快损耗。

哈佛大学教授吉尔伯特曾进行过一项关于“专注力”的研究：他对2000名成年人进行了数据采集和分析，发现这些人在56.9%的清醒时间中，注意力无法集中在所要完成的事情上。他总结道：**越频繁走神分心的人，不仅会影响我们的工作效能，而且快乐指数会越低、焦虑感会越强。而焦虑、不开心，正是损耗生命能量的罪魁祸首。**

在生活中，我们总有类似的体验：当我们在学习或工作时，总是忍不住想要拿起手机看一眼微信，瞅一眼朋友圈，发一条状态，或者浏览一下网页，看看新闻八卦，无法将全部身心投入到手里的事情中；当我们走在街上，也会不自觉地将注意力分散到路边的LED屏幕、巨型海报、超大幅的广告和路边的各种宣传中，这些形形色色的“视觉污染”也会让我们的大脑处于紧绷的压力状态中；当我们回到家里，也会因为孩子的学习问题、伴侣的态度问题、自己的情绪问题，以及生活的琐事而分散专注力，让自己处于“负能量状态”……

国际心理学界公认，“正念”能很好地解决专注力不足的问题，是一种可以帮助我们随时随地获取生命能量的好方法。

如果把生命能量比作人的肌肉，“正念”练习就是有效的健身运动。那么，什么是“正念”？

正念的“正”，源自英语，是此时此刻正在进行的意思；而正念的“念”，是指一种感觉、想法和情绪。正念，合起来就表示一个人此时此刻的想法、感受和情绪。

正念练习，就是针对我们当下的想法和感受，进行专业的练习，调整我们的心理状态，从而做到给自己“充能”。

正念练习的方式有很多，但万变不离其宗，重点是让我们的身心回归当下，切实地活在此时此刻之中。进行“正念”练习，需要注意三点。

1. 从时间上回归当下

大多数时候，我们不够专注，或者无法将注意力集中在某一件事情上，原因在于我们总是顾虑过去，又焦虑未来；为过去懊悔，又为将来担忧。过往的事情已经发生，无法改变；未来的事情充满变数，无法确定。因而，我们的内心总是处于一个飘浮不定、无依无靠的状态。这让我们深感焦虑，内心充满“负能量”。

这时候，我们要告诉自己：让自己回归当下，不去后悔过去的事情，也不去担忧将来的情况。这就是从时间上归回当下。

如果我们能够把自己从时间上拉回当下，把注意力更多地集中在此刻，能够做到极少担忧尚未发生的事，也极少抵抗已经发生的事，那么，我们所感受到的痛苦一定会减少很多。

在正念的哲学里：人的存在实际上只在当下，你所能感知到的只有当下，你的生命由每个“当下”组成，其余关于过去和未来的记忆或担忧，本质都是虚幻的，是当下自己头脑中的概念。

不对抗过去、不担忧未来，说起来容易，做起来难。人的思维天然状态就是对过去耿耿于怀，对未来惴惴不安。

正念想要告诉我们的是：思维和想法或许可以穿越时间，但我们的身体却只能活在当下。当思维和身体出现“时间异位”，我们的生命能量也会有所察觉，并以更快的速度流失。

因此，将你的思维拉回到身体里来，让我们在“时间上”做到身心合一，是正念的第一个作用。我们可以通过下面的呼吸法、身体扫描法等正念训练，来达到“身心合一”的效果。

找一个安静的地方（最好是椅子）坐下来，把双手自然地放在大腿上，手心朝上，闭上眼睛，双腿微微地分开。做几次深呼吸——深深地经由鼻子吸气，缓缓地经由嘴呼气：再次呼气、吸气；呼气、吸气……

持续半分钟。

然后，跟随呼吸的自然节律，感觉身体慢慢放松，向着椅背的方向微微贴近，感觉心慢慢地安稳。

接着，感觉一下此刻的身体，无论这一天之前你做了什么，经历了什么，都已经过去了。此刻，你就坐在这里，椅子作为一个稳固的存在，支撑着你的身体，安全、舒适……

感觉一下，此刻屁股与椅子的接触，感觉那份接触的熨帖，把屁股交给椅座……

感觉一下，背部与椅背的接触，感觉那份接触的柔软，把背部交给椅背……

感觉一下，脚底板与地面的接触，感觉那份踏实，把脚交给地板……

接下来，把注意力带到头顶的上方，想象你的觉知就好像是一道柔和的光束，从头顶开始，慢慢向下移动，从头顶，到额头、眉毛、眼睛、双侧的太阳穴、耳朵、两侧的面颊、鼻子、嘴、下巴，然后到脖子、肩膀、胸部、腹部、手臂、每根手指，继而到后腰、臀部、大腿、脚踝、脚趾……让觉知的光束扫描到身体的各个部位！

好了，慢慢睁开眼睛，有没有感觉到此刻的自己就在当下！需要注意的是，**身体扫描时，除了去感受身体的觉知，别无其他目标。如果带着强烈的目的进行正念，你又会陷入焦躁。**刚开始练习时，我们或许无法做到一步到位。没关系，每天持之以恒地练习将会为你带来巨大的改变。

2. 从思维上回归当下

除了思维和身体的“时间异位”，导致我们专注力不足的原因还有思维僵化。人的思维，除了喜欢担忧过去和未来，还有一个缺点，就是很注重头脑中已知的规则和评判，这些评判让你只能看到你想看到的东西。

比如，你对他人的主观评判，会阻碍你和他人发生连接；对自身的认知不足，会阻碍你探索自身的潜能；对某些知识的偏见，会阻碍你获得新知……

习以为常的评判思维，塑造了我们不断重复的习惯，也导致我们把注意力放在了对他人的偏见评判上。

“正念”思维，让我们持“非评判”的态度，保持“无知”的状态。当我们忍不住要进行对某些人、事、物进行主观的评判时，“正念”思维就会提醒你：你此刻不过是被自己（对某些人、事、物）的主观评判牵着鼻子走而已，你需要专注于当下。

“让思维回归当下”的方法，主要有两个。

一是找到“初见”的感觉。所谓“初见”的感觉，就是我们看待万事万物都如初见时的心态。这种心态，就像小孩初次看见世界，充满着求知、新鲜、好奇和美好的心情。“初见感”，让你觉得世间的一切都很美好，不管是遇到的人，还是路边的花草树木、蓝天或白云，就算下雨都那么美……“人生若只如初见”就很好地描述了这种正念状态！

二是进入“无知”的状态。所谓“无知”的状态，就是一种当下的空杯心态，提醒自己将内心所有的陈见、对抗和抗拒都放下，让心灵保持澄澈和清灵。

保持“无知”，就是保持可能性，保持认知事物的态度，而不是先入为主、带有主观偏见地评判它，保持自己对新事物的吸收能力，保持自己不被已有观念所劫持的状态。

说得简单点，“初见”就是秉持一种孩子般专注的状态来感受和认知这个世界。“无知，而后才能无所不知”，这就是正念的关键所在！

3. 从感受上回归当下

在生活中，我们总是不知不觉就被自己的感受和感觉“绑架”，比如，和伴侣发生分歧，你本不想和他争论，可是脑子突然一热，愤怒涌上心头，你就忍不住和他争吵起来；在和父母聊天时，你本想表现坚强、独立的一面，聊着聊着却忍不住长吁短叹、黯然伤感；在和喜欢的人约会时，你本想表达爱意，却不知不觉变得异常紧张和害怕……

被情绪和感觉“绑架”，也是损耗我们生命能量的情况之一。并且，它给我们带来的危害，往往比前两种情况更为显著。

其实，我们和自己的情绪并非是浑然一体的。我们是比情绪更高的存在，我们是可以掌控它的。我们可以通过“正念”练习，来观察自身情绪的发生与演变，并通过判断是否回应自己的情绪，从而疏导情绪，让自己从情绪回归当下，做到给自己“充能”。

比如，当我们发觉自己处于一种极端的情绪（譬如愤怒、恐惧、焦虑）中时，试着让我们的感受回归当下，感受一下当下的身体各部分的状态。学会做一个旁观者，进入“无为”状态，观察你的内在世界中，升起了哪些情绪。你只需要真实地看见这些情绪的升起和消失即可，不要试图去做些什么，也不要去想“我该不该有这些情绪”，或者“这些感受意味着什么”。让我们成为第三视角的观察者，看心中这些情绪的起落沉浮，就能帮助我们很好地从情绪中脱离出来。

这个观察过程，其实就是在练习放下对自我情绪的偏见。它能让我们更宽容地看到自己，从而看到更多、更完整的“自我”。

如果说“无知”的思维状态，能“解绑”固化的思维模式，那么“无为”的状态则可以“解绑”有害的情绪模式。

我们的生命由每个“当下”组成。专注于此刻，让我们从时间、思维、感觉上回归当下，是我们保持生命能量，给自己“充能”的重要手段。

比如，在吃饭的时候，我们可以动用视觉、味觉、嗅觉、听觉和触觉，去充分感知食物，享受食物，感恩食物为我们带来能量，让我们的生命变得更丰盈饱满；睡觉的时候，让身体的每一个部分都充分放松，不去想明天的工作，不去纠结昨天的人际关系，只管沉沉地睡去，美美地睡去……

尤其，当我们在生活中感受到“负能量”，需要给自己充能时，不妨坚持这种“正念”练习。一段时间的坚持，不仅会提升你的生活品质，还会让你更有能量，更有动力，让你从心底里对人生充满积极和乐观的态度。

二、学会“接受自己法”，创造身心合一的能量

我们团队中的一位导师曾接手过这样一个案例：一位名叫小惠的女

生，曾就读于国内某知名高校，毕业后一直在大城市发展，拥有一份十分体面的工作。

可是，小惠在感情上总是很不自信。毕业后，她认识了自己的第一任男友。两人恋爱三年后，男友提出希望小惠带他去家里见见父母，好准备结婚事宜。

可是，小惠却很不情愿，总是找各种借口推脱和搪塞。这让男友很失望，他认为，小惠对他们之间的感情太过敷衍，没有放在心上。两人因此发生口角，最终闹得不欢而散。

后来，小惠告诉导师，她之所以不愿意带男友回家，是因为她内心总是害怕：她的老家在十分偏远的农村，父母都是农民，没有文化，土里土气。而男朋友的家庭却很富足，从小在城市长大，她担心男友看到自己的家，会看不起自己，无法接受自己。

最终，这段爱情败在了小惠的心理问题，败在了对父母的成见，败在了无法接受自己、无法接受自己的原生家庭上。

其实，类似的事情在我们生活中也很常见。很多人总是在心里暗示自己："以我的条件，根本配不上……""这对我来说，是不可能实现的！""凭我的出身条件，怎么可能做到呢？"

他们一方面害怕他人否定自己，另一方面却总是在内心深处进行自我否定；他们渴望优秀，但现实往往不尽如人意。他们因此而失落、担忧、害怕，变得无法接受自己。

在这种心理下，生命能量往往无法变得充盈，甚至有时还会处于极度匮乏的状态。因为，**生命能量除了上一章所讲的几种类型，还有一种极为重要的类型，那就是认可自我，接受自我，达到身心一致时所创造出来的能量。**

无法接受自己，无法接受自己的过去，无法接受自己的家庭，而长期处于担忧、懊悔、焦虑和不安状态下的人，内心是缺乏能量的。

他们的眼睛时刻盯着自己的不足，像拿着放大镜一样，不断将自己的缺点放大，放大，再放大。然后，陷入一种莫名的恐慌之中，担心这个"缺点"会被别人看见，担心别人因此而看不起自己，担心自己的形象受到损害。

归根结底，这种心理是由长期依附别人，总是依赖别人的看法来维持自我形象的心态造成的，属于一种“被控制”的状态。

当处于“被控制”的状态时，他们就会把全部的生命能量用来维持“别人对我们的看法”，想方设法讨别人欢心，或者想尽办法避免自己的问题暴露。如此一来，真实的自我能量就会受到限制，或者被消耗殆尽。

怀有这种心理的人，其实根本没有注意到：那个他所认为的“自己”，那个不被他认可的“自己”，其种种缺点和不足，都是自己附加上去的，是自己施加在肩膀上的负担而已。

他们用一种莫须有的缺点，来损耗自己的能量，拖累自己的人生。当人生遭遇问题或挫折，他们又用这些所谓的“缺点”，来证明自己确实存在这些“问题”。对他们的人生来说，这是不公正的，也是可笑的。

因此，要学会接纳自我，抛掉外在的包袱，摆脱“被控制”的状态，挣脱“他人”的牢笼桎梏。只有这样，才能在“认可自我”之中，提升生命能量，收获一个成功、快乐的人生。

在这里，我们来学习一种简单实用的“接受自己法”。这种方法，通过纠正内心的信念错位，来调整自己的状态，从而改变自己的生命能量。“接受自己法”的步骤如下。

第一步：找一处宁静、舒服的地方坐下，深呼吸，放松。

第二步：把注意力集中在体内潜意识上，向它致谢，并且请它让你与过去成长过程中的自己沟通，请潜意识让这个成长中的自己呈现出来。通常来说，潜意识所呈现的应该是一个有景象、有声音的场景、画面。

第三步：集中注意力，诚恳地向潜意识不断重复上述要求，直至有一个过去的自己在脑中出现（多数是孩童时代的自己，以下称“小孩”）。如果潜意识没有对上述要求做出反应，先深呼吸使自己安静下来，再与潜意识沟通，要求与潜意识合作，尝试用这个技巧去处理一些需要处理的事，使自己有更多的成功和快乐。

第四步：当脑中出现小孩的景象时，观察这个小孩正在做什么，感受他的内心状态和情绪。如果头脑中只有身形，看不到面孔，可以继续做下去，在实施技巧的中途，情况自然会慢慢得到改善。对小孩来说，你就是他多年之后的样子。这么多年里，你经历了很多学习和成长，现在回来感谢他、帮助他，给他支持、给他保护，跟他在一起。

第五步：若是感到小孩有不接受自己（自责）的心态，告诉他，你经过这么多年的成长，已经掌握了很多更有效处理事情的能力和技巧。但当时的他，尚未懂得和习得这些技巧，他只可以凭当时他拥有的知识和能力去处理每一件事，他不懂得怎样可以做得更好，也没有人教他怎样可以做得更好。事实上，他已经做得很好。看看你现在的情况，便是证明。然后，用话语肯定小孩拥有的能力（例如好奇、有活力、想突破、想成长、想得到别人的肯定、想更开心、想帮助自己、想保护自己……）。

第六步：若感到小孩有责怪别人（例如父母、其他家人或者曾经伤害过他的人）的心态，告诉他，这些人没有学过怎样去做好他们当时的角色，他们只可以凭他们当时拥有的知识和能力去做出他们当时可以做得最好的行为。告诉小孩，在那些人做的事情背后都有一些正面的动机，他们那样做只不过是为了满足那些动机，而并不是针对小孩。你现在能够明白很多这些正面动机（虽然还不能全部明白）。其实，他们可以有不同的做法去满足那些动机而无须伤害小孩，但是他们不懂，也没有人教他们怎样可以做得更好。

其实，这些人是小孩成长过程中能够学习一些事情的推动力，你这么多年的成长，你今天所做和不会做的事情便证明了这点。然后，用话语肯定小孩在所发生过的事情里学习到的能力。例如：小时候被父亲打，现在便知道怎样做一个更好的父亲了。

当你无法接受自己的家庭（或父母）时，告诉小孩，父母虽然有缺点，但他们把最好的都给了自己，他们对你充满爱与关怀，这是这个世界上最伟大的东西。他们毫无保留地给了自己，即便有时候他们不懂得正确的表达方式。告诉小孩，父母已经把最好的条件都给了你，供自己考上大学，他们将一生都奉献给孩子，他们为你付出的一切远远超过你的认知。告诉小孩，你已经长大了，理解了小孩当初无法理解的事情，对于父母的爱与牺牲，你也已经懂得感恩，懂得体谅他们。

第七步：若对小孩感到反感、抗拒，可以告诉自己，小孩当时很辛苦，没有人教他很多你今天懂得的东西，也没有人给他足够的帮助与启发。在那个时候，小孩是那么的孤单、无助、彷徨、辛苦、惊恐，但他仍然那么坚强，独自面对每一天，艰难地成长。无论怎样辛苦，小孩都在尽力学习和成长，他在不断努力让自己成长得更好，让今天的你能够掌握如此多的知识和能力，能够享受人生中这么多美好的一切事物。

回想小孩那份辛苦的坚持，让你有今天的人生，拥有种种的机会。你不接受这个小孩，谁会接受他？没有人要，小孩是多么可怜？没有小孩，你也就没有过去，那你还剩下什么？什么都没有了，因为你的所有能力，包括发脾气、憎恨的能力，都是你的过去所培养出来的。你的过去就是你所有能力的平台，从平台往上走，才能够有继续成长的机会。

第八步：看着小孩，想想小孩那时的寂寞、彷徨、无助甚至害怕，同时也想想他的勇敢、努力，再想想他内心的那份好奇、爱心、动力、想与人接触、想好好成长的生命力。在心中对他说话，说说你对他的感谢，让他知道你怎样想，也让他向你说话。在对话中找寻出可以互相接受的肯定与认同的部分，直至彼此都感到完全宽恕与接纳对方。在这个过程中，脑海中的小孩有什么变化？注意小孩的表情及身体语言的变化，直至小孩已经平静，有正面、安心的感觉，甚至绽放笑容。

第九步：准备好后，现在看着小孩，伸出你的双手，向他说："现在是我们连在一起的时候了。过去这么多年的迷惘、不安，现在都成为过去了。我感谢你为我做了那么多，因为有你我才能够成长，我会用这份多年以来锻炼出来的能力保护你、照顾你、爱你。"

想象小孩一步一步地走过来。终于，他接受你的双手，你把他拉过来，把他拥抱在怀里，感觉你给他的力量使他放松，没有了恐惧、彷徨，而有了自信、平静、满足。感受一下他内心充满的力量，那份力量怎样使你成为更为完整的人、更能处理人生中需要处理的事。

感受他把头靠在自己的肩膀上，然后在他的耳边轻柔地、细声地说出两句只有你俩知悉的话，去肯定两份结合的力量会多么有力地帮助××（自己的名字）。再听听他也在你的耳边说出的两句话，只有你俩知悉，你俩的结合如何使 × ×（自己的名字）活得更好，有更成功、快乐的人生。对小孩说："我俩以后再也不会分开，一同快快乐乐地在人生中前进。"

然后充分地把心打开，接受小孩，感受一下两人融合在一起的感觉。最后，慢慢睁开眼睛，感受自己身心的变化。

第三章　如何从外界借力，获取生命能量

一个小男孩在院子里搬一块石头，父亲在旁边鼓励："孩子，只要你全力以赴，一定搬得起来！"

但是石头太重，最终孩子也没能搬起来。他告诉父亲："石头太重，我已经用尽全力了！"父亲说："你没有用尽全力。"

小男孩不解，父亲微笑着说："因为我在你旁边，你都没有请求我的帮助！"

很多时候，当我们觉得自己缺乏能量，却又无法及时为自己"充能"时，不妨也像这位父亲所说的一样，试着从外界"借力"，通过外部力量来帮助我们获取生命能量。

比如，当我们想要完成一件事情，但内心缺乏能量，显得信心不足，就可以从自己所熟悉的人那里，借取一些能量。这个"熟悉的人"，可以是我们的父母、伴侣、亲人、朋友，也可以是某些历史人物，或者你的偶像，甚至是某些幻想出来的人物。

只要能够想象出来那个人的模样，便可向他借力。譬如，你可以找孙悟空借取力量，找企鹅借取与自然相处的力量，找海豚借取自由与善良的力量，找青松借取坚毅、稳固的力量，等等。

借力法的原理在于，判断一件事情能不能做到，很多时候是我们对自身能力是否足够，自信是否充足的一种判断。当我们认为能力不足，

缺乏自信时，往往就很难调动足够的生命能力去处理这件事，因而更难获得成功；相反，如果我们坚信自己有能力，对自己充满信心，往往就可以调动更多的生命能量，因而也就更容易成功。

借力法，可以帮助我们建立自信，同时让自己内心充满力量。其实，很多成功者并不是能力有多强，而是能借助其他的力量，整合更多的资源。以下3种借力法，能很好地帮助我们建立自信，获取能量，帮助我们面对生活中的各种问题。

一、“洒金粉”借力法

“洒金粉”是能量传递的一种形式，洒金粉借力法是通过高能量者的“金粉能量”来提升自我能量。该方法具体操作主要分为三步。

第一步：想出一个你想要借取力量的对象，想象他就站在不远处。想象你在向他借取这份能力（自信、勇气、坚毅、智慧……），并且向他保证说：“我想请你与我分享你的（所需力量的名称）。我向你保证，你与我分享你的能力后，你的能力不会减少只会增加。我需要你的帮助，可以吗？”

在绝大多数情况下，你通常能得到被借力者的同意（点头、说“可以”或微笑）；若被借力者不同意，则寻找另一个借力的对象。

第二步：当得到被借力者的同意后，想象被借力者从口袋里掏出一把代表这份能力的金粉。这时，想清楚最能代表这份力量的金粉是什么性状的。记住代表这份力量的金粉的性状。

第三步：想象被借力者扬手洒出那些金粉，想象这阵金粉像下雪般降落在自己身上的每一处，尤其是头顶和双肩。这些金粉越落越多，不断飘落在你身上。然后，你感觉那些像雪花般的金粉开始融化，进入你的身体。感受一下，这份你需要的能力进入自己身体的感觉。大力吸气，加强这份能力在体内流动的感觉。做数次深呼吸，慢慢感受这种力量在体内流动。想象这股能力已经融入身体的每一处，以后这份力量都会储留在身体里，自己随时可以运用。

二、代入借力法

想出一个有此能力（假设是想取得上台演讲的自信）的人，之后展开下面的想象步骤。

第一步：想象自己见到这个被借力者在台上演说的情形，在一个很多人的场合，自己也与众人一样坐在那里听他说话。台上打在他身上的灯光特别亮，所以你可以很清楚地看到他。他的声音很有力，吸引全场观众的注意，整个现场都充满一股被他吸引的无名力量。然后想象自己站起来，慢慢地走向他。

第二步：在走向他的通道上，想象台上的他越来越清晰，他的声音听起来也越来越大，通道两边的观众都十分投入。你与观众们一样，深深地被他吸引着，那股无名的力量也越来越强烈。然后，你走上舞台旁边的楼梯，上台后转身，向着他慢慢地走过去。你看到台下的观众，每个人的眼神都投向那个被借力者身上，他的话语清晰有力，观众的反应也很热烈。终于，你走到了舞台的前方，站在他的身旁。

第三步：你与被借力者一同面向观众，你看到观众被你俩吸引着。你听到他的声音就在旁边响起，所以很响亮、清晰，你内心的感觉因此也很强烈。然后，你横向走一步，进入他的身体。现在，你已成为他，话语从你的内心产生，从你口中涌出，充满了力量，吸引着所有观众。你眼中见到的观众完全被你吸引着，他们的眼神全部投向你这里，他们的肯定和支持给你一股很大的力量。

现在，你的内心充满强烈的自信。大力吸气，做数次深呼吸，把这份能力的感觉加强，与身体里其他的能力混合。至此之后，这份感觉都会储留在你的身体里。

“代入借力法”也可以代入未来的自己。想象自己获得成功后的模样，例如三年后创业成功的自己。设计一个符合成功后情况的景象，设计一些重要人物和肯定的话语，置身于这个场景，你便会产生有力量的感觉，然后用上面的步骤，把成功后的自己的能力借过来，为当下的自己所用。

三、三步借力法

“三步借力法”，也是“借力法”中效果最显著的一种。对于那些能力不足而导致生命能量较为匮乏的人来说，这种方法可以大幅增加内心的力量。它的具体步骤如下。

第一步：找出需要的力量（如勇气、自信、冷静、幽默、灵活等）。然后，找出具备这份能力的一个人，把他的名字写在一张纸上，把纸放在地上。找出一个比刚才那个人更具备这份能力的人，把他的名字写在另一张纸上，放在第一张纸的前方。再找出一个比刚才那两个人都更具备这份能力的人，把他的名字写在另一张纸上，放在地上第二张纸的前方。

第二步：选择一个经验掣（一些事件或动作会助我们勾起往事，因而带回这件往事中本人当时的感受，这些事件便是“经验掣”），那应该是平常很少做、同时不太显眼的一个小动作，例如以右手拇指、食指紧捏左手尾指，或者双手用力握拳等。以后，每次需要增添或启用这份力量时，都做这个动作。

第三步：正对着写有第一个人名的纸张，想象那个人，其中必须有图像（例如他站立的姿势、面部表情等）和声音。待这些图像和声音清晰明确后，站入写有第一个人名字的纸上，闭上眼睛，运用“代入法”去取得那份感觉。当你内心产生那股所需的力量后，用多次大力吸气的方式，把这份力量加强并储留在身体中。在感觉最强时，安装经验掣（做那个预先想好的动作）。平静下来后，踏出这张纸，再次进行第三步。

想象第二个人，其余做法与上述步骤一样，亦是待平静下来后，踏出纸张，马上进行第三步。步骤亦与上述一样。

第四步：打破状态，做未来测试。倘若做完三步借力后，力量状态仍然不足，可以重做一遍。其中，在两张纸之间时无须再站出来，即在第一张纸上取得力量并安装了经验掣后，便直接踏上第二张纸；当在第二张纸上取得力量并安装了经验掣后，便直接踏上第三张纸。

做第三步时，若你选择模仿的对象是神佛等角色，你可能会出现在做的过程中不能继续的情况，甚至会发生从所站立的纸上跳出来的情况。这时，你需要闭上眼睛，在心中对着那个借力对象说出以下的话：

“我知道我不能成为您，我只想增添一些××（能力的名称）。我需要您的帮助，请您帮助我。”这样便能完成此过程。若仍然不能，则需改选另一个借力对象。若你选择了一个借力的对象，但又不能踏入或者完成借力过程，那是因为你不能完全接受那个人。这时你可以对自己说：“我只借对我有用的东西，其余的与我无关。”若仍然不能完成，则建议选择另一个借力对象。

思想家、文学家荀子在《劝学》中曾说：“假舆马者，非利足也，而致千里；假舟楫者，非能水也，而绝江河。君子生非异也，善假于物也。”借助车马的人，并不是脚走得快，却可以达到千里之外；借助舟船的人，并不善于游泳，却可以横渡江河。君子的资质秉性跟一般人没有不同，只是君子善于借助外物罢了。

很多时候，我们自身的力量往往是单薄的、弱小的，但是，如果我们善于借助外在的力量，唤醒内在的生命能量，那么成就自己的道路就会更加平坦一些。

第四章　目标是生命能量的最大驱动

让我们提升生命能量的方式，除了内心的正念与认可、外在的借力之外，就是人生的目标了。通过给自己设置有效的目标，可以为我们提供强有力的生命驱动！切记，有目标的人千方百计，没目标的人千难万阻。

美国汽车大王亨利·福特12岁时，跟随父亲驾马车到城里，偶然间见到一部以蒸汽做动力的车子，十分新奇，惊叹不已，就在心中给自己埋下了一个梦想：既然可以用蒸汽做动力，那么用汽油应该也可以，我一定要试试！

当时，福特的想法简直是异想天开。但是，从那时起，他便为自己立下了10年内制作一辆以汽油做动力的车子的目标。

他告诉父亲："我不想留在农场里当一辈子的农民，我要当发明家。"然后，他离开家乡来到工业大城底特律，当了一名最底层的机械学徒，逐渐对机械有了更深入的认识。工作之余，他一直没有忘记自己的梦想，每天筋疲力尽地从工厂下班后，仍孜孜不倦地从事他的研发工作。

29岁那年，他终于成功了。在试车大会上，有记者问他："你成功的要诀是什么？"

福特想了一下，说："因为我有远大的目标，所以能成功。"

目标，是我们每个人对未来的规划与期望，是我们走向未来的灯塔，也是一个人价值观的重要组成。

有目标的人，往往拥有明确的"成果思维"。他们做任何事情时，都会首先明确自己最后想要的结果，不会被眼前的问题蒙蔽双眼。

在心理学上，人对目标有着天然的心理需求，因为人的基因里对"不确定性"有着强烈的恐惧感和焦虑感，担心未来的不确定性，这种现象叫作"确定性期待"。

另外，人脑有一种天生的"目标本能"，会无意识地过滤其他信息，抓住自己希望得到的东西。

比如，当你（或你的妻子）怀孕后，你会不自觉地发现满大街都是孕妇；当你买了一辆宝马汽车，会发现满大街都是宝马，平时却没看到几辆……这种现象就叫"目标本能"：一旦明确了目标，就会本能地去关注、锁定与目标有关的信息。当我们拥有自己的目标时，我们就能很容易发挥自己的"目标本能"，去发现更多实现目标、达成计划、满足梦想的信息、条件、方法和路径，让我们更轻松地收获成功、快乐的人生。

当然，一个目标能否发挥最大的作用，引导我们走向成功，往往取决于目标是否合理，是否符合我们的心理期待。一个好的目标，往往需要具备以下3个特点。

第一，我们必须相信自己有成功达成目标的可能性。

试想，多少成功者在最初被世人看成不可理喻的狂人，但只有他自己相信他的目标是一定能实现的。如果连自己都无法相信目标能够实现的话，那么我们的潜意识就更不会相信，它会找到成千上万个“不可能”的理由，来说服我们的信念，让我们放弃目标。切记，注意力就是事实，潜意识总是对的！

当潜意识无数次暗示我们终会失败时，成功就变得异常困难了。反之，当潜意识对我们有着积极的暗示，事情也会向着有利的方向发展，这是必然的。

第二，我们需要具备达成目标所需的能力。

能力是我们实现一切梦想和目标的基础，否则，这一切都只能是空谈，是白日梦。不过，大多数人不知道的是，每个人都具备足够的获取能力的可能性，只可惜在成长过程中，我们未能获得足够的尝试机会，将可能性转化成现实。

能力，往往不同于知识。知识是可以通过说教来获取的，但能力是无法教的，只能在经验中获得。我们的教育，总是希望孩子听话，这就使我们在教育中，总是缺少足够的尝试机会。

没有尝试，往往也就没有试错的机会，也就很难从经验中获取足够支撑我们走向成功的能力。因此，除了进行知识的学习，我们更应该不断地挑战和尝试。尤其是在孩童时代，尝试越多就意味着有越多的经验，为能力的培养做铺垫。

第三，我们需要拥有达成目标的资格。

中国人讲究“名不正则言不顺”，做每件事情都讲究“资格”。没有资格，总感觉自己“不配”“不够格”，或不应该去做这件事。这种心理暗示，会对我们达成目标造成很不利的影响。当资格感不足时，我们会犹豫不决，心里总是下不定决心。同时，当我们在朝目标努力时，也会变得拖延和迟疑，会找各种理由和借口，将目标拒之门外。

很多人发现想要为自己量身定制一个目标，往往十分困难。这或许是因为他对自己的定位缺乏清晰的认知，或许是因为他对内心的目标缺乏明确的渴望。当我们想要为自己制定目标时，不妨采用以下3种方法，这些方法都能很好地帮我们锁定目标，确保我们的目标有成功实现的可能。

一、目标确定法

目标确定法，就是通过对目标的全面审查，从自身出发，确定目标可行性的逻辑思维方法。使用“目标确定法”，我们只需要回答以下8个问题。

1.“我想要什么？”

关于这个问题的答案，只需要用一句清晰的话，说出目标即可。一般来说，这句回答必须包含目标实现的“七个标准”（“PE-SMART”），分别是：

- 由正面词语组成（Positively Phrased）；
- 符合整体平衡（Ecologically Sound）；
- 清楚明确（Specific）；
- 可以量度（Measurable）；
- 自力可成（Achievable）；
- 成功时有足够的满足感（Rewarding）；
- 有时间限期（Time-frame Set）。

比如，我要在今年年底前帮助50位有心理疾病的患者，让他们走出心理问题，过上正常、快乐的生活。

2.“这个目标（价值）对我意味着什么？”

这个问题的答案，就是目标所代表的价值。这份价值，必须能满足自己的一些深层需要，比如从中获得更大的快乐，让家人更幸福、开心，让自己更满足……这个答案的确定，可能需要我们经过多次尝试。

最开始，我们或许会得到一些关于环境、行为、能力方面的价值，比如，我想提升自己的某项能力，我想有更好的工作环境。不过，这并非思考的终点。试着再次询问自己，寻找关于身份、信念（价值观）

和系统等方面的答案。比如，我想让家人更快乐（作为家庭成员的身份所追求的价值），我想让自己的人生更成功、快乐（源自信念方面的价值），我想为社会做出更多的贡献（源自系统方面的价值）。

一般来说，我们的目标往往都有一个极为深层的推动力，那份力量往往来自身份、信念或系统。抓住它，我们才能真正理解自己目标的意义和价值。

3.“当我达到目标时，我怎么能知道？”

这个问题的答案，应该是一个情况，其中含有一些视觉、听觉、感觉上的证据。我们在确定目标时，应该注意达到这个目标时，这些视觉、听觉、感觉的证据能否使自己的内心有足够强烈的反应。这份反应是证明这个目标是否有足够推动力的最佳方法。

比如，当我们的目标是事业上的成功，那么成功时，我们的事业会是怎么样的呢？那一刻，画面会是怎样的？会有哪些声音在耳畔响起？我们会感受到哪些感觉呢？

4.“何时、何地、与何人一起，我想得到何种结果？”

这个问题，在于澄清目标达成所需的环境、条件，以及我们所期待的效果。清晰地回答这个问题，可以帮助我们明确自己实现目标的资源投入情况，也能帮助我们分析目标实现过程中可能出现的问题和状况，让我们及早预防，避免失败。

5.“那个结果将会怎样影响我人生的其他方面？”

这个问题很大，往往需要细分。例如，实现这个目标，对我有哪些积极影响？会有哪些不好的影响？

回答这个问题，需要再次检查目标是否符合我们内外的整体平衡。记住，要询问好的影响，也要询问不好的影响，再测试内平衡与外平衡。可以问：“在对我重要的人里面，有谁会不支持这个目标吗？”“我的内心是否完全支持这个目标，或者有一部分是不支持的呢？”

6.“为什么今天之前我未能达到那个结果？”

这个问题，是帮助我们认识过去未能成功的原因。它并非让我们对过去的情况进行追悔，而是提醒我们需要注意新的方法和需要，不能重蹈过去的覆辙。

7.“我还需要哪些资源和能力？”

资源是一些外在的、可以调动的人、事、物；能力是内心的各种力量，如自信、勇气、坚持等。这个问题，一般会化为至少两个问题。

- “我已经拥有哪些资源和能力？要怎样运用？”
- “我还需要什么资源和能力？如何得到它们？”

这两个问题能够帮助我们的潜意识，在环境和能力的辅助因素上做一个系统的检查，从而认识到更多的可能性。切记这句话：目标明确的人，千方百计；没有目标的人，千难万阻。

8.“我计划怎样去做？”

这个问题，是指向实现目标的方法和路径的，也是众多问题中极为关键的一个。它可以细分为很多个问题，例如，“有不止一条路径吗？”“哪一个是最优路径呢？”“第一步应该怎样做？”“会有哪些可能出现的阻碍吗？”“针对这些阻碍，我要做些什么呢？”

随着目标的明确，类似的问题会越来越多。不要因此而担心，这说明我们正在掌握目标的动向。当问题不断浮现，方法也会逐渐明确和清晰，目标也就更容易实现了！

二、时间线目标法

很多时候，我们也会被过大的目标吓倒，最终放弃目标。我们说过，实现目标需要三个重要条件：可能性、能力和资格感。当我们把目标设置得过大，让我们感到无力实现，或没有足够资格去完成时，目标实现的可能也会变得十分渺茫。这时候，心智系统就会告诉我们："不要把宝贵的生命能量浪费在不可能的事情上，做一些现实的事情吧！"面对这种情况，最好的办法就是利用"时间线目标法"，将我们长远的"大目标"分解成一个个充满可能性的、阶段性的"小目标"。

"时间线目标法"，顾名思义，就是将我们的目标按照时间分解成不同的阶段，然后朝着每个阶段的"小目标"努力，通过不断完成阶段性目标，最终实现我们的"终极目标"。

其实，我们每个人的思维里都存在一条隐形的"时间线"。一个习惯使用右手的人，他的脑海中很自然地将左手边视为过去，而将右手边视为未来。习惯使用左手的人，则与之相反。

当你闭上眼睛，脑海中浮现一件事情的来龙去脉时，这种过去、现在与将来的线索就会浮现出来，像一条线一般。而我们则可以通过这条线了解整件事情的经过。

同时，一个人的"时间线"也可以外置，把它放在眼前的地上，比如，你可以随手在地板上指着一条直线，然后问自己："如果这条就是我的时间线，哪一头是我的未来？"

当我们选择好方向后，不妨站立在"时间线"上的"当下"这一点，面向未来，配合这条时间线，想象未来将何去何从。这样的一条"时间线"只决定了过去与未来的方向，至于时间的长短，则是有弹性的。比如，你可以告诉自己："迈出这一步，意味着我走到了下一个月，我的目标是……"也可以告诉自己："这一步已经是一年之后，那时候我已经完成了……"

时间线目标法，就是运用这种"时间线"外置的方法，去体验目标完成时的良好感受，感受目标完成过程中的种种可能性，或者警醒自己在目标实现过程中可能遭遇的问题。

在这个过程中，我们还可以加入其他的技巧，从而使我们的"目标"变得更明晰，更有可行性。它的具体操作如下。

（1）站在时间线上代表"现在"的位置，放松。用一句话清晰说明符合"七个标准"的目标。在时间线代表未来的方向上，选择一点，代表达到目标的时间指标，用颜色笔、贴纸或者小物件，把这个时间指标清楚地标示出来。比如，半年后，我要通过英语六级的考试，或者1年后我要升为市场主管，等等。

（2）看着由“现在”到“目标”的一段路，在心中想一想，这个过程中可能出现的困难、障碍、挑战和解决的方法，直至达到“目标”为止。

（3）当我们完成上一步，脑海中对可能遭遇的问题和解决方法有了较为清晰的认识，就可迈开步子往前走了。朝着“目标”慢慢前进，每一次迈步，都要充分感受这个过程中所遭遇的困难、阻碍、挑战以及面临的外部压力和环境，比如：

- 在实现这个目标的过程中，我可能会遇到什么人和事？
- 在这个过程中，外部的环境、情况可能会出现怎样的变化？对我实现目标的影响是什么？
- 会出现哪些意想不到的障碍、挑战和困难？
- 会有人出于妒忌、怨恨、不满或者其他原因，而反对我、抗拒我，不与我合作，给我造成困扰和麻烦吗？

…………

（4）当我们在“时间线”上行走，发现问题太多、力量不够而需要帮忙时，可以记下来，然后再思考解决的途径和方法。比如，当我们发现力量不足时，需要思考：实现这个目标，我们还需要提升哪些能力，投入哪些资源，或者需要我们怎样调整心态，破除内心的障碍？

（5）当我们到达“目标”点时，感受目标实现所带来的成功与喜悦，并且通过深呼吸，把那份感觉加强，储存在身体内。

这时，你可以用手掌重重地拍在自己的手臂，作为经验掣，以保持这份能力。然后，转身看看走过的路。带着成功与喜悦，检视在这个过程中哪里可以更省力、更有效率。最后，从时间线走出来，返回“现在”这一点，再次踏入“时间线”。

（6）站在“现在”的点上，再看一次走向目标的路途。然后，再次举步向“目标”走一趟，再次感受那份达到目标的良好感觉。把达到目标的景象放在脑海里的右上方，用以日后随时给自己鼓励。

值得注意的是，通过“时间线”制定的“小目标”，往往属于阶段性目标。这种目标，既不能像人生目标那样设置得太高，使人遥不可及；也不能定得太低，让人唾手可得。前者很容易让我们妥协、放弃，后者则变得过于简单、轻而易举，失去了目标的引导价值。

阶段目标的实现，会给我们一种强烈的快乐感和幸福感，使我们受到鼓舞。通过不断努力，实现阶段目标，我们就能不断增强信心，强化资格感，并提升可能性，帮助我们将更多的生命能量投入在所制定的目标当中，并转化成我们成功、快乐的人生。

三、“以终为始”目标法

生活中，很多人缺乏目标概念，遇到事情就盲目地往前冲，可一旦遭遇困难，就会立刻变得手足无措，失去方向，不知如何是好。

试想一下，如果做事情就像盖房子，我们需要做的第一件事情是什么呢？或许你已经想到了，对，设计图纸。

如果工程师一上来就说：“不管三七二十一，先忙起来再说！”那么，用不了几天，工人们就会因为不知道该怎么办而抱怨连天，甚至罢工不干。即便勉强坚持，干完了手里的活，我敢打赌，这样的房子也是不合规格的。

因此，我们在做事情之前，大脑中最好也有一个“终点”，然后按照“终点”去构思如何“开始”，这就是“以终为始目标法”的思路。

“以终为始目标法”认为，**“说不出来拿不到，说不清楚做不好”，强调我们的目标必须是清晰的、具体的、明确的，要能很明白地说出来，甚至可以通过图文详细地呈现。呈现得越清楚明了，我们达成目标的概率也越大。**

“以终为始目标法”中，第一次创造的“终”是第二次创造的“始”。这个方法尤其适合那些有确定性结果的工作、任务、计划或目标。

有人曾做过这样一个实验：他们组织了三组人，让他们分别向20千米外的一个村庄步行。

第一组人对村庄的名称、路途的长短、途中要经历的事情一无所知，只知道跟着向导走。

刚走了四五千米，就有人坚持不住，叫苦不迭。走了一半，有人愤怒了，抱怨为什么要走这么远，何时才能走到。又走了几千米，在离终点只剩三四千米时，有人坐在路边，不愿再往前。最终，坚持走到终点的人不足一半。

第二组人知道村庄的名字和路段，但路边没有里程碑，他们只能凭经验估计行程时间和距离。走到一半的时候，大多数人就想知道他们已经走了多远，比较有经验的人说："大概走了一半的路程。"

于是，大家又簇拥着向前走，当走到全程的四分之三时，大家情绪低落，觉得疲惫不堪，而路程似乎还很长。当有人说："快到了！"大家又振作起来加快了步伐。

第三组人不仅知道村子的名字、路程，而且公路上每一千米就有一块里程碑，人们边走边看里程碑，每缩短一千米，大家便有一小阵的快乐。行程中，他们用歌声和笑声来消除疲劳，情绪一直很高涨，所以很快就到达了目的地。

这个实验告诉我们：当我们的行动有了明确的目标，并能通过行动不断缩小与目标之间的距离时，我们就会将更多的生命能量投入到"实现目标"这件事情中来。同时，我们的行动动机也会得到维持和加强，自觉地克服眼前困难，努力实现目标。

如果我们的人生缺乏目标，就好比在黑暗中前进，不仅会迷失方向，还会因为迷茫而气馁、妥协、沮丧和焦虑，因此无法真正调动我们的生命能量，开发自己的潜能。

我们的人生需要目标：长期的目标、阶段性的目标、一月的目标、一周的目标、一天的目标……它们是调动生命能量，挖掘人生潜能，推动我们不断进步，让我们拥有一个成功、快乐人生的最大驱动力！

493 名专业学员联名力荐

陈静 冯婕 张程 刘静 李芳 唐蕾 mc

焦红莉 李爱荣

陈秀春 陈丽平 姜佩 柯敏 刘丽娟 刘春萍

马冬霞 刘凤英 刘宏红

程蕾 方晓明 范佳惠 雷雪松 江雪 刘徐敏 唐文龙 李成利

廖友链

陈文娟 樊君霞 李敏 孔婷婷 李剪阳 刘丽敏 刘玲

樊雪珍 樊静 李云 梁玲飞 唐萍

林中月 罗红

陈苑秋 李玉荣 周丽娟 李志红 唐春丽

樊书萍 连翠梅

董燕 李云红 李欢 姜雅雪

杜桂凤 段莫滨

韦丽梅 李冬艳 李艳华 李晓 李红东

吴胜琴 李浩 李晓微 李秀莲

崔红 乐梅 董美娇 李梅 田晶

詹金香 李慧娟 苏文庆 田开梅

丁秀娟 邓海 崔彦斌 李时芳

崔静 李静 田美云

崔玉明 段鹏 程梅 李慧珍

党艳育 李静秋 周冰 李兰

吴胜兰 邹晓华 李君 张婕 周海燕

卫雪兰 林俊男

魏治红 王振英 宁佩佩

王志刚 张良美 田彩霞 张洁勤 张瑞庭 詹晓燕

王颖 胡丽平 韦海丽 张成娟 黄安琦

王玉玲 张俪娴 徐嘉

王光耀 王彦成 王秀美 万玉玲 梁宗霞 林丽丹 王淑云

林蔼云 王欣然 周盼盼 张春芳 王彩凤 张娟 周红芳

王小梅 何梦妮 王雪丹 陈艺博 朱明霞

王松英 卓平

王静 王淑雪 张婧 周东梅 张理华 王新新

王文霞 李会平 张晋阳波

王良手 张红菊

王俊美 王兰霞 张金霞 李慧 张靖 朱梅 周游

王大玲 李卿 王华 顾涛 张芳 陈桐霖 周子淳 张园忠

王楠

周实如 王凤 王伟利 王利红 周南 王心林 王爱 王保坤 李米兰